国家绒毛用羊产业技术体系（CARS-39-22）建设资金资助

种养结合对我国肉羊养殖环境技术效率的影响研究

王如玉　肖海峰　著

中国农业出版社

北　京

图书在版编目（CIP）数据

种养结合对我国肉羊养殖环境技术效率的影响研究 /
王如玉，肖海峰著. —北京：中国农业出版社，2024.1
ISBN 978-7-109-31883-0

Ⅰ.①种⋯　Ⅱ.①王⋯②肖⋯　Ⅲ.①肉用羊－饲养
管理　Ⅳ.①S826.9

中国国家版本馆 CIP 数据核字（2024）第 071504 号

中国农业出版社出版

地址：北京市朝阳区麦子店街 18 号楼
邮编：100125
责任编辑：边　疆
版式设计：小荷博睿　责任校对：张雯婷
印刷：北京印刷集团有限责任公司
版次：2024 年 1 月第 1 版
印次：2024 年 1 月北京第 1 次印刷
发行：新华书店北京发行所
开本：700mm×1000mm　1/16
印张：13
字数：235 千字
定价：120.00 元

前言

FOREWORD

肉羊产业作为我国主要的畜牧产业之一，其健康稳定发展对于满足我国城乡居民日益增长的羊肉消费需求、提高养殖户收入、维护边疆及少数民族地区的社会稳定具有重要意义。长期以来，我国肉羊产业发展主要依靠土地（草场）、资本、劳动等要素的密集投入，随着土地（草场）、资本、劳动等要素价格的上升及数量约束的增强，这种粗放型增长模式难以为继。另外，肉羊养殖过程中产生的粪污数量较大，且综合利用率不高；同时，《中华人民共和国气候变化第二次国家信息通报》将绵羊、山羊等草食畜作为 CH_4、N_2O 等温室气体的重要排放源。在肉羊产业发展过程中，粪污以及温室气体排放如不加控制，将给环境造成巨大压力，对肉羊生产效率也会有不利影响，制约我国肉羊产业的高质量发展。因此，我国肉羊养殖模式迫切需要进行绿色转型，由要素投入密集型转向生产效率提升型，由资源环境不协调型转向资源环境协调型。

种养结合是将畜禽养殖产生的粪便和有机物加工制作成有机肥，以满足种植业的有机肥需求，同时种植业生产的农作物又给畜禽养殖提供食源的一种有机结合模式。国家高度重视种养结合，2015 年颁布的《全国农业可持续发展规划（2015—2030 年）》中明确提出"优化调整种养业结构，促进种养循环、农牧结合、农林结合"。2017 年国务院办公厅在《关于加快推进畜禽养殖废弃物资源化利用的意见》中要求"加快构建种养结合、农牧循环的可持续发展新格局"。2023 年中央 1 号文件也提到要"建立畜禽粪污等农业废弃物收集利用体系，推进有机废弃物就近就地资源化利用"。

在上述背景下，绿色生产率测度可真实有效评价肉羊产业发展的

"含金量、含新量、含绿量"，而种养结合作为农业绿色发展的重要方式和实现循环经济的重要手段，探究其对肉羊养殖环境技术效率的影响程度及影响途径，有助于找到具有中国特色的提高肉羊养殖环境技术效率和促进肉羊产业绿色高质量发展的"突破口"。基于此，本研究基于6省调研数据采用案例研究法分析现阶段我国肉羊不同种养结合模式的运行机制、利益联结机制及优劣势，并在测算我国肉羊养殖环境技术效率和绿色全要素生产率的基础上，基于循环经济理论、范围经济理论、产业组织理论探究不同种养结合模式以及不同种养结合程度对肉羊养殖环境技术效率的影响及影响机制，最后基于动态博弈和调研情况分析种养结合的优化路径。得出以下主要结论。

（1）对肉羊不同种养结合模式运行机制、利益联结机制及优劣势的分析表明：1949 年以来，我国肉羊种养结合发展经历了自发、探索、快速发展和全面发展四个阶段，并演化出内循环种养结合和外循环种养结合两类模式。内循环种养结合模式即在养殖场（户）内部，围绕种养结合进行相关联生产活动，资源在种养结合的不同环节间顺畅流动，形成养殖场（户）内部的循环链条。外循环种养结合模式根据参与主体类型可分为"养殖场（户）＋种植户""养殖场（户）＋合作社＋种植户""养殖场（户）＋企业＋种植基地""养殖场（户）＋合作社＋企业＋种植基地"和"养殖场（户）＋社会化服务组织＋种植户"模式。不同种养结合模式在发生诱因、粪肥还田机制、运营模式、经济绩效以及可推广性方面存在差异化特征。模式的运作特点决定了其适用条件，内循环种养结合模式适合有一定自种面积的分散养殖户或中小规模养殖场，"养殖场（户）＋种植户"模式适合有与养殖规模相平衡的足够农田来实现种养结合的地区推广，"养殖场（户）＋合作社＋种植户"种养结合模式适合在肉羊养殖专业合作社发展较为成熟且有与养殖规模相平衡的足够农田来就地消纳肉羊粪污的地区推广，"养殖场（户）＋企业＋种植基地""养殖场（户）＋合作社＋企业＋种植基地"和"养殖场（户）＋社会化服务组织＋种植户"种养结合模式适合在养殖量庞大、耕地面积较小且政府支持力度较大的地区推广。

（2）对我国肉羊养殖环境技术效率和绿色全要素生产率的分析表

明：样本期内，我国肉羊环境技术效率均值为 0.867，且呈先波动下降后波动上升态势。导致肉羊养殖环境技术效率无效率的原因主要为生产要素投入和非期望产出两方面。我国肉羊养殖绿色全要素生产率处于一个向上发展的阶段，年均增长率 3.80%。我国肉羊养殖绿色全要素生产率和环境技术效率不存在显著的 α 收敛，但具备绝对 β 收敛和条件 β 收敛的特性，这表明我国肉羊养殖环境技术效率和绿色全要素生产率低的省份存在向肉羊养殖环境技术效率和绿色全要素生产率高的省份的"追赶效应"。

（3）基于模式视角对种养结合影响肉羊养殖环境技术效率的分析表明：内循环及外循环种养结合模式均能提升肉羊养殖环境技术效率，且内循环种养结合模式的提升作用更强。其中，内循环种养结合模式通过降低饲草料费用、降低劳动力投入、减少面源污染及碳排放来提升肉羊养殖环境技术效率；外循环种养结合模式主要通过提升肉羊出栏活重和降低面源污染来提升肉羊养殖环境技术效率。另外，相比于大规模养殖场（户），内循环种养结合模式对小规模养殖场（户）肉羊养殖环境技术效率的提升作用更强；外循环种养结合模式仅对大规模养殖场（户）肉羊养殖环境技术效率有提升作用，对小规模养殖场（户）肉羊养殖环境技术效率的作用并不显著。

（4）基于程度视角对种养结合影响肉羊养殖环境技术效率的分析表明：高程度种养结合对肉羊养殖环境技术效率的提升作用要强于低程度种养结合。其中，低程度种养结合模式通过降低饲草料投入、降低劳动力投入、提升肉羊出栏活重、减少面源污染和碳排放来提升肉羊养殖环境技术效率；高程度种养结合模式主要通过降低饲草料费用、提升肉羊出栏活重、降低面源污染和碳排放来提升肉羊养殖环境技术效率。另外，分规模来看，低程度种养结合及高程度种养结合对小规模养殖场（户）肉羊养殖环境技术效率均有显著正向影响，仅高程度种养结合对大规模养殖场（户）肉羊养殖环境技术效率有提升作用。

（5）对种养结合的优化路径分析表明：为实现高程度种养结合的动态博弈稳态点，对于政府而言，应通过增加实施积极监管收益和实施消极监管成本、降低实施积极监管成本等举措，促使政府向积极监管转变。对于养殖场（户）和消纳方而言，应通过增加实施高程度种养结合收益、降低实施高程度种养结合成本和采取低程度种养结合收益等举措，促使养殖场（户）和消纳方逐步向高程度种养结合模式演化。

基于以上结论，本研究提出了因地制宜选择并推广种养结合模式、加大新型经营主体培育力度、积极推进肉羊适度规模经营、多渠道提升肉羊科学饲养水平、加强种养结合技术研发及推广、建立养殖政策法规的绿色导向机制等政策建议。

在完成本项研究的过程中，我们得到了国家绒毛用羊产业技术体系相关岗位专家、试验站站长的大力支持与帮助。特别是王贵东站长、石刚站长、刘月琴站长、宋先忱站长、茅建新总经理以及各位团队成员，在农户问卷调查、相关机构访谈、技术咨询等方面给予了大力支持与配合，在此一并表示我们最衷心的感谢！

由于肉羊养殖环境技术效率是一个较新的研究领域，加之我们的研究时间以及研究能力和水平有限，书中不可避免地会出现不足甚至是错误，恳请各位专家、读者批评指正。

著　者

2023 年 9 月

目 录
CONTENTS

前言

1 导　论 //

1.1　研究背景与研究意义

1.1.1　研究背景

　　1972 年《联合国人类环境宣言》宣布："人类有权享受有尊严和福祉的生活环境，享有安全、自由及充足生活条件的权利，同时也有保护和改善环境的责任。"如何在实现经济发展的同时保护环境，建立人与自然和谐共存的"命运共同体"，已成为各国经济社会发展的共同主题（程琳琳，2018；何可，2020）。肉羊产业作为中国农业和农村经济的重要组成部分，也应当秉持绿色发展的原则，实现资源、环境与经济之间的和谐发展。然而，肉羊产业的绿色发展正面临着严峻的考验。一方面，长期以来，资本、劳动等要素的密集型投入是我国肉羊产业发展取得长足进步的基础所在，随着土地、劳动等要素价格的上升，这种粗放型增长模式难以为继，肉羊产业的增长模式迫切需要由要素投入密集型转向生产效率提升型。另一方面，随着资源匮乏、环境恶化等问题日益凸显，肉羊产业的资源环境问题越来越突出。按照平均单只肉羊日排粪2.0～2.5 千克，每年产粪 700～1 000 千克的标准计算（成钢，2019），2021年我国肉羊全年排粪量约 1.76 亿吨。据统计，目前我国畜禽粪污综合利用率不足 60%，未被充分利用的养殖粪污在饲舍内蓄积，给环境造成压力（刘瀚扬，2018；李金祥，2018）。同时，《中华人民共和国气候变化第二次国家信息通报》将山羊、绵羊等草食畜作为 CH_4、N_2O 等温室气体的重要排放源。可以看出，在国家倡导肉羊产业发展的过程中，粪污以及温室气体排放作为肉羊养殖的内生变量如不加控制，将成为产业发展的刚性约束，对生产效率增长造成不利影响，势必制约肉羊产业高质量发展。因此，肉羊养殖模式迫切需要进行绿色转型，由资源环境不协调型转向资源环境协调型（唐安来，2017；刘刚，2018；于连超，2020）。

　　种养结合通过农业产业内部模块的物质循环利用，从而达到将污染负效益转变为资源正效益的目的，是一种将农村发展、农民致富和生态友好融为一体的农业生产模式（李文华，2005；陈雪婷，2020）。国家高度重视种养结合，2015 年颁布的《全国农业可持续发展规划（2015—2030 年）》中明确提出"优化调整种养业结构，促进种养循环、农牧结合、农林结合"的政策指导。习近平总书记在中央财经委员会第十四次会议中强调"加快推进畜禽养殖废弃物处理和资源化利用是一件关系农村能源革命、改善土壤地力、治理好农业面源污染的利国利民大好事"。2017 年国务院办公厅在《关于加快推进畜禽养殖废弃物资源化利用的意见》中要求"加快构建种养结合、农牧循环的可持续发展新格局"。2019 年农业农村部等发布了《国家质量兴农战略规划（2018—2022）》，并提出"大力推进种养结合型循环农业试点，加快发展种养结合生态循环农业"。2023 年中央 1 号文件也提到要"建立畜禽粪污等农业废弃物收集利用体系，推进有机废弃物就近就地资源化利用"。

畜禽粪污本不是污染，只是放错位置的资源。有研究发现，肉羊粪便等农业废弃物具有很高的利用潜力，1 吨羊粪相当于 33 千克硫酸铵，31 千克过磷酸钙，5 千克硫酸钾。若能推动其实现资源化利用则可有效改善农村环境，并带动农民就业（李巧元，2005；韩枫，2015）。研究表明，种养结合带来的效应主要有经济效应和环境效应，且大多数研究认为其为资源节约型、环境友好型农业生产方式（巨晓棠，2014；王强盛，2018），但是对于种养结合经济效应的作用方向则出现了不同的研究结论，不同种类的种养结合模式以及不同的种养结合程度带来的经济效益存在较大差异（郑华斌，2013；Yee，1996）。

综上所述，中国肉羊产业面临从"要素投入＋环保意识薄弱"的传统生产模式向"生产效率提升＋环境友好型"的可持续发展模式转型升级，有效的绿色生产率测度可真实有效地评价肉羊产业发展"含金量、含新量、含绿量"。肉羊养殖过程中的环境污染问题不可避免，这些问题会显著影响肉羊生产效率，先发展后治理的方式是不可持续的，因此必须寻求资源与环境协调发展的解决方案。而种养结合作为农业绿色发展的重要方式、实现循环经济的重要手段，探究其对肉羊养殖环境技术效率的影响程度及影响途径，有助于找寻具有中国特色的提高肉羊养殖环境技术效率和促进肉羊产业绿色高质量发展的"突破口"。基于此，本研究在分析我国肉羊养殖环境技术效率和绿色全要素生产率的基础上，探究不同种养结合模式及不同种养结合程度对我国肉羊养殖环境技术效率的影响程度及影响机制，并进一步分析种养结合的优化路径，以期为促进我国肉羊产业绿色高质量发展提供相关对策建议。

1.1.2 研究意义

(1) 理论意义

拓展了有关肉羊产业生产效率方面的理论研究。本研究不仅是对中国草食畜牧经济的充实探究，也有助于构建完善的肉羊产业经济理论体系。肉羊养殖环境技术效率及绿色全要素生产率的研究属于农业经济学、自然资源与环境经济学、社会学、心理学、管理学等多个学科的交叉与前沿领域。已有关于肉羊生产效率的研究忽略了环境因素，并且肉羊粪污及温室气体排出量没有很好的界定，导致传统的投入产出机制测算结果偏离真实绩效。本研究多维度测算和分析了中国肉羊养殖的环境技术效率及绿色全要素生产率，这些都是学者们在研究中较少涉及的方面。因此，本研究具有一定的理论意义。

(2) 实践意义

保证肉羊生产的可持续性，促进肉羊产业实现提质增效的转型发展，实现我国肉羊生产可持续发展，提高环境技术效率是关键，且其反映了肉羊生产、经济、资源和环境的可持续发展性。第一，养殖场（户）必须投入一定的资源才能产出足够的产品，从而实现农业的再生产和扩大再生产，而优化肉羊养殖环境技术效率就是要在既定的投入水平下，最大化期望产出水平，这也是提高肉羊生产可持续性的途径。第二，保障养殖场（户）收入水平是确保其生产积极性的关键，而环境技术效率的提升则意味着成本最小化、期望产出最大化，从而提升经济的可持续性。第三，肉羊养殖受到自然资源的限制，而提高资源利用效率代表着肉羊养殖业的可持续发展，因此改善肉羊环境技术效率将有助于可持续利用资源。第四，肉羊生产过程中对粪污处理不当及碳排放过多是造成肉羊养殖环境恶化以及环境可持续性降低的主要原因，而提高肉羊养殖环境技术效率就要尽可能减少非期望产出，实现肉羊养殖环境的可持续性发展。

种养结合作为农业绿色发展的重要方式、实现循环经济的重要手段，探究其对肉羊养殖环境技术效率的影响程度及影响机制有助于找寻保证肉羊生产可持续性、促进肉羊产业实现提质增效转型发展的"突破口"。因此，探讨种养结合对肉羊养殖环境技术效率的影响就是从生产、经济、资源和环境四个方面对肉羊养殖业的可持续性作出评价，并为提高其可持续性提供相关的决策依据，对促进肉羊产业绿色高质量发展具有重要意义。

1.2 文献综述

1.2.1 种养结合相关研究

(1) 种养结合的发展现状

种养结合是利用畜禽养殖产生的粪便和有机物，经过生产加工，为种植提供绿色的有机肥料；同时种植业生产的农作物又能够给畜禽养殖提供食源的一种有机结合模式（全国畜牧总站，2016）。20 世纪中期开始，学者就已经对农业种养结合进行了初步探索，而到 21 世纪初期，种养结合已经逐渐发展成为一种生态循环模式，它能有效利用种植业与养殖业之间的内在联系，有助于推动种养业的健康发展（邱省平，1985；储林飞，1986）。

①国外种养结合发展现状。欧美国家采用的种养结合模式主要是以种为养，规定不同规模的养殖场需要配备一定面积的饲料种植地。如新西兰的法律明文规定，牧场中草地面积必须不少于 26 公顷才可以养牛（孙少华，2011）。根据丹麦法律规定，农场的生猪密度不得超过 42 头/公顷（即每公顷耕地不得超过 2.8 个猪单位）。荷兰法律规定当农场的乳牛数量达到 80 头时，其耕地面积必须不少于 100 公顷（Willems，2016）。加拿大法律不仅规定了种养区域占地面积比例，而且对种植区栽种作物种类也有要求（规定青贮玉米、苜蓿等牧草必须占耕地面积的 80% 以上）。欧美国家以家庭农场为主，主要发展模式是基于农民自己的专业合作社实施种养结合，实现了利益一体化，从而基本达到以农牧良性发展为指标的生态农业水平。如在丹麦，中小型畜禽养殖场普遍采用了区域种养结合的生产方式。这一模式将畜禽养殖产生的畜禽粪污作为种养业循环发展的纽带，收集的畜禽粪便及畜舍冲洗废水作为肥料和灌溉用水，以满足作物生长发育所需的养分，实现种养之间的均衡发展（李佳慧，2014，申圭良，2016）。

②国内种养结合发展现状。自古以来，中国传统农业对种养结合极为看重，讲究"人从土中生，食物取之于土，泄物还之于土"（胡火金，2011）。早期的研究发现将农作物秸秆、畜禽粪便等进行循环再利用，将种植业与养殖业结合起来，不仅有利于提高农业收益，而且有助于促进农业生态系统的健康发展。种植业向养殖业提供优质饲料的同时，养殖业向种植业提供有益的生态肥料，形成种养业互补循环链，从而促进物质和能量在种养业间的均衡（余婧婧，2018）。种养结合是推动我国农村经济稳定发展的有效手段，它的科学性和有效性已经得到了包金土（2007）和潘晓峰（2010）的证实。但随着工业

化、城市化的发展，传统农业的种养结合也随着种养主体的专业化分工而分离，导致化肥和畜禽粪污成为环境主要污染源。具体来看，为了提高作物产量，我国化肥投入量过多，从新中国成立初期的 7.8 万吨大幅增至 2019 年的 5 403.6 万吨（金书秦，2020）；由于化肥替代了粪肥，且农业污染监管薄弱，使得畜禽粪便随意排放，形成面源污染（黄季焜，2010）。国内种养结合发展受限，存在着诸多问题，如种植、养殖业布局欠佳，土地利用紧张、用地规划缺乏稳定性，资金投入不足、种养结合方式落后，利益链条不完整、废弃物利用有效运营机制缺乏，缺乏政策上的有效支持，种养结合程度不高等（吴碧珠，2008；侯鹏程，2012；王惠惠，2015）。

（2）种养结合的模式

随着机械化和工业化的发展，农产品开始出现专业化和集中化发展趋势，经济增长的同时也引发了环境污染问题（MacDonald，2009）。采用种养结合的生产方式可以有效解决上述问题。循环是种养结合的核心，引导种植业与养殖业的农业资源循环利用、降低农业资源浪费、促进农业绿色发展。在实现养殖与种植的结合过程中，养殖业产生的畜禽粪便经过特定技术处理成有机肥，为农作物提供养分；种植业产生的饲草、秸秆等加工成为饲料，为养殖业提供营养，通过上述结合可以提升农业资源的利用率。研究发现，种养循环农业不仅有助于改善农业收入，而且可以改善土壤质量、增加农产品种类、促进生物多样性、减轻病虫害、提高土地利用效率等（Hendrickson，2008；Russelle，2007）。以时间和空间利用为分类依据，种养结合可分为空间分离型、时间轮转型和完全结合型三类（Kathleen，2001；James，2003）。其中，空间分离型指将养殖活动限制在牧场或畜栏等单独的地方，而作物种植在该农场的其他地方，该种养结合方式具有粪便收集方便的特点（Ghebre，2009）。时间轮转型指采用轮替种植和养殖的方式，在同一地点按照时间的先后顺序进行种植和养殖。在这种情况下，动物排泄物可以通过动物践踏、啄食、降雨或者种植前翻耕进入土壤，形成种养循环（Balkcom，2010）。完全结合型指基于农作物与动物空间上的互补性，在同一地点同时实现养殖和种植（Clark，1996）。2017年农业部根据种养结构特点、自然资源条件及环境承载能力等因素，将全国种养结合示范工程建设划分为北方平原区、南方丘陵多雨区和南方平原水网区三大区域，并按照区域遴选出五大类型种养结合模式在各区域范围内推广；也有研究按照粪污处理方式将种养结合分为"养殖-贮存-农田"模式、"养殖-沼气-农田"模式和"养殖-堆肥＋沼气-农田"模式（田慎重，2018；贾伟，2017）。还有研究根据主要农产品或产业的不同，将种养结合循环农业模式划分为综合型和专业型。此外，李新平（2001）根据自然地理情况将种养结合划分为沿海型、平原型、丘陵型、山区型及城郊型。

（3）种养结合的效益

本部分主要从经济效益和环境效益两个维度对种养结合的效益进行说明。已有研究均认为种养结合为环境友好型、资源节约型的可持续生产方式；然而，不同研究者对种养结合的经济效应则持不同观点，表明不同种类的种养结合模式及其不同程度的种养结合带来的经济效益存在显著差异。

①经济效应。种养结合不仅仅是单一的生产标准，而是一套完整的生产体系，其发展和实施过程需要建立良好的技术体系，才能获得有效的经济效益。部分研究得出种养结合的经济效益要高于单纯种植业或单纯养殖业，主要原因有以下几点：**一是**它能够有效地利用农业内部的有限资源，尤其是可以更好地引入家庭中的半劳力、辅助劳力以及闲暇时间（王楠，2020；高思涵，2021；李忠鹏，2006）。**二是**种养结合不仅可以提高生产要素的利用效率，增加农户的收入，而且通过养殖业可以将那些农户无法转化为市场可销售商品的农作物副产品转变为可用于市场销售的畜牧产品。李克敌（2008）通过对"猪＋沼＋果＋灯＋鱼"模式的研究验证了这一结论。**三是**牲畜的粪便可以用来施肥，改善土壤质量，提升土壤肥力，从而提高农作物的产量，增加农牧民的收入（崔海燕，2002；崔海燕，1999；宋月茹，2020；齐振庆，2017）。徐祥玉（2017）的研究显示，采用"稻草还田＋养虾"种养结合方式可以大幅度提高单位面积的收益。郑华斌（2013）研究发现，稻野鸭种养模式和稻鳖种养模式比单一种植水稻产量增加了 9.4％和 18.0％。但 Smith（2004）的研究表明，英国普通农产品和有机农产品的差异性不足，导致"劣质商品排挤优质商品"的现象出现，从而使得生态农产品的卓越品质得不到应有的认可。郑华斌（2013）的研究也同样得出由于市场认证体系不完善，导致生态生产方式产出的高品质、无公害农产品价值得不到充分的价格优势。也有研究得出虽然采用单项生态农业技术可能对农牧户的收入有一定影响，但是增加收入还是增加成本这一点仍存在争议（Yee，1996；刘道贵，2005）。

关于种养结合对生产效率影响方面，一种观点认为，养殖场（户）多元化经营会降低生产效率，主要是由于随着经营多元化程度的增加，农场主管理能力得不到有效提升，从而影响了正常的生产行为，最终使得养殖场（户）的养殖专业化水平下降（周炜，2017）。另一种观点以要素共享为基础，认为种养结合生产出的多元化产品可以有效地配置资源，养殖场（户）可以通过共享生产资料和合理利用劳动力，降低生产成本，提升生产效率。孟祥海（2019）基于种养结合视角，考虑畜禽粪便、农作物秸秆还田和农作物对养分的吸收等因素，选取农地氮盈余强度为非期望产出指标，在省级层面对 1997—2016 年农业环境技术效率和绿色全要素生产率进行评估的基础上，分析了其增长情况，得出种养结合循环农业模式能够提高农业生产经营规模化水平，并以此推动中国农业绿色发展水平提升。彭艳玲（2019）采用改进的 DEA - EBM 模型，探究了"青贮玉米＋养殖"种养结合模式的产出效率，得出总体上各示范区的综合效率差距明显，且 78.57% 的示范区为非有效；所有综合效率非有效的示范区均处于规模效率非有效状态；纯技术效率无效的示范区投入冗余主要集中于畜牧养殖资源投入以及工业能源与劳动力投入。也有研究得出相较于机农一体型家庭农场与纯粮食种植型家庭农场，种养结合型家庭农场效率较高（钱忠好，2020）。侯国庆（2022）研究得出种养结合增强了效率和利润对农牧户存栏规模的影响。

　　②环境效应。发展种养结合能够保护生态环境以及减少农业对环境的污染。种养结合通过将上一个环节的农业生产废弃物作为下一个生产环节的资源，提高了物质利用率，有助于减少农药和化肥的使用，同时有效减少农业污染物的排放。巨晓棠（2014）研究发现种养结合模式在减少农牧户化肥投入量的同时可以有效提升氮肥的吸收率，从而降低 N_2O 等温室气体的排放。林孝丽（2012）研究发现，"稻-鱼"种养结合模式下农牧户化肥和农药的使用量分别比常规水稻种植模式减少 21% 和 40.17%。徐祥玉（2017）研究发现，"冬泡＋稻草还田＋养虾"模式可以降低 CH_4 等温室气体排放的强度。稻田养殖生物在稻田生态系统中拓展出新的生态位，在延长食物链的同时显著地降低温室气体的排放量（王强盛，2018）。已有研究分析"冬季种植紫云英结合养鸡-双季稻"种养模式对 CH_4 和 CO_2 排放量的影响，发现其能有效降低碳排放量，并能显著提升水稻产量（周玲红，2017）。张祎（2020）采用情景分析法，分析了生猪、奶牛和蛋鸡三类畜禽养殖场与配套农田（设施番茄为例）的氨排放情况，并从养殖场饲料、饲舍、粪尿存储管理和田间施用 4 个重要环节探索了种养结合模式下最佳氨减排情景及其减排潜力，发现三类畜禽在养殖场管理环节的氨减排潜力依次为生猪、蛋鸡、奶牛。王善高（2021）将环境技术效率作为环境指标得出种养结合能够提升小规模生猪环境技术效率。

1.2.2　畜禽养殖面源污染及温室气体排放相关研究

（1）畜禽养殖废弃物现状

畜禽养殖产生的废弃物主要有畜禽粪便、废弃饲料、养殖污水、死亡动物以及毛发等（朱宁，2014；舒畅，2017；张诩，2019）。目前我国畜禽养殖业正由传统的农户散养模式向集约化、规模化养殖模式转变（侯勇，2012）。据统计，我国畜禽粪便产生量达到 1.73×10^{11} 吨/年，其中氮和磷的含量分别为 1.597×10^9 吨和 3.63×10^8 吨（张继义，2008；何如海，2013）。朱孔颖（2004）研究得出我国已超过畜禽粪便总体土地负荷警戒值，环境压力较大。有学者将大量畜禽废弃物产生的原因归结为养殖方式引起养殖规模的改变，认为传统畜禽养殖以小规模养殖为主，畜禽粪便产生量较少，且主要被还田利用，因此对环境的危害较小（刘忠，2010；朱宁，2014）。随着畜禽养殖业的集约化程度越来越高，养殖业和种植业分离的现象也越来越明显，规模化养殖所产生的粪污无法就地利用，由此引发了多层次的环境污染问题（陈瑶，2014；孔凡斌，2016；孙良媛，2016），主要表现为水体污染、空气污染、农田土壤污染等方面（Campagnolo，2002；Burkholder，2007；李飞，2011；王会，2011；仇焕广，2012）。但也有研究认为规模化畜禽养殖方式下，畜禽养殖废弃物能实现规模经济，同时规模化畜禽养殖户生态环境意识和技术接受能力高于分散养殖户，因此畜禽污染程度低于散养农户（周力，2011；Zheng，2013；姜海，2015）。

（2）畜牧业温室气体排放

由碳排放引起的全球气候变暖已成为社会各界关注的焦点，向低碳和气候适应型经济转型是各国发展的迫切需要。2016 年有超过 170 个国家签署了《巴黎协定》，标志着各国就应对气候变化作出了承诺。如何更有效减少碳排放成为当前的焦点。《Livestock's long shadow》报告指出，全球畜牧业排放的 CO_2 当量在人类活动排放总量占比高达 18%（Steinfeld，2006），这说明畜牧业是重要的温室气体排放源。中国作为畜牧业的巨头，每年的畜禽产品产量在全球稳居第一，近年来畜牧业更是呈现迅猛的发展势头。随着畜牧业集约化、规模化程度提升，CH_4 等温室气体排放呈现出区域集中的特征（胡向东，2010；尚杰，2015）。为提升经济发展质量，中国大力促进节能减排和发展循环经济（张来明，2015）。已有研究围绕中国畜牧业的碳排放进行了深入探究，重点涉及畜牧业温室气体排放量的测算及其影响因素、畜牧业低碳化发展途径等（崔中庆，2010；黄秀声，2010；陈幼春，2010；张文学，2012；王智鹏，2015）。畜牧业温室气体排放不仅受自然条件和经济发展水平的影响，而且受动物种类、粪便处理方式、饲料特质等因素影响（尚杰，2015；陈瑶，2016）。快速发展的经济是造成畜禽温室气体排放量增加的主要原因，而畜禽生产效率则对其有较强的抑制作用（陈瑶，2014），可通过提高生产效率或推行日粮合理搭配、秸秆氨化等技术降低 CH_4 等温室气体排放量（董红敏，2008；谭秋成，2011）。

1.2.3　畜牧业绿色全要素生产率相关研究

(1) 绿色全要素生产率的测算方法

随着绿色全要素生产率的提出，其测算方法成为国内外学者关注的重要内容。1978 年，Charnes 提出了 DEA 方法，并被证实能够有效地衡量相似决策单元之间的效率。随后，Fare 提出了能够处理非期望产出的一种新的 DEA 模型，为评价绿色全要素生产率提供了重要依据。随着技术的进步，可解决"非期望产出"的 DEA 模型不断得到完善，并成为当今评估绿色全要素生产率的主要方法。目前，基于 DEA 模型的绿色全要素生产率评价方法主要包括以下四类：一是在 DEA 模型测算时将非期望产出作为投入指标（李胜文，2010）；二是先将非期望产出数据进行负产出、非线性数据或线性数据转换，再将数据导入 DEA 模型（Ali，1990；谢尔，2001；Zhu，2003；Scheel，2001）；三是方向性距离函数法（党玉婷，2016；Fare，2004）；四是基于松弛测度的 SBM（Slacks－based Model）模型。学者们比较研究了上述四种评价方法的优劣势，得出前两类方法可能会与实际的生产过程背道而驰，或会增加强烈的凸性约束；第三类方法未能充分考虑投入产出之间的松弛性，会导致测算结果存在偏差；而第四种方法解决了前三种方法存在的弊端，能更准确评价绿色生产率（宋马林，2011；李静，2008；戴攀，2013）。为适应研究需求，国内外学者对 SBM 模型进行了改进，提出如 Super－SBM 模型、SE－SBM 模型、ISBM 模型、SBM－Undesirable 模型、SBM－NS 模型、SBM－DDF 模型等（刘勇，2009；刘玉海，2011；周泽炯，2013；张天悦，2014；蔡宁，2014）。

(2) 绿色全要素生产率测算及其影响因素

已有基于国家层面或区域层面对绿色全要素生产率的研究表明环境变量的引入明显降低了平均效率水平，绿色全要素生产率反映了环境问题对生产效率的负面影响（李静，2009；王兵，2010；Van，2011；匡远凤，2012；胡达沙，2012）。也有研究探讨了具体产业的绿色全要素生产率，如农业绿色全要素生产率（韩海彬，2013）、工业绿色全要素生产率（Liu，2009；周泽炯，2013；蔡宁，2014）、畜牧业绿色生产率等。外国学者关于畜牧业绿色生产率的研究开始较早，Reinhard（1999，2000）分析得出荷兰奶牛场技术效率远远高于绿色技术效率，且与粗放型奶牛场相比，集约型奶牛场的技术效率和绿色技术效率更高。

国内关于种植业绿色全要素生产率的研究较多，而关于畜牧业绿色全要素生产率的研究主要侧重畜牧业整体和规模较大的产业（李谷成，2010；张屹山，2014；张晓恒，2015；朱宁，2015；张可，2016；李翠霞，2018）。就畜牧业整体而言，大多数学者普遍认为若不考虑环境污染因素会导致全要素生产率估计有偏，中国畜牧业尚未达到生态环境协调发展阶段，绿色全要素生产率的稳定增长依赖于技术进步，而我国的技术效率仍处于低位（Alexiadis，2010；Liu，2011；易青，2014；崔姹，2018）。就生猪来看，环境因素对生猪全要素生产率有显著的抑制作用，不同区域和规模之间的绿色全要素生产率也存在明显的差异（Lansink，2004；Ball，2004；李欣蕊，2015；左永彦，2017）。大规模养殖比中小规模养殖更能实现绿色全要素生产率的优化，更符合环保养殖的要求（林杰，2014），华北和西南地区的效率值相对较高（张晓恒，2015）。就草食性牲畜来看，奶牛养殖全要素生产率受环境因素影响程度要强于肉牛和肉羊（崔姹，2018）。大规模奶牛养殖场绿色全要素生产率最高、小规模次之、中规模最低，且都具有很大提升潜力；奶牛养殖绿色全要素生产率省际差异明显（李翠霞，2018）。关于禽类绿色全要素生产率，朱宁（2015）研究发现，蛋鸡养殖场绿色全要素生产率随规模的变化而异，小型养殖场的效率最高，而中型养殖场的效率最低。

学者深入探究了农业生产效率以及碳排放效率的影响因素（吴贤荣，2014；田云，2015；陈新华，2016；李博，2016）。影响畜牧业绿色全要素生产率的因素主要包括经济条件、自然环境、地域差异、人力资源、技术水平、消费习惯、政府法规等（Pierrick，2012；杨皓天，2019；邹洁，2016；李翠霞，2018；朱宁，2015）。已有研究发现禀赋结构、受教育程度等对畜牧业绿色全要素生产率有显著正向影响，而产业结构、经济发展水平则会对畜牧业绿色全要素生产率产生消极影响（邹洁，2016）。此外，国外一些研究将畜禽身体健康状况、基因品种改良等也纳入绿色全要素生产率影响因素进行考量（Lansink，2004；Toma，2013）。

1.2.4　肉羊生产效率相关研究

从 20 世纪初期开始，随着经济水平及消费结构的改变，养羊的目的发展成为毛肉兼用，并且随着人们对肉类需求的不断增加，到了 20 世纪 50 年代以后，养羊的目的更多地转向以肉用为主，毛用为辅（Mounter，2007；Keithly，2003）。同时，随着肉羊产业的发展，世界肉羊生产的布局也发生变化，从发达国家转移到发展中国家（Nabradi，2003），发达国家仍为羊肉的主要进出口国（McGee，2005），但值得注意的是，从 2000 年开始，发达国家羊肉的进出口量呈下降态势（Jones，2003）。据 Carson（2001）研究，羊肉产品的全球竞争力日益提高，其优势比其他肉类产品更为明显。我国肉羊产业现已进入了稳定发展的阶段（丁存振，2018），并呈现向东和向北的集聚态势（夏晓平，2009）。我国肉羊生产效率损失严重，不同地区虽然差异明显，但呈缩小态势（耿宁，2013；刘玉凤，2014；王雪娇，2018）。在模型与投入产出选择方面，王雪娇（2018）通过 DEA 模型对肉羊生产效率进行了多维度的分析，投入项主要考虑羔羊折价、雇工费用、精饲料费、饲草费及饲盐费，产出项主要考虑出栏肉羊的总收入。在有关肉羊生产效率影响因素方面，已有研究得出家庭特征、养殖规模、信贷约束、产业组织模式等对我国肉羊生产效率均有显著的影响（丁丽娜，2013；丁存振，2018；王雪娇，2018）。

1.2.5　文献评述

纵观既有研究成果，学术界已从种养结合发展现状与效益、畜禽养殖废弃物及温室气体排放、畜牧业生产的绿色全要素生产率以及肉羊生产效率等方面进行了深入探究，取得了丰富的研究成果。已有成果为本研究提供了理论借鉴与逻辑起点，但也存在以下几点不足。

第一，关于肉羊生产效率方面，已有研究多用总产值、资本、劳动力数量作为投入产出指标测算肉羊生产的全要素生产率和技术效率，运用政策影响、资源禀赋、外部环境、经济等影响因素进一步分析其对肉羊养殖技术效率和全要素生产率的影响。然而，已有研究发现若不考虑环境污染，传统的生产率评价方式实际上忽略了经济增长对社会的负面影响，无法反映我国畜牧业经济增长的真实绩效。因此，应将肉羊污染排放因素（粪污、温室气体）引入传统的肉羊养殖全要素生产率及技术效率分析框架，以便反映肉羊产业经济增长的真实绩效，可以为政府后续制定有利于该产业经济可持续发展的公共政策提供参考依据。

第二，在畜牧业绿色生产率研究方面，现有研究由于所采用的研究方法、投入产出变量以及研究时段的不同，得出的研究结论也有所差异，但也得出了一般性的结论：畜禽粪便等废弃物对环境造成污染，导致其他投入要素无法发挥最大效用的同时影响了畜禽产品的产量，从而降低了养殖效率。但关于纳入绿色生产率计算的非期望产出，已有研究仅考虑畜禽面源污染或者温室气体排放，并未将其同时纳入非期望产出，这会使得绿色生产率测算结果有偏。

第三，种养结合带来的效应主要包括经济效应和环境效应，已有研究对种养结合的环境效应大多持一致态度，认同种养结合是环境友好型、资源节约型的可持续农业生产方式，但是对于种养结合经济效应的作用方向则得出不同的研究结论，说明不同种类的种养结合模式以及不同的应用水平带来的经济效益存在较大差异。从研究方法的角度来看，最初是分析种养结合的理念，逐渐演变成案例分析，最后细化到实证模型分析。种养结合作为一种兼顾经济效应与环境效应的生产方式，以往研究多将种养结合的环境效应与经济效应割裂开来，并未将经济效应与环境效应纳入同一指标进行评价。同时，已有研究往往将某一种特定的种养结合模式作为研究对象，并未把不同模式纳入统一的研究框架进行对比分析。

1.3　研究目标和研究内容

1.3.1　研究目标

通过分析我国肉羊产业发展特征及种养结合演变历程、梳理我国肉羊种养结合主要模式及运行机制、分析我国肉羊养殖的环境技术效率和绿色全要素生产率，最终厘清种养结合对肉羊养殖环境技术效率的影响程度及影响途径，进而为我国肉羊产业绿色高质量发展提供建议。具体目标有以下 4 个方面。

①通过梳理我国肉羊种养结合模式，分析肉羊现有种养结合模式运行机制及优缺点。

②通过对我国肉羊养殖环境技术效率及绿色全要素生产率的分析，从时间和空间维度探究其变动特征，探究我国肉羊养殖环境技术效率及绿色全要素生产率的真实水平和变化规律。

③通过探讨不同种养结合模式及不同种养结合程度对养殖场（户）肉羊养殖环境技术效率的影响程度以及影响途径，为肉羊养殖环境技术效率的改善提供方向。

④通过分析种养结合行为主体的博弈，探究提升种养结合程度的动力机制。

1.3.2　研究内容

第一部分为中国肉羊产业发展特征、种养结合演变历程及肉羊种养结合模式分析，包括本书的第三章和第四章。为找寻解决我国目前肉羊产业发展困境的突破口，促进肉羊养殖效率的持续提升，养殖场（户）种养结合循环农业的推广、应用及发展路径的选择显得尤为重要。因此，第三章首先分析了我国肉羊产业发展概况及特征，主要包括肉羊存栏、出栏和羊肉产量情况、肉羊养殖规模化特征、肉羊养殖空间区域分布特征、羊肉进出口情况和羊肉消费情况等内容；其次对中国种养结合发展历程进行了考察。第四章首先结合当前肉羊产业发展情况及已有研究对肉羊种养结合模式进行划分；其次基于调研获取的案例深入剖析不同肉羊种养结合模式运行机制与优劣势；最后围绕发生诱因、粪肥还田机制、运营模式、经济绩效以及可推广性 5 个方面对肉羊种养结合模式进行比较。该部分分析所使用数据来源于《中国统计年鉴》《中国畜牧兽医统计》，UN COMTRADE 数据库，FAO 数据库；案例资料来源于一手调研资料以及图书、新闻媒介等二手资料。

第二部分为中国肉羊养殖环境技术效率及绿色全要素生产率分析，包括本书的第五章。为了深入研究我国各地区肉羊养殖环境技术效率及绿色全要素生产率水平和变动特征，本部分对肉羊养殖投入产出、环境技术效率和绿色全要素生产率进行测算和比较研究。具体来看，第五章首先分析了我国肉羊养殖的投入产出，主要包括成本、收益和非期望产出三个部分；其次对肉羊养殖的环境技术效率进行分析，具体包括肉羊养殖环境技术效率的变动特征、肉羊养殖环境技术效率的差异性以及肉羊养殖环境技术效率改善方向；再次对中国肉羊养殖绿色全要素生产率进行分析，主要包括肉羊养殖绿色全要素生产率变动特征以及差异性；最后检验肉羊养殖环境技术效率及绿色全要素生产率的收敛性。该部分分析所使用的数据主要来源于农业农村部畜牧兽医局肉羊生产定点监测数据，《中国统计年鉴》《中国畜牧兽医统计》《IPCC 2006 年国家温室气体清单指南》《全国第一次污染源普查农业源系数手册》，相关文献资料以及咨询相关岗位专家所得数据。

第三部分为种养结合对肉羊养殖环境技术效率的影响分析，包括本书的第六章和第七章。近年来国家出台了一系列的政策措施推动种养结合发展，这些扶持政策的实施使得种养结合主体数量不断增加、种养结合模式也逐渐多样。但实际运行中，与第三方利益联结的种养结合模式是否更能有效提升肉羊养殖环境技术效率，不同种养结合程度对肉羊养殖环境技术效率的影响是否存在差异？这些问题的回答对进一步优化肉羊种养结合模式、推进肉羊产业绿色高质量发展具有重要的理论与现实意义。因此，第六章探讨不同种养结合模式对肉羊养殖环境技术效率的影响及影响机制。第七章识别不同种养结合程度对肉羊养殖环境技术效率的影响及影响机制。该部分分析所使用的数据来源于一手调研资料。

第四部分为种养结合主体行为博弈研究，包括本书第八章。强化种养结合程度对我国肉羊产业高质量发展及畜牧业绿色发展至关重要。而在现有的管理制度背景下，政府对辖域内粪污处理情况负有监督职责，养殖场（户）、种植户作为种养结合的重要实施者，由于监督成本、权责收益不对等因素的存在，使得相关主体极易出现"不作为"状态，进而潜在影响着种养结合程度的提升。基于此，第八章将演化博弈论与种养结合行为结合，分别将内循环种养结合模式、外循环种养结合模式相关利益主体纳入同一分析框架，构建种养结合行为主体产业链上利益群体演化博弈模型，并对其演化稳定策略进行理论分析，研究其行为的相互作用机制，以探讨提升种养结合效果的动力机制。

第五部分为研究结论、政策建议与研究展望，包括本书第九章。对本书各章节的研究结论进行了全面总结，并提出相应的政策建议，最后在上述分析的基础上对种养结合的未来研究提出展望。

1.4 研究方法、数据来源和技术路线

1.4.1 研究方法

在分析种养结合对肉羊养殖环境技术效率的影响过程中，本研究贯彻理论联系实践、规范结合实证的研究范式，以经济学基本理论为基础，综合运用比较分析法、案例分析法、计量分析法、博弈论分析法等研究方法，构建本书的方法论基础。

（1）案例分析法

案例分析法能够较直观地呈现出复杂事物的特征及变迁过程，便于问题的挖掘以及进一步深入分析。本研究对规模养殖场（户）、散养户、合作社、有机肥（厂）以及政府畜牧部门领导等种养结合重要参与主体进行实地调研、访谈，获取案例分析的原始素材。在肉羊产业种养结合模式研究中，主要采用案例分析法分析当前我国肉羊产业不同种养结合模式运行机制及特点。

（2）比较分析法

在分析我国肉羊种养结合模式及运行机制时，比较分析不同种养结合模式运行机制及优劣势；在分析我国肉羊养殖环境技术效率及绿色全要素生产率时，比较分析不同地区、不同规模、不同养殖方式的肉羊养殖环境技术效率及

绿色全要素生产率；在分析种养结合对肉羊养殖环境技术效率的影响时，比较分析不同种养结合模式对肉羊养殖环境技术效率的影响、不同种养结合程度对肉羊养殖环境技术效率的影响以及种养结合对不同规模、不同区域肉羊养殖环境技术效率的影响等。

（3）计量分析法

基于来自统计年鉴资料、农业农村部畜牧兽医局肉羊生产定点监测数据以及对养殖场（户）一手调研的大量数据资料，研究中多次利用统计学、技术经济学和计量经济学分析软件 MAXDEA、Stata 15.0 中的数理模型对这些数据进行深入的分析，如用数据包络分析法测算我国各地区肉羊养殖粪污利用率；利用 Super - SBM 模型分别分析地区层次和养殖场（户）层次肉羊养殖的环境技术效率和无效率来源；利用基于 SBM 的 Malmquist - Luenberger 生产率指数法分析我国各地区肉羊生产的绿色全要素生产率；利用多元处理效应模型分析不同种养结合模式及不同种养结合程度对肉羊养殖环境技术效率的影响程度及影响机制等。

（4）博弈论分析法

利用博弈论分析法探究内循环种养结合模式及外循环种养结合模式下种养结合主体之间策略选择的演化过程，进而提出优化路径，为提升种养结合效果奠定坚实基础。

1.4.2　数据来源

本研究拟采用农业农村部畜牧兽医局 500 个村肉羊生产定点监测系统收集的数据，明确当前中国各地区肉羊养殖环境技术效率和绿色全要素生产率情况。该调研的调查范围更广，内容更加翔实，样本量更大，能够更全面地反映中国各地区肉羊生产经营情况。本研究将利用定点监测数据估计结果与实地调研数据估计结果形成对比，保证结果的稳健性。除了以上数据外，本研究还需要农业普查数据和历年统计年鉴数据：一是我国肉羊养殖状况，二是肉羊养殖粪污及温室气体排放状况。在我国肉羊生产的基本概况分析中使用的数据主要来自《中国统计年鉴》《中国农村统计年鉴》《中国畜牧兽医统计》、UN COMTRADE 数据库、FAO 数据库等；在肉羊养殖粪污及温室气体排放情况分析中使用的数据主要来自《中国统计年鉴》《中国畜牧兽医统计》《IPCC 2006 年国家温室气体清单指南》《全国第一次污染源普查农业源系数手册》等。

由于本书的研究内容为种养结合对肉羊养殖环境技术效率的影响，因此，选取的调研样本应具有良好的代表性，以便更好地反映我国肉羊种养结合模式的当前发展状况及未来演变趋势。课题组采用多阶段随机抽样法获取调研样本，调研对象包括肉羊养殖场（户）、企业及合作社等种养结合主体，具体方案如下：**首先**，根据全国肉羊产业发展状况，结合优势区域规划以及种养结合的情况，选择了内蒙古自治区、辽宁省、新疆维吾尔自治区、四川省、山西省和河北省6个主产省（区）。2021年，上述6省（区）肉羊存栏量及羊肉产量在全国的占比分别为48.35％和49.10％。**其次**，在每个主产省（区）随机抽取1～3个肉羊产业优势县，共计10个县，通过与畜牧部门领导座谈，深入了解该县肉羊产业及种养结合模式的发展等情况。**最后**，在各县中选取不同种养结合模式辐射的村，从村中随机抽取一些养殖场（户），按照不同的种养结合模式进行分组，对养殖场（户）进行面对面的访谈。调查问卷内容涉及2021年养殖场（户）家庭基本情况、养殖基本情况、养殖成本收益情况、种养结合模式认知及参与情况、粪污处理情况等。调研的样本总量为6个主产省、10个示范县、16～24个乡（镇）、247户养殖户。

1.4.3　技术路线

本研究首先采用多案例研究法分析现阶段不同肉羊种养结合模式的运行机制及优劣势。其次，在通过实证方法测算肉羊粪污及温室气体排放情况的基础上分析了各地区肉羊养殖环境技术效率及绿色全要素生产率水平及差异。再次，利用实证分析法探究不同种养结合模式以及不同种养结合程度对肉羊养殖环境技术效率的影响程度及影响机制。最后，通过构建种养结合行为主体产业链上利益群体演化博弈模型，探讨提升种养结合效果的动力机制。技术路线如图1-1所示。

1.5　可能的创新

在已有研究的基础上，本研究重点分析种养结合对我国肉羊养殖环境技术效率的影响，可能的创新有以下几点。

第一，系统分析种养结合对肉羊养殖环境技术效率的影响。现有研究缺乏肉羊种养结合模式以及经济、环境绩效方面的定量研究。与其他产业相比，肉羊产业具有养殖户分布较分散、资产专用程度较高以及养殖风险较大的特点，因此不能一概而论地将其他产业种养结合模式直接应用到肉羊产业。本书探究当前肉羊产业主要种养结合模式及其对肉羊养殖环境技术效率的影响，可以弥

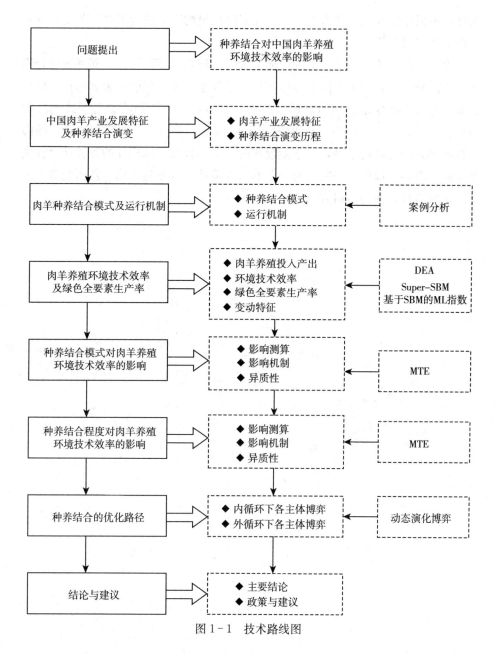

图 1-1　技术路线图

补相关研究不足，还有助于系统了解当前肉羊种养结合模式的发展情况及其经济、环境效应，为政府引导和扶持政策的制定提供依据。

　　第二，考虑资源环境约束的肉羊生产效率研究。由于资源环境的约束，肉羊生产的可持续发展受到各界广泛关注，因此本研究突破传统肉羊生产效率的测算，不只停留在经济性方面，而是在资源环境约束下进行了对肉羊生产效率的理论和定量分析。

第三，在方法上，通过更为严谨的多元处理效应模型评估不同种养结合模式及不同种养结合程度对肉羊养殖环境技术效率的影响程度及影响途径。以往较多研究关于种养结合的绩效评价忽略了养殖场（户）种养结合模式选择的"自选择"问题。本研究采用同时考虑不可观测因素和可观测因素，并消除内生性的多元处理效应模型，将不同模式的种养结合及不同程度的种养结合分别纳入同一框架，以此来探究其对肉羊养殖环境技术效率的影响。在研究方法上有一定创新性，使得本研究结论更为可信。

2 概念界定及理论基础 ///////////////////////////

本章首先对本书中所涉及的概念进行界定，相关概念包括种养结合、非期望产出、环境技术效率、绿色全要素生产率及肉羊养殖模式。其次，对本研究中所涉及的技术效率、循环经济、范围经济、产业组织以及农户行为等理论基础给出了详细解释。最后，构建本书研究的理论框架，从而为研究种养结合对肉羊养殖环境技术效率的影响奠定理论基础。

2.1 概念界定

2.1.1 种养结合

种养结合是将畜禽养殖产生的粪便和有机物加工制作成有机肥，以满足种植业的有机肥需求，同时种植业生产的农作物又给畜禽养殖提供食源的一种有机结合模式（全国畜牧总站，2016）。可以看出，种养结合包含粪肥施用和饲草料种植两个环节，因此，本研究将羊粪用作有机肥，同时该施用羊粪饲草料地种植的饲草料用作肉羊饲料的养殖场（户）定义为种养结合户。2017 年农业部根据各地自然资源条件、种养结构特点以及环境承载能力等因素，将全国种养结合示范工程按照北方平原区、南方平原水网区和南方丘陵多雨区遴选出五大类型种养结合模式在各区域范围内推广；也有研究按照粪污处理方式将种养结合分为"养殖-贮存-农田"模式、"养殖-沼气-农田"模式和"养殖-堆肥＋沼气-农田"模式（田慎重，2018；贾伟，2017）。就种养结合的发展而言，确保物质流、能量流的循环只是一个必要条件，任何模式的实践应用终将落实到参与主体上（唐佳丽，2021）。本书在已有研究的基础上，结合实际调研情况，将肉羊种养结合分为养殖场（户）内部自循环种养结合模式（以下简称"内循环种养结合模式"）、主体间链条循环种养结合模式（以下简称"外循环种养结合模式"）两大类。其中，内循环种养结合模式即在养殖场（户）内部，围绕种养结合进行相关联生产活动，资源在种养结合的不同环节间顺畅流动、形成养殖场（户）内部的循环链条。外循环种养结合模式指两个或多个主体利用自身优势围绕种养结合进行专业化生产，资源在种养结合不同主体间顺畅流动，形成外部循环链条。外循环种养结合模式根据参与主体类型分为"养殖场户＋种植户""养殖场（户）＋合作社＋种植户""养殖场（户）＋企业＋种植基地""养殖场（户）＋合作社＋企业＋种植基地"和"养殖场（户）＋社会化服务组织＋种植户"五小类。

2.1.2　非期望产出

　　基于期望产出的概念，非期望产出可以定义为生产过程中产生的坏的附带结果或超出预期并给外部造成的负面影响。具体到肉羊产业，肉羊养殖产生的粪便、污水、废气等污染物以及温室气体不属于人们对肉羊养殖的预期产出，并且对外部环境造成了负面影响。因此，肉羊养殖的非期望产出可以定义为在肉羊养殖过程中产生的粪便、污水、废气等污染物以及温室气体。鉴于数据的可得性，本研究中的非期望产出包括肉羊未被处理的粪污中化学需氧量、全磷、全氮含量，处理后的粪污中化学需氧量、全磷、全氮残留量以及肉羊饲养及粪便排泄过程中产生的 CO_2、CH_4、N_2O 气体排放量三个部分。

2.1.3　环境技术效率与绿色全要素生产率

（1）环境技术效率

　　根据国内外对环境技术效率的研究，可以将环境技术效率定义分为两种。一种定义是，环境技术效率是用来反映资源环境压力总量的指标，用经济总量与环境载荷或者环境负荷的比值表示（WBCSD，1996）。该定义是从资源、能源以及环境的压力视角来分析环境技术效率，并没有考虑投入效率，而是采用污染排放强度的倒数（价值增加值与污染排放的比值）来表示（Schaltegger，1990；Kortelainen，2008）。另一种基于投入产出比例视角进行测算，用来反映一定时间内，生产者用各种生产要素开展经济活动对环境造成的影响（Fare，1996；Zaim，2000），此种定义在经济效率或者技术效率的基础上将环境因素囊括进来，这种意义上的环境技术效率也称为环境综合效率，在保证经济效益的同时也将环境承载能力考虑在内，做到了资源的有效利用和高效循环。本研究借鉴第二种定义来测算肉羊养殖的环境技术效率。

（2）绿色全要素生产率

　　全要素生产率是衡量一个系统中总产出量和全部生产要素投入量的比例。宏观经济系统的总产出量既包括期望产出（如经济产值），也包括非期望产出（如环境污染），而要素投入量主要指的是资本、劳动力、土地等要素的投入量。绿色全要素生产率是把对环境破坏的影响削减在最小的情况下，达到最高的全要素生产率水平（胡鞍钢，2008）。因此，绿色全要素生产率可以定义为经济产值等期望产出、环境污染等非期望产出与资本、劳动、土地等传统全部要素投入量之间的比值。

2.1.4 肉羊养殖模式

以养殖主体是否购进架子羊[①]进行肉羊养殖为划分依据，可将肉羊养殖模式分成自繁自育和专业育肥。其中，自繁自育为我国传统肉羊养殖模式，养殖主体以能繁母羊作为畜群基础，通过繁育羔羊、出售育成羊获利。专业育肥是受我国肉羊产业规模化、集约化提升等因素影响而衍生出的养殖模式，该模式突破传统畜群周转规律，养殖场（户）一般不饲养能繁母羊，而是购进羔羊或架子羊短期育肥后出栏。

2.2 理论基础

2.2.1 技术效率理论

Farrell（1957）最先提出了技术效率的概念，从投入角度给出了定义，即技术效率是指在相同产出下生产单元理想最小可能性投入与实际投入的比例。Leibenstein（1966）认为，从产出角度考量，技术效率是指在相同投入下，实际产出与最大可能产出之间的比例。技术效率可以反映一个生产单元在生产过程中达到的行业技术水平，是衡量该生产单元技术水平的重要指标之一。

（1）基于投入角度的技术效率测度

假设需要测量一组共 n 个决策单元（DMU）的技术效率，其中第 j 个 DMU 记为 DMU_j；每个 DMU 有 m 种投入，记为 x_i，投入的权重由 ν_i 来表示；有 q 种产出，记作 y_r，每种产出的权重值表示为 u_r，下角标 j 的取值范围为 $[1, n]$，下角标 i 的取值范围为 $[1, m]$，下角标 r 的取值范围为 $[1, q]$。当前要测量的 DMU 记为 DMU_k，其产出投入比表示为：

$$h_k = \frac{\mu_1 y_{1k} + \mu_2 y_{2k} + \cdots + \mu_q y_{qk}}{\nu_1 x_{1k} + \nu_2 x_{2k} + \cdots + \nu_m x_{mk}} = \frac{\sum\limits_{r=1}^{q} \mu_r y_{rk}}{\sum\limits_{i=1}^{m} \nu_i x_{ik}}$$

$$\nu \geqslant 0; \mu \geqslant 0 \qquad (2-1)$$

---

① 架子羊是指体格发育已成熟，但体重（或膘情）尚未达到出栏标准的、用于育肥增肉的肉用羊。

$$i = 1, 2, \cdots, m; \ r = 1, 2, \cdots, q$$

在计算要测量的技术效率值时，将所有 DMU 按照指定的权重得出的效率值 θ_j 限定在 $[0, 1]$ 范围内，如公式（2-2）所示。

$$h_k = \frac{\sum\limits_{r=1}^{q} \mu_r y_{rk}}{\sum\limits_{i=1}^{m} \nu_i x_{ik}}$$

$$\frac{\sum\limits_{r=1}^{q} \mu_r y_{rj}}{\sum\limits_{i=1}^{m} \nu_i x_{ij}} \leqslant 1 \qquad (2-2)$$

$$\nu \geqslant 0; \ \mu \geqslant 0$$

$$i = 1, 2, \cdots, m; \ r = 1, 2, \cdots, q; \ j = 1, 2, \cdots, n$$

DEA 模型由 Charnes、Cooper 和 Rhodes 三人首次提出，基于规模报酬不变的 DEA 模型可以表示为：

$$\text{MAX} \ \frac{\sum\limits_{r=1}^{q} \mu_r y_{rk}}{\sum\limits_{i=1}^{m} \nu_i x_{ik}}$$

$$\text{s. t.} \ \frac{\sum\limits_{r=1}^{q} \mu_r y_{rj}}{\sum\limits_{i=1}^{m} \nu_i x_{ij}} \leqslant 1 \qquad (2-3)$$

$$\nu \geqslant 0; \ \mu \geqslant 0$$

$$i = 1, 2, \cdots, m; \ r = 1, 2, \cdots, q; \ j = 1, 2, \cdots, n$$

这一非线性规划模型的含义在于，在所有 DMU 的效率值都不超过 1 的条件下，使被评价 DMU 的效率值最大化。因此模型确定的权重 u 和 ν 是对被评价 DMU_k 最有利的，从这个意义上讲，CCR 模型是对被评价 DMU 的无效率状况做出的一种保守的估计，因为它采用的权重是最有利于被评价者的，采用其他任何权重得出的效率值都不会超过这组权重得出的效率值。

如图 2-1 所示，以 G 为例，G (g_1, g_2) 与坐标原点 O $(0, 0)$ 的连线和前沿曲线的交点记为 G' (g'_1, g'_2)，G' 是 G 在数轴上的映射。在单个数值的运算时要把之前使用过的成本 $g_1 - g'_1$ 和 $g_2 - g'_2$ 融合进去，那么 $(g_1 - g'_1)/g_1$ 和 $(g_2 - g'_2)/g_2$ 为多消耗的比例。基于 $RG'/PG = SG'/QG = OG'/OG$，用 1 与多消耗的比例作差可得出有效消耗的比例，可用 RG'/PG 和 SG'/QG 来表

示。可用 OG'/OG 表示 G 的效率值，G 的效率部分为 OG'，无效率部分为 GG'。DEA 相关数据图显示，DEA 的测度并不是绝对的，而是基于某一标准的相对数值，该效率值需要对比 DMU 的映射数据。

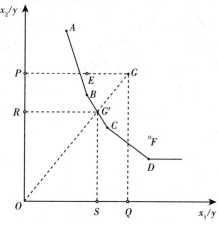

图 2 - 1　投入导向 CCR 模型基本原理

（2）基于产出角度的技术效率测度

产出导向 CCR 模型的规划式为：

$$\text{MIN} \sum_{i=1}^{m} \nu_i x_{ik}$$

$$\text{s. t.} \sum_{r=1}^{s} \mu_r y_{rj} - \sum_{i=1}^{m} \nu_i x_{ij} \leqslant 0$$

$$\sum_{r=1}^{q} \mu_r y_{rk} = 1 \qquad\qquad (2-4)$$

$$\nu \geqslant 0; \mu \geqslant 0$$

$$i = 1, 2, \cdots, m; r = 1, 2, \cdots, q; j = 1, 2, \cdots, n$$

其对偶模型为：

$$\text{MAX} \varphi$$

$$\text{s. t.} \sum_{j=1}^{n} \lambda_j x_{ij} \leqslant x_{ik}$$

$$\sum_{j=1}^{n} \lambda_j y_{rj} \geqslant \varphi y_{rk} \qquad\qquad (2-5)$$

$$\lambda \geqslant 0$$

$$i = 1, 2, \cdots, m; r = 1, 2, \cdots, q; j = 1, 2, \cdots, n$$

对偶模型是在投入既定的条件下，各项产出可以等比例增长的程度来对无效率的状况进行测量，因此被称为产出导向的 CCR 模型。

该模型的优解为 φ^*。在当前技术水平下，DMU_k 的产出可以在不增加投入的情况下实现最大限度的增长，其比例为 $\varphi^* - 1$。φ 与投入成本呈正比，与效益值呈反比。根据 $\varphi^* \geqslant 1$，$1/\varphi^*$ 是效率值的直接表现方式。

如图 2-2 所示，O 为坐标原点，G' 为 O 与 G 连线的延长线与前沿曲线的交点，即 G' 可称为 G 在前沿上的投影。每消耗一个单位的投入，G' 与 G 比值分别为 RG'/PG 和 SG'/QG，已知 $RG'/PG = SG'/QG = OG'/OG$，那么 $\varphi = OG'/OG$ 为 G 的效率。可见，$\varphi \in [1, \infty)$，一般情况下，效率值记为 θ，$\theta = 1/\varphi$，因此，$\theta \in (0, 1]$。在多维空间中，产出导向 CCR 模型的前沿为凹向原点的凸多面体的顶面。

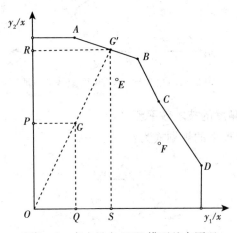

图 2-2　产出导向 CCR 模型基本原理

2.2.2　循环经济理论

循环经济是物质闭环流动型经济的简称，该理论的产生主要得益于 20 世纪 60 年代对生态文明的重视，"宇宙飞船经济理论"是循环经济的代表思想。该理论认为，如果人们像过去那样不合理地开发资源和破坏环境，超过了地球的承载能力，就会像宇宙飞船那样走向毁灭。因此，宇宙飞船经济要求以新的"循环式经济"代替旧的"单程式经济"。在 20 世纪 90 年代，全球开始推行可持续发展战略，人们也逐渐意识到末端治理的不足，开始主张源头预防和全过程治理，这也逐渐成为社会经济发展政策的主流，最终整合为一套系统的循环经济发展战略。该理论认为，目前环境仍在限制超标的主要原因是大规模工厂的建立以及高指标化学药剂的应用，自然界遭到了前所未有的破坏。传统的线性经济发展模式是基于"资源-产品-污染排放"的单向流动，而为了实现环境与经济双赢的可持续发展目标，人类社会需要建立循环经济发展模式。这意味着我们需要将资源、产品和废物转化为有价值的资源，使其在经济系统中循环使用，减少对环境的负面影响。

从当前的环境发展来看，不管是自然环境还是社会环境，都在一定程度上具有其承载的限度，当群体进行劳作时，化学药剂的使用是不可避免的，追求经济效益的同时，也应当将环境保护放在十分重要的位置。从目前的科技发展状况来看，在短时间内不可能阻止化学药剂的使用，因此，随着工业化的发展，自然环境也日益遭到破坏，主要包括废弃污染物的排放、水资源的不合理利用、森林植被的破坏以及不可再生资源的发掘等。生产过程当中的排放物并不是绝对不可利用的，只要找到适当的节点或采取合理的方式，便能够在探寻该物质属性的同时创造一定的使用价值，这也是循环经济所一直秉持的原则，即要求人们在进行劳作活动时，不仅要追求经济效益，而且也要追求环境效益（范跃进，2005；彭绪庶，2017）。受这种思想的影响，循环经济才得以在飞速发展的社会生产中引起注意，并将"3R"原则作为该理论的指导思想，即"减量化，再利用，再循环"。减量化即降低在生产环节当中所使用的成本，包括原产品、人力、物力等；再利用即重视资源的使用次数，强调在最大范围提升资源的利用程度，也就是说，要求同一单位内的资源尽量能够数次或者是多次参与生产环节；再循环主要指所投入的资源要实现其最大的使用价值，在整个生产环节当中最大限度地减少资源使用，实现可持续发展（王国印，2012；陈帆，2018）。循环经济模式是一种生产过程当中的新型操作，该模式能够更好地适应当前市场环境的要求，为企业生产提供良好的导向，同时也能够帮助资源进行最大化的利用，这对于生产者来讲是十分高效的。该模式也在一定程度上提高了自然环境的承载限度，减少了化学药剂的使用，同时能够以更加合理的方式帮助资源在自然界当中进行有效循环。循环经济的技术载体为清洁生产技术、废物利用技术以及治理污染的末端技术等环境友好型技术。

循环经济的核心是建立一种与自然生态系统类似的生态产业体系，其中资源开采、加工制造、消费和废弃物还原等环节相互联系、相互作用，以实现资源的循环利用和环境的可持续发展。循环经济之所以能替代以往的单向循环模式，有其自身的优势所在，主要依靠其高效的利用率，这在当前的经济发展大背景下是十分必要的。由于系统内部企业和项目之间建立了错综复杂的、相互依存的、网络化的关系，因此它们之间的物质交换是高度关联的，系统内部物质流量远远超过系统外部的物质流量，因此能将在生产系统当中的各项资源达到最高效率的使用，进而降低自然资源的污染、提高环境的承载限度、实现可持续发展所要求的经济与生态环境双赢的战略目标。

2.2.3 范围经济理论

设 $N = \{1, 2, \cdots, n\}$ 表示生产主体的产品集，相应的产量为 $Y = \{y_1, y_2, \cdots, y_n\}$，$C(y, w)$ 是多产品生产主体的最小化成本函数，其中 w 是要素价格向量。设 $T = \{T_1, T_2, \cdots, T_l\}$ 是产品集 N 的一个重要子集，满足 $\bigcup T_i = N$，$T_i \bigcap T_j = \emptyset (i \neq j)$，$T_i \neq \emptyset$，$l > 1$，当成本满足下式时，则存在着范围经济。

$$\sum_{i=1}^{l} C(y_{T_i}, w) > C(y, w) \qquad (2-6)$$

反之，当 $\sum_{i=1}^{l} C(y_{T_i}, w) < C(y, w)$ 时，意味着在生产环节中适当的分配可以减小投入的压力，也就是我们所说的分工经济（张仁华，1997）。部分资料选择成本次可加性来定义范围经济。若对任何 n 个产出 $y_1, \cdots, y_n$，有 $\sum_{i=1}^{n} C(y_i) > C(\sum_{i=1}^{n} y_i)$，那么此时成本函数属于严格次可加的。

这里提到的次可加性强调生产环节的整体性，在整个生产过程中更有利于产品产出投入的降低和效益的获取，即范围经济。若有两种产品 y_1、y_2，那么此时成本函数是严格次可加的，则有：

$$C(y_1, 0) + C(0, y_2) > C(y_1, y_2) \qquad (2-7)$$

这里的 $C(y_1, 0)$ 与 $C(0, y_2)$ 为独立生产成本。上述算式表明两种产品 y_1，y_2 单独生产的成本比在一个主体内生产的成本要高。这就是有关经济文献中所定义的范围经济概念。范围经济并不只是表面上对资源的有效控制，实际上更强调在整个生产过程中去除盈利性效益而分得的非必要性资源，包括固定成本的不可分性和分摊、变动投入生产率的提高、存货、立方-平方法则、营销经济性、购买经济性、研究与开发中的经济性等。这仅仅是对于理论层面的阐述，而结合实际情况来看，范围经济的来源并不唯一，主要有三种情况。第一种来源于某些生产要素的"公共品性质"，即一旦它们被用于一种物品的生产当中，它们同时也可以无成本或以较小成本用于其他物品的生产当中。例如，目前应用最多的知识要素便是能在生产环节当中可以一直贯彻始终的，但在进行两种或两种以上产品的生产过程当中，知识要素可能会对其任意二者之间产生某些间接的联系。第二种来源是有一种或几种投入品可以被用于不同的生产过程生产不同的产品。如果企业为了生产一种主要产品而建立的生产线还存在着闲置的生产能力，则企业就可以利用这种空余的生产能力生产其他产品。闲置生产能力的产生来源于市场的规模小于一个不可分割的投入所能带来的生产能力或不完全竞争。第三种来源在于成本的互补性，即生产一种产品的边际成本随着另一种产品数量的升高而降低。Chandler（1990）指出，范围经济又称为联合经济或经销经济，即在同一生产过程当中，多数产品的产出值采用一种经销方式，缺乏多样性和可选择性。该观点更加注重多方面产品的统一生产过程。而 Teece（1980）、Panzar（1981）对范围经济的解释更加注重生产环节。他们将该经济分为三种类型，分别为基于有形资源的范围经济、基于无形资源的范围经济和基于竞争者的范围经济。该名词的出现在一定程度上为企业打造品牌优势，增强企业的创新能力，为推动企业发展提供更强的动力。交易成本是涉及把货物和服务从一个经营单位转移到另一个单位的成本。如果市场交易产生于群体和个人双主体时，那么，通常会以纸质条文为依据，要求双方共同遵守市场交易准则。如果仅在一个工厂内部产生交接，那么只需要按照财务条款进行相应的操作。如果交易过程当中的不同元素都能够实现资源利用的最大化，那么会在一定程度上降低投入，规模经济和范围经济的产生就是以交易过程当中出现的不同元素的使用为依据（钱德勒，1999）。如果这种经常的商业交易和契约关系所产生的交易成本增加，则企业把相关的一些产品纳入其内部生产，而不是通过外部交易进行，这时企业存在范围经济。

2.2.4　产业组织理论

在进行农业的发展时，应当着重利用各方面的资源，这里所要强调的是循环经济的发展，例如土地、劳动力、机械等各项因素的使用和调配。在合理分配资源的同时，也要注重打造自身优势，形成农业体系高效率、高质量的循环，力求在追求盈利的同时，能够最大限度地降低对自然环境的破坏、维护群体利益。产业组织理论以相关的价格理论为基础，注重交易过程当中出现的不同主体之间的内部联系，包括企业本身以及两个企业之间所存在的间接联系，同时，将规模经济以及在交易过程中出现的必要问题考虑在内，特别是企业内部的元素流转以及资源调配。通过充分考虑参与交易的各主体，进一步解决提高资源配置的效率问题。这在一定程度上符合市场发展的大方向，有助于企业向更快更好的方向发展。亚当·斯密（Smith，1902）是产业组织理论的首创者，他在《国富论》中分析了组织结构的优势所在，在以往的生产环节当中，各个主体之间缺乏必要的协作，资源的利用率是有限的，而当这些主体随着社会的发展逐渐成为一个可循环系统时，则在一定程度上推动了生产过程的进步，企业的生产效益也随之提升。该理论对市场内部的组织协调要求较高，同时以规模经济为标准，过于强调市场内主体之间的联系。1954 年哈佛大学教授贝恩认为交易过程受各种因素的影响，主要包括产品之间的差异、规模、经济市场的资源整合度以及内部结构的可循环性。根据这一理论，形成了哈佛学派"结构-行为-绩效"（SCP）模型，这是产业组织理论的标志（Bain，1968）。该理论以市场内部的交易准则为基础，强调交易过程中各主体操作的合理性，在满足所规定的必要条件的同时获取经济效益。哈佛学派以新古典学派的价格理论为基础，强调在实践中进行探索，同时对过去的研究经验加以借鉴，提出了比较规范和系统的产业组织理论体系（基本分析框架为 SCP）。交易与主体是相互影响的，只有主体进行合理的操作，才会有合理效益的产生，而交易过程当中的准则又约束着主体的行为。要实现良好的市场业绩，必须深入研究影响市场主体的因素，重点在于市场结构、市场行为和市场绩效三个方面，并制定合理的产业组织政策来调整和改善不合理的市场结构和市场行为。产业组织理论自 20 世纪 70 年代以后开始盛行，克鲁格曼是其主要倡导者，他主张利用交易过程当中各主体的竞争因素、规模报酬递增效应以及产出结果所存在的分歧来进行填制，打破以组织循环为重点的模型，强调交易内部的资源调配。1982 年，纳尔逊和温特合著《经济变迁的演化理论》，理论强调产业组织为企业带来优势，交易过程各方面内部资源的利用可以实现最大化资源互补，不管是在人力、物力还是劳动工具的使用方面，都能够打造企业所具有的品牌优势，实现当前经济模式要求下的一种新型发展，合理利用各种资源的同时优化产业结构配置，提高自然资源的利用率以及环境的承载限度。2009 年速水佑次郎和神门善久对该理论进行了更深入的研究，认为交易过程内部的资源调配要考虑市场所受的外部影响，即经济以外的其他非必要因素，包括企业的选址、当前人口的分布以及资源的利用率。

根据上述产业组织理论，种养结合的发展需要在特定的市场结构下，依据资源和区位优势，通过专业化分工和协作建立相关组织主体之间的联结，以符合当地特色的循环农业模式为目标，既竞争又合作，并通过正式和非正式交流建立关系网络，从而降低交易费用，实现资源共享和高效利用。

2.2.5 农户行为理论

肉羊养殖场（户）是我国肉羊养殖的主体，养殖场（户）的规模大小、技术采用、机械设备投入等行为决策均对养殖场（户）的肉羊养殖环境技术效率产生重要的影响。农户行为理论可以有效指导养殖场（户）在整个生产过程当中的养殖行为，帮助其实现效益的最大化。从当前现有的资料文献来看，形式学派、实体经济学派、历史学派是该理论的三个主要流派。其中形式学派以舒尔茨为代表，实体经济学派以恰耶诺夫为代表，历史学派以黄宗智为代表。形式学派指出养殖场（户）内部与企业的生产之间并没有过大的差异，均为"理性经济人"，都是为了降低成本的同时实现最高盈利，实现资源的有效配置，因此在养殖场（户）内部所进行的资源分配通常具有一定的计划性，并不是盲目进行的。实体经济学派指出小农的生产活动主要是为了满足家庭消费的需求，并非追求产出的最大化和投入最小化，因此，一旦家庭消费需求被满足，农户就缺乏继续劳动的动力。恰耶诺夫提出，农户在进行决策时应基于家庭的消费和劳动辛苦程度之间的均衡，实现效用最大化，而这种效用是不合理、无效率的。历史学派指出上述两个学派的解释往往过于关注某一方面而忽视整体的要求。历史学派认为小农拥有有限的土地资源，使得家庭劳动者无法获得除农业生产之外的其他就业机会，因此他们仍然继续投入大量的劳动力进行农业生产，结果使得他们的边际报酬较低。农户不仅只考虑获得最大利润，而且更多的是为了让家庭获得最大效益，同时满足家庭消费的需求。本书的研究重点是研究肉羊养殖场（户）如何在有限的家庭资源条件下，实现肉羊养殖利润的最大化，因此本书将基于舒尔茨为代表的形式学派农户行为理论进行分析。

2.3 理论框架构建

2.3.1 种养结合影响环境技术效率的理论分析

在肉羊养殖过程中，往往不只有活羊（羊肉）一种产出，而且还有肉羊养殖废弃物（如粪污、温室气体等）。肉羊养殖废弃物在农业生产过程中不需要专门的投入来进行生产，而是随着肉羊的要素投入而生产出来的。若对肉羊养殖废弃物不进行有效的处理，则会影响肉羊的生产环境，进而影响肉羊产出。如果要全面分析肉羊的效益以及生产行为，就不能只考虑活羊的产出，而应将养殖废弃物所产生的价值及其产生的利润也纳入利润最大化的分析中。

结合本书的研究主题，为了实现利润最大化，构建一个养殖场（户）肉羊种养结合行为的理论模型，假设其行为与目标一致，对此建立如下条件：①种养结合养殖场（户）均存在同时从事肉羊养殖和种植业的经营活动，基于养殖场（户）从事种植业主要是为养而种，而不是为了获得种植业的收入，本研究将其综合为肉羊养殖活动；②肉羊养殖和种养结合方式需要考虑的方面有很多，包括人工、饲料等相关因素，基于此，本研究将肉羊养殖和种养结合中的投入要素概括为饲草料投入、劳动力投入和其他投入；③养殖场（户）在肉羊养殖和种养结合时所面临的各种现实约束主要通过要素价格变动来反映。

设养殖场（户）进行肉羊养殖获取了 1 种产品，投入要素分别为 x_1、x_2 和 x_3，p_1 为活羊的价格（$p_1 > 0$），ω_1、ω_2 和 ω_3 为投入要素对应的价格（$\omega_1 > 0$，$\omega_2 > 0$，$\omega_3 > 0$）。$f(x_1, x_2, x_3)$ 为肉羊产量函数，并且存在二阶连续导数，I 是养殖场（户）面临自身的资本约束。

资本约束条件下的肉羊生产利润函数为：

$$\text{MAX}\pi = p_1 f(x_1, x_2, x_3) - \omega_1 x_1 - \omega_2 x_2 - \omega_3 x_3$$
$$\text{s. t. } \omega_1 x_1 + \omega_2 x_2 + \omega_3 x_3 \leqslant I \tag{2-8}$$

它的一阶条件是：

$$\frac{\partial \pi}{\partial x_1} = p_1 \frac{\partial f(x_1, x_2, x_3)}{\partial x_1} - \omega_1 = 0$$

$$\frac{\partial \pi}{\partial x_2} = p_1 \frac{\partial f(x_1, x_2, x_3)}{\partial x_2} - \omega_2 = 0 \tag{2-9}$$

$$\frac{\partial \pi}{\partial x_3} = p_1 \frac{\partial f(x_1, x_2, x_3)}{\partial x_3} - \omega_3 = 0$$

即利润最大化的一阶条件为：

$$p_1 \frac{\partial f(x_1, x_2, x_3)}{\partial x_1} = \omega_1$$

$$p_1 \frac{\partial f(x_1, x_2, x_3)}{\partial x_2} = \omega_2 \tag{2-10}$$

$$p_1 \frac{\partial f(x_1, x_2, x_3)}{\partial x_3} = \omega_3$$

而利润最大化的二阶条件为：

$$p_1 \frac{\partial^2 f(x_1, x_2, x_3)}{\partial x_1^2} < 0$$

$$p_1 \frac{\partial^2 f(x_1, x_2, x_3)}{\partial x_2^2} < 0 \tag{2-11}$$

$$p_1 \frac{\partial^2 f(x_1, x_2, x_3)}{\partial x_3^2} < 0$$

鉴于种养结合会对饲草料投入、劳动力投入和期望产出产生影响，以上结果说明，种养结合的生产方式会影响养殖场（户）实现最终利润最大化的生产目标。同时，养殖场（户）对废弃物进行了处理投入，实现了生产要素的重新组合，使肉羊的产出数量以及成活率均受到了影响，从长期发展的角度来说养殖户的生产过程是以实现最高经济效益为目标的，因此在各项因素都不固定的情况下，会充分考虑人力和物力资源利用的最佳方式。虽然养殖户自身的投入成本有限，但要促进生产过程的持续性，需要增加养殖废弃物的处理投入，其他生产要素的投入就需要进行调整，即要素组合发生了变化。与此同时，养殖户采取种养结合的生产方式在一定程度上减少了羊粪等非期望产出造成的污染。具体来看，养殖场（户）将肉羊养殖过程中产生的粪污经过处理后施用在农田，有效降低了肉羊养殖产后阶段面源污染的排放量。因此，环境技术效率也会随着发生变化。

在种养结合过程中，肉羊和饲料的成本是不可忽略的，其来源并不唯一，具有一定的选择性。但养殖场（户）要想降低成本，就必须选择能够适应范围经济的生产模式及在同一过程当中可以实现生产要素的多样化且充分提高资源利用率的生产模式。如果采用单一农户联合生产，则农户的产出表示为 $Z=(x, y)$，$y=(y_1, y_2)$，y 表示产出变量，x 表示投入变量。如果选择两个专业农户生产，则第 n 个专业农户的产出表示为 $Z''=(x'', y'')$，$y''=(y''_1, y''_2)$，$x''=\frac{x}{2}$，$n=1$，2。图 2-3 描述了多样化农产品生产效率评估，GG' 表示以 x 为投入向量时原始联合生产农户的产量边界曲线，HH' 是以 $x/2$ 为投入向量时两个专业农户的产量边界曲线，若此时用 $A=(y_1, y_2)$ 表示产出集，那么对应的两个专业农户的产出为 $C=(y_1^1, y_2^2)$、$B=(y_1^2, y_2^2)$，且 $y_i=(y_i^1, y_i^2)$，$i=1$，2，专业农户的投入用 $x/2$ 表示。结合 A、B、C 来看，HH' 到 B、C 两点间并不是完全一致的，因此即使专业农户和原始联合生产农户的生产结果一致，但专业生产农户的投入会更多，生产率也会受到影响。但联合生产农户就不会受到该因素的影响，能保证其生产的连续性，这正是范围经济带来的优势。

不同种养结合模式会涉及不同的产业组织，会产生搜寻购销信息费用、讨价还价及责任确定费用、交易履行费用、监督费用等交易费用，而且在市场交易过程中，各主体往往存在信息不对称，会产生道德风险（蔡荣，2014），一定程度上会造成资源浪费，外循环的规模经济会被削弱，反而会制约环境技术效率的提升（崔艺凡，2017）。而不同程度种养结合对肉羊养殖环境技术效率的影响存在一定差异，与非种养结合养殖户相比，较低程度种养结合养殖户肉羊养殖专业化有所降低，可能会降低其管理水平和生产行为的专业性，从专业化角度来看可能会降低肉羊养殖环境技术效率，但不管何种程度，种养结合一定程度上实现了范围经济，而范围经济会促进肉羊养殖环境技术效率的提升，且随着种养结合程度的加深，范围经济产生的正效应逐渐增强，对环境技术效率的正效应会增强。

基于此，本研究提出如下研究假说。

H1：与非种养结合模式相比，内循环种养结合模式、外循环种养结合模式均可以提高肉羊养殖环境技术效率，且内循环种养结合模式、外循环种养结合模式对肉羊养殖环境技术效率的提升程度存在差异。

H2：与非种养结合模式相比，低程度、高程度种养结合均可以提高肉羊养殖环境技术效率，且高程度种养结合对环境技术效率的提升作用更强。

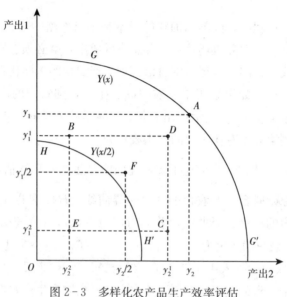

图 2-3　多样化农产品生产效率评估

2.3.2　种养结合影响环境技术效率机制的理论分析

种养结合的核心目标是促进肉羊产业绿色高质量发展，如前文所述，种养结合在一定程度上影响了期望产出与非期望产出，同时也会对养殖场（户）的要素配置进行改变（图 2-4）。当未采用种养结合模式时，A 是肉羊养殖户的平均生产点，Q_A 是其平均生产量，E_0 代表环境质量，黑实曲线则代表生产前沿面，无效率生产点由 A 表示，那么养殖场（户）的生产数量为黑实曲线和 x 轴、y 轴的交接范围。当采纳种养结合循环农业模式后，E_0 向 E_1 转变，A 点向 B 点转变，产量也与 Q_B 相对应，这时养殖场（户）通过优化其内部生产结构、改善养殖体系进而提升了环境承载限度，另外高科技装置的应用也在一定程度上促进了生产效率的提升，即生产前沿面变为虚曲线，B 转变为 C，Q_B

移动到 Q_C。A 移动到 C，种养结合的优势便通过该变化展现出来。

基于此，本研究提出如下假说。

H3：种养结合通过降低非期望产出、增加期望产出和优化要素配置来提高环境技术效率。

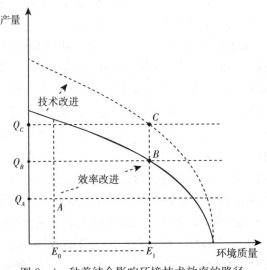

图 2-4　种养结合影响环境技术效率的路径

2.3.3　种养结合路径优化的理论分析

上述理论分析发现，种养结合通过促进养殖场（户）期望产出的稳定增长、减少投入及非期望产出等途径实现肉羊产业绿色高质量发展的政策目标，而通过调研发现，养殖场（户）以及政府作为种养结合的重要参与主体，由于利益目标不一致等因素极易导致种养结合效率低下的困境，潜在影响着种养结合循环农业的推广与发展。对于养殖场（户）来说，如何利用最小的投入获取最高的盈利是其关注的问题；而对政府来说，则更加强调自然环境承载能力的提高，要求尽可能减少对自然环境的污染。由此可见，双方的追求是不一致的，因此种养结合的应用便不具备统一性（何可，2016）。但是两个主体在一定的程度上也是相辅相成的，要想提高自然环境的承载能力，就需要制定相应的法律条文来规范养殖场（户）的行为，特别是对化学药剂的使用以及污染源的控制。如果养殖场（户）的行为打破了自然环境的承受限度，就需要针对其行为进行相应的惩处。循环经济结构的应用虽然能够在一定程度上防止自然资源的破坏，但是在这种模式下，生产出的高质量产品并不能将绝对的效益归属到养殖场（户）个体，要依靠政府来帮助其促进生产销售体系的一体化，畜禽污染治理离不开政府的管控和养殖场（户）的自觉，不管是在产品生产过程中，还是在资源的利用环节，都需要依靠政府这一主体来进行资源调配和产业循环。市场收益显著影响养殖场（户）选择高程度种养结合模式的意愿与行为，对于政府条文的出台，养殖场（户）需要进行多方面因素的综合考虑，其主要目的都是为了实现经济性的盈利，而并非仅仅只是为了提高环境的承载能力。从一定程度上来说，养殖场（户）种养结合模式的选择取决于其经济盈利，如果以往的模式不能满足其所要追求的经济效益时，养殖场（户）会对种养结合所带来的优势进行考量，综合对比之下，养殖场（户）才会选择种养结合模式实现污染治理的行为，才可能形成环境友好型肉羊产业发展的内在动力。

为了便于分析，本部分仅对内循环模式下养殖场（户）不同种养结合程度的选择进行理论推导。在种养结合过程中，我们设定 α 表示养殖场（户）的种养结合程度，同时 θ 是一个外部随机变量，其取值范围为 Ψ，且政府无法控制其变化。θ 的分布函数和密度函数分别为 $G(\theta)$ 和 $g(\theta)$。当养殖场（户）做出选择行为 α 后，外部随机变量 θ 和 α 的组合将决定可观察变量 $x(\alpha,\theta)$，以及种养结合在 α 条件下对养殖场（户）所产生的带动效果 $\pi(\alpha,\theta)$。假设种养结合程度 α 是一个严格递增的凹函数，同时 θ 的值与 π 存在严格递增的关系。假设政府和养殖场户的期望效用函数分别为 $\nu[\pi-s(x)]$ 和 $\mu[s(x)-c(a)]$，且 $\nu'>0$，$\nu''\leqslant0$；$\mu'>0$，$\mu''\leqslant0$；$c'>0$，$c''>0$，意味着双方均为风险规避者或者中性者，双方之间的利益冲突来自假设 $\varphi\pi/\varphi a>0$ 和 $c'>0$，其中 $\varphi\pi/\varphi a>0$ 表示政府希望养殖场（户）能够较高程度采纳种养结合行为，而 $c'>0$ 表示在种养结合中，养殖场（户）通常希望通过最小化投入获得最大的效益，因此建立适当的奖惩激励机制对于其成功实现这一目标至关重要。

则政府的期望效用可表示为：

$$\int \nu\{\pi(\alpha,\theta)-s[x(\alpha,\theta)]\}g(\theta)\mathrm{d}\theta \qquad (2-12)$$

养殖场（户）为了达到自己的期望效益最大化，需要适时调整 α 和 $s(x)$，但同时也会面临两种行为约束。一是从种养结合中获得的效益不能低于未进行种养结合时的最大期望效益 $\bar{u}$，即保留效益。

$$\int u\{s[x(\alpha,\theta)]\}g(\theta)\mathrm{d}\theta-c(a)\geqslant\bar{u} \qquad (2-13)$$

二是政府需要对养殖场（户）进行激励约束，但由于无法观测到养殖场（户）的经济行为 α 和自然状态 θ，政府只能在日常经营过程中采取使自身效用最大化的决策。只有当养殖场（户）选择行为 α 所带来的效益大于选择 α' 时，

政府才会采取 α 作为政策，而 α'（$\alpha' \in A$）是日常养殖场（户）采取的行为集合。

$$\int u\{s[x(\alpha, \theta)]\}g(\theta)\mathrm{d}\theta - c(\theta) \geqslant$$
$$\int u\{s[x(\alpha', \theta)]\}g(\theta)\mathrm{d}\theta - c(\alpha'), \alpha' \in A \tag{2-14}$$

通过以上分析得出，养殖场（户）在选择行为 α 和 $s(x)$ 时，追求效用最大化，但必须同时遵守两个约束条件，这是养殖场（户）必须考虑的重要因素。

$$\mathop{\mathrm{MAX}}_{\alpha, s(x)} \int v\{\pi(\alpha, \theta) - s[x(\alpha, \theta)]\}g(\theta)\mathrm{d}\theta$$
$$\mathrm{s.\,t.} \int u\{s[x(\alpha, \theta)]\}g(\theta)\mathrm{d}\theta - c(\alpha) \geqslant \bar{u}$$
$$\int u\{s[x(\alpha, \theta)]\}g(\theta)\mathrm{d}\theta - c(\theta) \geqslant \tag{2-15}$$
$$\int u\{s[x(\alpha', \theta)]\}g(\theta)\mathrm{d}\theta - c(\alpha'), \alpha' \in A$$

在种养结合的过程中，政府和养殖场（户）之间存在效益目标不一致的问题，只有在高程度种养结合所带来的收益超过低程度种养结合的收益时，养殖场（户）才会积极地提高种养结合的程度。而在家庭种养结合的情况下，所获得的收益则取决于政府的管理水平。政府和养殖场（户）之间的互动是一个不断变化的博弈过程，政府需要采取有效的奖惩措施以实现双方的利益最大化，从而促进种养结合的发展。

2.4 本书分析框架

本书遵循"影响测算-影响路径-路径优化"的研究逻辑，对种养结合对肉羊养殖环境技术效率的影响进行分析。本书首先根据技术效率理论，对包含非期望产出的环境技术效率进行分析；其次根据循环经济理论、产业组织理论和范围经济理论，对不同种养结合模式对肉羊养殖环境技术效率的影响及机制进行分析；再次，对不同种养结合程度对肉羊养殖环境技术效率的影响及影响机制进行探究。当前种养结合行为可能存在不完善的地方，那么什么样的奖惩机制会促进种养结合路径的优化？本书最后将构建不同种养结合模式参与主体之间的动态博弈模型，以期为改善当前养殖场（户）种养结合效率、促进肉羊产业绿色发展提供理论基础。

综上所述，构建本书的分析框架如图 2-5 所示。

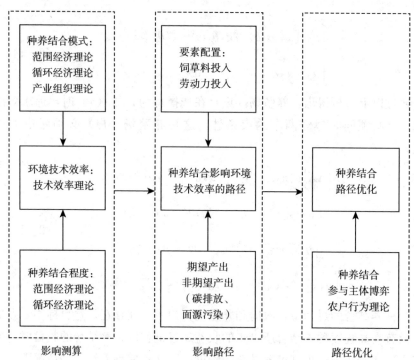

图 2-5　种养结合对环境技术效率影响分析框架

2.5　本章小结

本章首先对本书涉及的核心概念进行了界定，并简要介绍了本书所涉及的基础理论，包括技术效率理论、循环经济理论、范围经济理论、产业组织理论、农户行为理论；其次，从理论上推导了种养结合可能对环境技术效率产生的影响，得出种养结合影响环境技术效率的机制；再次，从理论上分析了政府和养殖场（户）之间的动态博弈过程；最后，基于以上理论基础构建了本书研究的总体分析框架。

3 我国肉羊产业发展特征及种养 结合演变历程 ///////////////////////////////

本章主要对我国肉羊产业发展特征及种养结合演变历程进行分析。首先，分析了我国肉羊产业发展概况及特征，主要包括肉羊存栏、出栏和羊肉产量情况、肉羊养殖规模化特征、肉羊养殖空间区域分布特征、羊肉进出口情况和羊肉消费情况等内容；其次，对我国种养结合发展历程进行了梳理分析。

3.1 肉羊产业发展特征

3.1.1 肉羊存栏、出栏和羊肉产量情况

图 3-1 为 1978—2021 年我国肉羊存栏、出栏和羊肉产量情况。从存栏量看，1978—2021 年，我国肉羊存栏量从 16 994 万只增长到 31 969.3 万只，年均增长率为 1.48%。具体来看，我国肉羊存栏量呈先波动下降后波动增长态势。其中，1978—1986 年，我国肉羊存栏量呈波动下降态势，肉羊存栏量从 16 994 万只下降至 16 623 万只，年均增长率为 -0.28%；1987—2004 年我国肉羊存栏量快速增长，从 18 034 万只上升至 30 426 万只，年均增长率为 3.12%；2005 年、2006 年受"小反刍"影响，肉羊存栏量有所下降，2007 年肉羊存栏量再次转为增势；2007—2021 年我国肉羊存栏量从 28 564.7 万只增长至 31 969.3 万只，年均增长率为 0.81%。从出栏量看，1978—2021 年，我国肉羊出栏量呈波动增长态势，从 2 621.9 万只增长至 33 045.0 万只，年均增长率为 6.07%。其中，1978—2004 年，我国肉羊出栏量从 2 621.9 万只增长至 28 342 万只，年均增长率为 9.59%；2005—2021 年我国肉羊出栏量从 24 092 万只上升至 33 045.0 万只，年均增长率为 1.99%，与 1978—2004 年相比增速减缓 7.60 个百分点，尤其是 2020 年受新冠肺炎疫情影响，我国肉羊集中出栏期延长，出栏数量仅比 2019 年增长 0.76%。从出栏率看，1978—2021 年肉羊出栏率总体呈上升态势，从 0.15 增长到 1.03，从 2016 年开始突破 1，说明我国肉羊产能不断提高，主要原因是肉羊产业实现了规模化和集中化经营。

羊肉产量方面，我国羊肉产量从 1978 年的 32.05 万吨逐渐上升到 2021 年

的514.10万吨，年均增长率为6.67%，表现出了明显的增长趋势。其中，1978—2004年，我国羊肉产量从32.05万吨增长至399.30万吨，年均增长率为10.19%；2005—2021年，我国羊肉产量从350.10万吨增长至514.10万吨，年均增长率为2.43%。可以看出，第一，1978—2004年，我国羊肉产量增长较快。一方面是由于20世纪70年代末，我国农村经济经历了重大变革，这种制度变革带来了深远的影响，为我国农牧业的发展带来了持久的促进力量，尤其是农村地区丰富的饲料资源和充沛的劳动力使肉羊等畜牧业快速发展；另一方面是由于随着居民对羊肉需求增长，我国开始改进肉羊品种，引进国外优质肉羊品种，中国羊肉产量迅速增加，与此同时，饲养方式出现舍饲和半舍饲方式。第二，2005—2021年，我国羊肉产量增长较为缓慢，进入相对稳定发展时期。一方面是由于肉羊属于草食畜，对自然的依赖程度较大，多年来由于超载养殖、无序放牧等原因使得生态环境问题日益严峻，环境保护压力增大，政府出台的禁牧、休牧、轮牧和草畜平衡等一系列生态环境保护政策发生作用；另一方面是由于国内环保督查工作日益严格，各地纷纷出台禁养、限养政策。

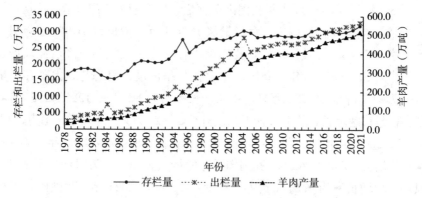

图3-1　1978—2021年中国肉羊存栏量、出栏量和羊肉产量变化情况

资料来源：《中国统计年鉴（1981—2022）》《中国畜牧兽医统计（1999—2021）》，FAO数据库（https：//www.fao.org/faostat/zh/#data）。

3.1.2　肉羊养殖规模化情况

从全国不同规模养羊场构成变动来看（表3-1），2003年我国养羊场总数量为2860.38万个，其中规模养羊场只有17.19万个，占总量的比例为0.60%；到2021年全国养羊场数量大幅减少至1071.67万个，下降幅度高达62.53%。与此同时，规模养羊场数量则增加显著，2021年全国规模养羊场数量达到 47.97 万个，与 2003 年相比增长了 179.06%，同时规模养羊场占比也提升至 4.48%。可见，我国肉羊养殖规模的结构不断优化，但值得注意的是，我国肉羊规模化经营的水平仍有很大提升空间。

表 3-1 2003—2021 年全国不同规模养羊场构成变动情况（万个）

规模	2003 年	2007 年	2010 年	2015 年	2016 年	2017 年	2018 年	2019 年	2020 年	2021 年
1～29 只	2 680.64	2 393.44	1 979.52	1 453.49	1 348.61	1 198.50	1 042.58	950.56	924.48	886.33
30～99 只	162.55	159.96	160.20	162.46	159.34	139.10	134.43	123.66	129.17	137.37
100～499 只	15.87	23.35	24.63	44.94	44.51	38.53	34.67	36.94	41.01	44.06
500～999 只	1.14	1.68	1.74	3.57	3.52	2.78	2.48	2.41	2.56	2.80
1 000 只以上	0.18	0.25	0.37	0.90	1.01	0.85	0.76	0.74	1.03	1.11

数据来源：《中国畜牧兽医统计（2003—2021 年）》。

注：自 2015 年新增了 3 000 只以上的规模档并将 100～499 只规模档拆分为 100～199 只和 200～499 只。

虽然肉羊产业规模化程度有所提升，但规模化程度整体偏低。根据《中国畜牧兽医统计》数据显示，2021 年，100 只以上养殖户肉羊出栏量在全国出栏总量的占比为 44.70%，而 500 只以上规模养殖场肉羊出栏量占比仅有 18.10%（表 3-2）。由此可见，我国肉羊生产集中度仍然很低，这也是近年来在一些地区肉羊良种化程度不高、生产力水平较低，甚至出现萎缩趋势的原因之一。具体来看，第一，由于传统肉羊生产模式粗放，无法满足加工企业对原料品质的要求，使得企业生产销售中数量、质量无法得到有效控制，难以实现标准化生产，从而无法形成产业优势。第二，规模化程度较低也会阻碍良种、科学饲喂等先进肉羊生产技术的普及和发展。第三，规模化程度较低会导致饲养成本偏高，且不能获得规模经济效益。

表 3-2 2003—2021 年全国肉羊规模场户出栏比重变化情况（%）

年份	1～29 只	30 只以上	100 只以上	500 只以上	1 000 只以上
2003	56.30	43.70	15.54	3.56	1.05
2007	58.73	41.27	17.26	4.68	1.15
2010	51.19	48.81	22.90	6.34	2.85
2015	38.70	61.30	36.70	12.90	6.40
2016	37.30	62.70	37.90	13.70	6.90
2017	37.00	63.00	38.70	15.30	9.10

（续）

年份	1～29 只	30 只以上	100 只以上	500 只以上	1 000 只以上
2018	36.00	64.00	38.00	15.50	9.60
2019	34.60	65.40	40.70	15.80	9.90
2020	32.30	67.70	43.10	17.20	11.20
2021	30.80	69.30	44.70	18.10	11.80

资料来源：《中国畜牧兽医统计（2003—2021）》。

3.1.3 肉羊养殖空间区域分布情况

本部分结合生产集中度指数和空间基尼系数，进一步分析肉羊养殖的区域分布特征。产业集中度能够反映我国肉羊产业的空间集聚情况以及肉羊主产省的变动情况。其计算公式为：

$$CR_j = \sum_{i=1}^{j} Y_i \times 100\% \qquad (3-1)$$

式中，CR_j 表示羊肉产量排名前几位省份在全国羊肉产量占比之和，j 为省份数，一般取 1、3 或 5，本研究借鉴已有研究（丁存振，2019）取 5；Y 表示省份 i 羊肉产量占全国羊肉产量的比重。

最初基尼系数用来分析收入分配的公平程度，之后有学者将其用于产业空间的集聚性研究（丁存振，2019）。本研究借鉴张建华（2007）关于基尼系数的简便算法。其计算公式为：

$$GINI = 1 - \frac{1}{n}\left(2\sum_{j=1}^{n-1} Y_j + 1\right) \qquad (3-2)$$

式中，$GINI$ 表示肉羊产业基尼系数，其取值范围一般在 0～1，其值越大表明产业的空间集聚程度越高，反之则越低；n 为全国省份均等分组的组数，本研究参照丁存振（2019）的研究把各省按肉羊生产规模从低到高进行排列，并分成 10 组，即 n 取值为 10。j 代表第 j 组，Y 为羊肉产量在全国羊肉产量中的占比。

1980—2021 年我国肉羊产业生产集中度和空间基尼系数如图 3-2 所示。可以看出，第一，样本期内，我国肉羊产业生产集中度和空间基尼系数分别为 0.56 和 0.52，我国肉羊产业生产集中度和空间基尼系数均较高。第二，生产集中度和空间基尼系数变化趋势基本一致，表现出高度的一致性。第三，与 2007 年之前相比，2008 年以后产业集中度和空间基尼系数相对稳定。一方面说明我国肉羊产业空间集聚态势明显，另一方面说明 2008 年以来肉羊产业空间集聚态势比较稳定。

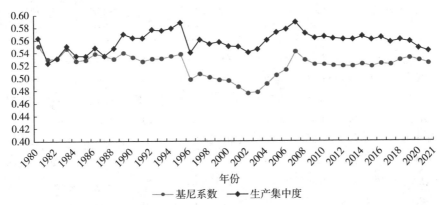

图 3-2　1980—2021 年我国肉羊产业生产集中度和空间基尼系数情况
资料来源：作者计算所得。

　　通过比较各年份各省份羊肉产量占全国羊肉产量的比重，可从整体上对我国肉羊产业主产区与非主产区区域变动进行分析。如表 3-3 所示，新疆、内蒙古、山东、四川、河北一直都是羊肉主产省份，而京津沪和东南沿海二、三产业发达地区羊肉产量一直很低。纵向来看，内蒙古、山东、河南、新疆和河北羊肉产量稳定而可靠，样本期内，甘肃和宁夏的羊肉产量占比呈"上升-下降-上升"态势，从 1980 年的 3.60% 一路攀升至 1990 年的 5.15%，然后又下降到 2000 年的 3.94%，2021 年，其占比为 8.89%。1980 年，辽宁和吉林在全国羊肉产量中占比均为 0.45%，2021 年，其占比分别增长至 1.36% 和 1.50%。广西、福建、广东和江西羊肉产量在全国占比一直保持在 1% 以下，上述四省份羊肉产量占比一直较低。从省域角度来看，我国肉羊产业存在明显的区域集聚差异，而且这种差异会随着时间的推移发生变化。由于牧区存在过度放牧、草原生态环境恶化、气候条件恶化等情况，内蒙古、新疆等牧区肉羊养殖的发展受到限制，肉羊养殖区域未来将向非牧区继续转移，发展速度较快的地区为山东、河北、河南，肉羊养殖区域的转移将带动非牧区产业集中度的提升，中国肉羊行业受自然灾害的风险显著降低。

表 3-3　1980—2021 年各地区羊肉产量占比（%）

地区	1980 年	1985 年	1990 年	1995 年	2000 年	2005 年	2010 年	2015 年	2021 年
北京	0.23	0.34	0.84	0.55	0.58	0.91	0.35	0.27	0.04
天津	0.23	0.51	0.75	0.79	0.73	0.70	0.38	0.36	0.20

（续）

地区	1980 年	1985 年	1990 年	1995 年	2000 年	2005 年	2010 年	2015 年	2021 年
河北	2.93	6.24	7.49	8.33	8.98	7.75	7.35	7.19	6.70
山西	2.25	3.71	3.75	2.78	2.56	1.71	1.40	1.57	2.05
内蒙古	17.34	14.17	11.89	8.38	11.61	16.63	22.37	21.01	22.46
辽宁	0.45	1.01	1.22	1.29	1.24	1.63	1.98	1.93	1.36
吉林	0.45	0.51	0.75	0.94	1.17	0.96	0.95	1.09	1.50
黑龙江	1.58	1.35	1.22	1.34	1.28	2.46	3.03	2.79	2.96
上海市	0.23	0.17	0.28	0.26	0.26	0.14	0.13	0.14	0.06
江苏	6.08	4.38	6.84	8.18	5.77	4.11	1.86	1.84	1.30
浙江	1.13	1.01	0.94	0.94	0.95	0.90	0.48	0.41	0.47
安徽	4.05	3.37	2.81	2.63	4.09	3.77	3.56	3.77	4.33
福建	0.68	0.67	0.47	0.55	0.47	0.47	0.45	0.54	0.45
江西	0.00	0.17	0.09	0.25	0.33	0.37	0.28	0.27	0.57
山东	6.98	8.43	14.70	19.44	9.05	8.35	8.20	8.42	6.52
河南	6.53	5.73	7.49	10.47	11.68	10.71	6.32	5.88	5.71
湖北	1.80	1.18	1.03	1.39	1.10	1.38	2.03	2.00	1.92
湖南	1.13	0.51	0.37	0.94	2.23	2.68	2.66	2.63	3.46
广东	0.23	0.34	0.37	0.50	0.51	0.47	0.50	0.43	0.40
广西	0.45	0.34	0.28	0.45	0.91	0.86	0.83	0.73	0.79
四川	8.33	5.40	3.46	4.12	6.61	5.42	6.82	6.83	5.35
贵州	1.58	0.84	0.84	0.89	1.53	1.26	0.85	0.95	0.97
云南	1.35	1.69	1.22	1.29	2.12	2.32	3.23	3.40	4.17
西藏	5.41	5.73	3.65	2.38	2.08	1.72	2.18	1.86	1.01
陕西	1.35	2.36	2.06	2.08	1.97	2.14	1.83	1.77	2.01
甘肃	2.70	3.88	3.56	2.88	2.74	2.86	3.91	4.45	6.62
青海	9.01	7.76	5.24	3.03	2.56	2.10	2.46	2.63	2.43
宁夏	0.90	1.35	1.59	0.84	1.20	1.47	1.83	2.29	2.27
新疆	14.64	16.86	14.79	12.15	13.69	13.75	11.79	12.57	11.93

资料来源：《中国统计年鉴（1981—2022 年）》。

3.1.4 羊肉进出口情况

虽然国内肉羊生产取得巨大进步，但是现阶段国内羊肉仍处于供不应求状态，羊肉产量还是无法满足我国日益增长的羊肉需求，我国羊肉仍需进口，而且羊肉净进口数量呈波动上升趋势。根据 UN COMTRADE 数据库数据显示，从 1995 年开始我国转变为羊肉净进口国，且净进口量呈波动上升趋势，2021年为 40.86 万吨（图 3-3）。一方面是由于羊肉主要用来满足国内需求，另一方面是由于我国羊肉在国际市场上缺乏竞争力。自 1992 年以来，随着居民羊肉消费需求的快速增加，国内羊肉价格持续上涨，羊肉进口数量也快速增加，特别是从 2010 年开始，羊肉国内外价差越来越大。随后随着"小反刍"爆发，羊肉进口量也受到了影响。2016 年之后，随着行情转好，我国羊肉进口量又开始回升。2020 年受新冠肺炎疫情影响，进口量有所下降。样本期内，我国羊肉出口量呈先增后减态势。具体来看，我国羊肉出口量 2006 年达到历史最高，1992—2006 年年均增长率达到 23.70%，随后羊肉出口量开始波动性下降，2021 年仅达到 0.20 万吨，2006—2021 年年均增长率为 -17.13%。

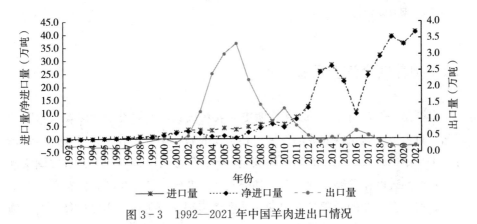

图 3-3　1992—2021 年中国羊肉进出口情况

资料来源：UN COMTRADE 数据库。

3.1.5　居民羊肉消费情况

随着居民生活水平的提升，羊肉消费需求不断增加，同时呈现全民消费、全年性消费的趋势。1992 年，羊肉消费在肉类（猪牛羊）消费中的比例仅为4.26%，而到 2021 年，这一比例已经上升至 6.19%，增长 1.93 个百分点，年均增长率为 1.30%，可见居民肉类消费结构不断升级（图 3-4）。居民人均羊肉表观消费量①从 1992 年的 1.07 千克上升至 2021 年的 3.93 千克，增长幅度为 267.29%，年均增长率为 4.59%。

---

① 居民人均消费量为表观消费量，即羊肉产量与羊肉净进口量相加再除以总人口。

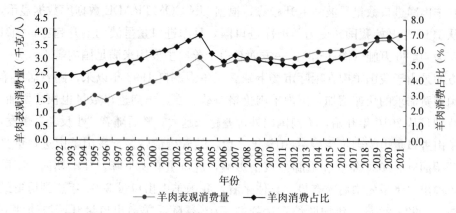

图 3-4 1992—2021 年中国羊肉表观消费量及羊肉消费占比情况

资料来源：根据《中国统计年鉴（1981—2022）》，《中国畜牧兽医统计（1999—2021）》，UN COMTRADE 数据库数据计算所得。

3.2 种养结合演变历程

中国是一个具有 5 000 多年文明史的农耕国家，始终秉承"以农为本"的理念，自古以来就重视农业的发展。在传统农牧业生产模式下，农业仍在实行自给半自给的模式，家庭农牧业除满足自给性需要外，同时也必须遵守国家规定的农产品统购派购制度（1953—1985 年），按照一定比例将部分农产品上交国家。家庭畜牧业的粪肥是农户和集体经济组织获取肥料的主要途径。在不施用或仅施用很少量化肥的情况下，粪肥得到了充分的利用，在农业生产中发挥了重要作用。随着生产力的发展及世界人口的增加，粮食问题变得越来越突出，工业化的需求使传统的农业耕作方式无法满足社会经济的发展。随着现代农业技术和工艺的不断发展，农业生产所需的化肥、农药等石油衍生品以及其他生产要素的投入量不断增加，同时也会产生大量的废弃物，这种经济模式实际上是一种单向线性结构型的"资源-产品-废弃物"经济。许多权威人士和学者普遍认为，农业的可持续发展必须摆脱对石油、煤炭、天然气等化石能源的依赖，现代农业循环经济强调的是利用农业资源有效生产农业产品，从而实现农业生产过程中的生态效应，形成一种"农业资源-农业产品-农业生产生活废弃物-再利用或再生产"的循环机制。本部分简要回顾中华人民共和国成立以来我国种养结合发展历程，以期为我国种养结合又好又快发展提供参考。结合黄国勤（2015）对循环农业发展阶段的划分方法，本部分将 1949 年以来我国种养结合发展阶段划分为自发、探索、快速发展、全面发展四个阶段。其中，1949—1983年为自发阶段，1984—2005年为探索阶段，2006—2014年为快速发展阶段，2015年至今为全面发展阶段。

第一，自发阶段（1949—1983年）。1949—1983年，我国种养结合发展总体上处于自发阶段。当时缺乏小型农机具的供给，加之大多数农牧户的经济条件有限，使他们很难购买到农具。在小块耕地中，使用役畜作为劳动力可以显著降低成本。农牧户一般会选择易于饲养、成本较低、能够耐受粗饲料的耕牛作为他们的工作动物。在东北地区，玉米秸秆作为冬春季节的主要粗饲料，为家畜提供了营养，而畜粪也是家庭经营的有机肥料，虽然数量不多，但也构成了有机肥的来源。随着农机具的普及和农业服务业的发展，大多数农牧户由于家庭畜牧业和役畜饲养的退出而失去了有机粪肥的来源，以自给自足为目标的家庭畜牧业和以耕地为目的的役畜饲养也逐渐淡出了农业生产。在这一阶段，农牧户采取传统种养结合的技术进行农业生产：一方面，大量使用有机肥料和农家肥料，如将猪、牛、羊等畜禽的骨头烧成粉末还田，将畜禽粪便堆积用作有机肥；另一方面，农牧互补，种植业为畜牧业提供优质牧草、秸秆等草料，反过来，畜牧业提供粪便等有机肥给种植业。可见，该阶段我国的种养结合有着群众自发、简单易行、效果显著、遍及各地、历史悠久等特点。

第二，探索阶段（1984—2005年）。1984—2005年，我国种养结合进入"探索阶段"。1984年，国务院提出"积极推广生态农业"，"八五"计划进一步提出大力建设"生态农业示范工程"。1985年的中央1号文件明确取消农产品统派统购制度。随着家庭经营制度的建立和农村产业结构的调整，农牧户也开始拥有专业化的生产方式，形成了农牧户的分层结构。畜牧业专业户引领先进，成为这一时期专业化生产的核心力量。随着收入水平的提升和外出打工的需求提升，传统的家庭畜牧业正在与许多农牧户的经营活动渐行渐远，许多农牧户不再从事以自给自足为目标的家庭畜牧业。1987年，农业部召开了一次有关生态农业理论与实践问题的会议，会后推动了生态农业试点范围的进一步扩大。20世纪90年代以后随着大中型畜牧养殖企业的发展，养猪业和养鸡业实现了规模化的生产，具有集约化、工厂化的特点。养殖企业的规模化程度越来越大，与农业生产的结合程度却越来越低。随着粪肥的产生量不断增加，将其用于农田的回收渠道也变得越来越有限。在这种疏离的背后还存在着一个关键问题：大量的粪便无法被土地吸收，而以各种方式被排放到地下或河流中，对环境和水资源造成了严重的污染，成了一个重要的环境难题。1993年，由农业部等七部委组成的国家生态农业县建设领导小组出台了有力措施，为农业生态县的建设带来了重要支持。这段时间探索生态农业理论取得了不小的成果，初步建立起一套有中国特色的生态农业理论体系。第八届全国人民代表大会第四次会议通过的《国民经济和社会发展"九五"计划和2010年远景目标纲要》要求"加强国土生态环境保护，大力发展生态农业"。该阶段全国有生态农业县150多个，生态农业乡镇800多个，生态农业村（场）1 000多个，还有二十几个地区（市）进行生态建设，总数已有2 000多个，遍布全国除西藏、中国台湾以外的29个省（市、区）。这些试点虽然在规模、层次、自然条件及经济基础上有所差异，但都取得了积极的成果：农业资源得到合理的开发利用，农、林、牧、副、渔五业并举，种、养、加工相互配套，农村产业协调发展、经济格局优化、生态环境改善、抗灾能力增强，使农业综合生产能力得到明显提升。可见，该阶段对种养结合进行了广泛的探索。

第三，快速发展阶段（2006—2014年）。2006—2014年，我国种养结合进入"快速发展阶段"。在2006年中央1号文件"积极发展循环农业"的基础上，2007年提出"促进有条件的地方发展有机农业"。同年，农业部制定了《循环农业促进行动实施方案》。2008年和2010年中央1号文件均进一步提出要"加强农业面源污染治理力度，大力发展循环农业"。2010年后，我国整体上进入工业化、城镇化快速发展阶段，但正是在这样的社会背景下，我国的农业现代化面临的问题和挑战更大。农业作为弱势产业和战略性基础产业，面临着社会、市场以及自然的多重风险，农业的生态转型也面临更复杂的历史局面，然而，生态转型的趋势不可阻挡。党中央也将种养结合放到了农业发展的关键位置，2011年，《关于进一步加强农业和农村节能减排工作的意见》《关于加快推进农业清洁生产的意见》两份具有指导性意义的文件相继出台。"十一五""十二五"期间也专门开设了与种养结合相关的科研业务。2012年中央1号文件明确强调"我国农业发展已经迈向了一个新阶段，在优质农苗的选择、经济投入、水资源利用、肥料应用、运输循环、自产自销等方面均有明显进步"。2013年国务院发布了《循环经济发展战略及近期行动计划》，强调要形成以种植业、林业、畜牧业、渔业、工农业为主的循环型农业体系。与此同时，国内兴起了很多生态农业公司，大量资金投向农业，同时一些大型的公司走向综合化，比如主要从事养殖业的公司开始往加工和种植方面发展，还有一些大型企业（包括工业企业）也进入生态农业领域，整个生态农业产业化在加速发展。2014年农业部开始新一轮的全国生态农业试点工作，强调在进行农业发展时要明确其主体，包括农民专业培育园区、带头企业、农业园区、小规模自培育园区，启动了11个涵盖不同类型主导产业的现代生态农业基地建设，因地制宜开展生态农业技术试验示范。截至 2014 年，在全国相继扶持 2 个生态循环农业试点省、10 个循环农业示范市、283 个国家现代农业示范区和 1 100 个美丽乡村建设，初步形成省、市（县）、乡、村、基地五级生态循环农业示范带动体系。可见，在该阶段种养结合得到快速发展。

第四，全面发展阶段（2015 年至今）。2015 年至今，我国种养结合进入全面发展阶段。2015 年，《农业部关于促进草食畜牧业加快发展的指导意见》提出"坚持农牧结合，良性循环"。根据相关数据统计显示，2015 年秸秆这一农作物的总产量为 10.4 亿吨，其中仅 1.4 亿吨不具备利用价值，利用率约为 80.1%，大部分秸秆能充分发挥其自身的利用价值；利用秸秆建造的沼气工程也得到了相应的发展，用户多达 4 300 万户，沼气工程分布数量为 10 万个，全国沼气年生产量为 158 亿立方米。2016 年，启动实施种养结合循环农业示范工程在我国正式提出；《土壤污染防治行动计划》指出"加强畜禽粪便综合利用，在部分生猪大县开展种养业有机结合、循环发展试点"；《全国农业可持续发展规划（2015—2030 年）》明确要求"优化调整种养业结构，促进种养循环、农牧结合、农林结合"；《全国农业现代化规划（2016—2020 年）》也要求"实施种养结合循环农业工程"；"十三五"规划指出"要将循环利用的观念贯彻到农业发展的全过程，同时注意自然资源环境的保护，推动资源的合理利用，减少化学药剂的使用和废弃物的排放"。习近平总书记在中央财经委员会第十四次会议中提到"要坚持政府支持、企业主体、市场化运作的方针，以沼气和生物天然气为主要处理方向，以就地就近用于农村能源和农用有机肥为主要使用方向"。2017 年中央 1 号文件明确提出"要通过农业综合开发等渠道开展试点示范"，可以看出国家对种养结合农业模式转变与推广的重视，特别是2017 年农业农村部印发的《种养结合循环农业示范工程建设规划（2017—2020 年）》，明确了推进种养结合发展的"路线图"。2018 年，中央 1 号文件提出"加强农业面源污染防治力度，推进有机肥替代化肥，实现废弃物资源化利用"。2019 年，中央 1 号文件提出"循环农业的推动，应当将各类废弃物资源的处理放在重要位置，重点关注自然资源环境的保护"。《农业农村部办公厅财政部办公厅关于开展绿色种养循环农业试点工作的通知》强调，"我国要将发展循环农业放在农业发展的首要位置，重点优化农业发展内部的组织体系，特别是对于发展过程当中污染物的排放要进行及时处理，更加倾向于使其转化为有机肥，这样能够在促进农业发展的同时保护自然环境，还可以提高资源的利用率，五年为期限进行示范区改革，政府需制定一定的机制来规范交易过程当中的主体行为，对于有利于农业发展的要予以支持，提高农户的创新能力，促进一体化过程当中的可持续性，鼓励粪肥还田项目能够得到最大程度的发展"。同时，党的十九大报告以及中央农村工作会议围绕推动农业供给侧结构性改革、提升农业发展质量、增强农业可持续发展能力，提出了农业绿色发展的总体战略，并对农业绿色发展的重点领域及措施进行了具体部署。2021年，《"十四五"全国农业绿色发展规划》提出"到2025年秸秆、粪污、农膜利用率分别达到86%以上、80%和85%。"可见，该阶段种养结合进入全面发展阶段。

3.3　本章小结

本章从肉羊存栏、出栏和羊肉产量情况、肉羊养殖规模化特征、肉羊养殖空间区域分布特征、羊肉进出口情况和羊肉消费情况等方面分析了我国肉羊产业发展的基本概况，并分析了我国种养结合发展历程。得出以下主要结论。

第一，我国肉羊产业发展快速，样本期内，肉羊存栏量及出栏量、羊肉产量及消费量均增长。肉羊养殖正在向规模化推进，但其规模化程度仍然较低，我国肉羊养殖仍以小规模散养为主，小规模场（户）仍是我国肉羊出栏及羊肉供给的主力。样本期内我国肉羊产业空间集聚态势明显，且内蒙古、新疆、山东、河南和河北长期占据我国肉羊主产省的位置。

第二，现阶段我国羊肉仍处于供不应求状态，羊肉产量不足以满足我国日益增长的羊肉需求，我国羊肉仍需进口，而且羊肉净进口数量呈波动上升趋势。由于受到在国际市场缺乏竞争力等因素影响，我国羊肉出口量一直处于较低水平，从1995年开始我国羊肉由净出口转变为净进口，且呈波动上升态势。

第三，1949年以来，我国种养结合发展阶段可划分为自发（1949—1983年）、探索（1984—2005年）、快速发展（2006—2014年）和全面发展（2015年至今）4个阶段。整体来看，种养结合实现方式从最初的"种植业为养殖业提供草料"发展到"养殖业向种植业提供养分，种植业为养殖业提供草料"，而以"产业链"为媒介使得种植业和养殖业结合是未来发展的趋势。

4 我国肉羊种养结合模式及运行机制 ///

构建有效的种养结合模式无论是在理论研究还是实践推广中都是一个值得关注的焦点，合理种养结合模式的选择及推广不仅有助于找寻解决我国肉羊产业发展困境的突破口，同时也关系肉羊养殖环境效率的持续提升。基于此，本章首先结合当前肉羊产业发展情况及以往研究，对肉羊种养结合模式进行划分；其次，基于调研获取的案例，深入剖析不同肉羊种养结合模式运行机制与优劣势；最后，围绕发生诱因、粪肥还田机制、运营模式、经济绩效以及可推广性5个方面对肉羊种养结合模式进行比较。

4.1 肉羊种养结合模式分类

我国幅员辽阔，地域宽广，各地出现了形式多样的种养结合模式。目前有关种养结合模式分类有以下三种方法：**一是根据区域特点划分**。2017年农业部综合考虑自然资源条件、环境承载能力及种养结构特点，将全国种养结合示范工程分为南方丘陵多雨地区、北方平原地区以及南方平原水网区三个区域，并按照区域遴选出五大类型种养结合模式在各区域范围内推广。**二是按照粪污处理方式划分**。已有研究将种养结合分为"养殖-贮存-农田"模式、"养殖-沼气-农田"模式和"养殖-堆肥＋沼气-农田"模式（田慎重，2018；贾伟，2017）。**三是基于产业空间布局划分**。已有研究将种养结合分为微观、中观和宏观三种（周颖，2008）。其中，微观多是以龙头企业、专业大户为对象的循环经济机制；中观多是以循环农业产业园为重点，以企业之间、产业之间的循环链建设为主要途径的循环经济机制；宏观多是以区域为整体单元，形成区域循环农业闭合圈。从技术角度来看，既有种养结合模式均已实现质流和能量流在系统内的流通循环，然而，在种养结合发展过程中，确保物质流和能量流的循环仅为必要条件，远不能满足所有需要，任何模式的实践应用终将落实到参与主体上（唐佳丽，2021）。因此，现阶段在我国推动种养结合在更大范围内的推广和普及是当务之急，构建基于参与主体的发展模式更能契合种养结合高效发展的核心要求。任何模式的运行、推广都需要养殖场（户）的积极支持和广泛参与来予以保障，如果得不到养殖场（户）的配合，该模式也将失去运行的基础。此外，中国农业仍然以小农经济为基础，家庭联产承包经营是我国农业经营体制的基本形式，数以千计的小农家庭是我国农业生产经营活动的主体，尤其肉羊作为我国老少边穷地区的主要产业，其规模化程度不高。2018 年和 2019 年中央 1 号文件分别提出"统筹兼顾扶持小农户和培育新型农业经营主体，采取有效措施将小农生产引入农业现代化发展轨道"和"将扶持小农户和农业现代化发展有机衔接的政策落实，完善相关主体利益联结机制"。无论是从政策上看，还是从实践上看，小农户一直是我国农业生产的重要组成部分，也是我国发展种养结合的基本力量。因此，本部分基于产业链视角，对包含养殖场（户）的肉羊种养结合模式进行划分并分析其运行机制与模式特点。

本研究在已有研究的基础上，结合实际调研情况，将肉羊种养结合分为内循环种养结合模式和外循环种养结合模式两大类，其中外循环种养结合模式根据参与主体类型[①]分为"养殖场（户）＋种植户""养殖场（户）＋合作社＋种植户""养殖场（户）＋企业＋种植户""养殖场（户）＋合作社＋企业＋种植基地"和"养殖场（户）＋社会化服务组织＋种植户"五小类。上述模式基本涵盖了现阶段我国所有肉羊种养结合模式，而不同种养结合模式在发生诱因、粪肥还田机制、运营模式、经济绩效方面均有明显差异，深入分析这些种养结合模式有助于更全面地了解当前肉羊种养结合发展状态。

4.2　研究方法及案例来源

为回答种养结合模式如何运作，不同种养结合模式成功运行所凭借的制度安排，本研究采用多案例研究分析方法，基于过程事件分析的视角，分析种养结合主体之间协作分工的过程。为了解肉羊种养结合模式，国家肉羊监测预警团队 2018—2021 年对山西省岢岚县，贵州省毕节地区赫章县和威宁县，陕西

---

① 本研究涉及的肉羊种养结合参与主体有养殖户、种植户、合作社、企业和社会化服务组织。本研究中肉羊养殖户是以血缘或姻缘关系为基础而组成的从事肉羊养殖经营活动的农牧家庭。种植户是以血缘或姻缘关系为基础而组成的从事饲草料种植并从中获取收益的农牧家庭。社会化服务组织是指为肉羊种养结合提供产前、产中、产后服务的生产服务系统。合作社是指以肉羊养殖户和种植户为主体自愿联合成立的以其社员为主要服务对象、以谋求社员共同利益为目标、为社员提供养殖资料购买、肉羊养污销售、信息及技术培训等服务的互助性经济组织。企业是指以盈利为目的，收购羊粪并进行加工，向市场提供饲草料和有机肥，并获取收入的自负盈亏、自主经营的独立法人企业。

省榆林市靖边县、横山区和榆阳区，四川省凉山彝族自治州冕宁县、会东县和盐源县，内蒙古乌审旗、敖汉旗和克什克腾旗，河北省宽城满族自治县和青龙自治县，新疆昌吉州奇台县和甘肃省金昌市永昌县畜牧部门领导，对当地肉羊产业、种养结合循环农业较为熟悉的工作人员及不同种养结合模式下经营主体负责人等进行了深入的调研，获得了翔实的一手资料及二手资料。鉴于此，本部分遵循典型性及代表性原则，通过汇总各地区调研资料，最终选择其中代表性强且运行较为规范的 8 个案例作为研究对象（表 4-1）。

表 4-1 肉羊种养结合模式案例选取

模式类别	具体模式	案例地区	案例
内循环	—	陕西省榆林市靖边县	F 养殖示范户
	—	内蒙古自治区乌审旗	W 养殖示范户
	—	山西省岢岚县	Y 养殖示范户
外循环	养殖场（户）＋种植户	河北省宽城满族自治县	L 典型示范户
	养殖场（户）＋合作社＋种植户	内蒙古自治区扎鲁特旗	Z 联合社
	养殖场（户）＋企业＋种植基地	甘肃省金昌市永昌县	S 农牧科技有限公司
	养殖场（户）＋合作社＋企业＋种植基地	新疆昌吉州奇台县	X 养殖专业合作社
	养殖场（户）＋社会化服务组织＋种植户	甘肃省武威市凉州区	甘肃省凉州区

表 4-1 中的案例材料来源于调研团队通过实地调研收集的一手数据以及通过查阅互联网、相关书籍等所获得的二手数据。其中，实地调研的对象主要包括：①对当地种养结合情况比较了解的相关畜牧部门工作人员；②各类种养结合模式中的参与主体——养殖场（户）、有机肥加工企业、合作社及种养结合社会化服务组织等。二手资料主要涵盖以下内容：①相关企业、合作社的生产宣传册；②各地区种养结合整县推进项目实施方案；③相关书籍资料对种养结合典型模式的案例分析；④新闻媒介对种养结合情况的报道。

4.3 种养结合运行机制及优劣势

4.3.1 内循环种养结合模式

内循环种养结合模式即在养殖场（户）内部，围绕种养结合进行相关联生产活动，资源在种养结合不同环节间顺畅流动，形成养殖场（户）内部的循环链条。不同区域肉羊内循环种养结合模式存在一些差别，因此，本部分根据调研情况分别选择陕西省榆林市 F 养殖示范户、山西省岢岚县 Y 养殖示范户和内蒙古乌审旗 W 养殖示范户来说明。F 养殖示范户种养结合模式运行机制如图 4-1 所示。Y 养殖示范户种养结合模式运行机制如图 4-2 所示。W 养殖示范户种养结合模式运行机制如图 4-3 所示。

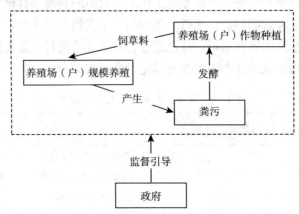

图 4-1　F 养殖示范户种养结合模式运行机制

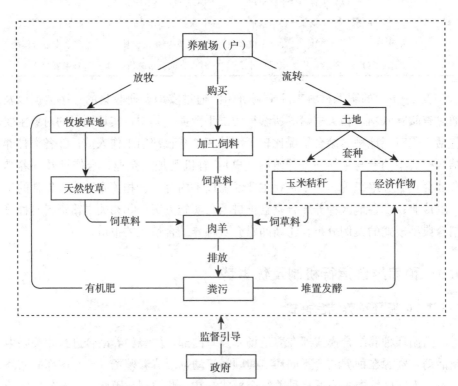

图 4-2　Y 养殖示范户种养结合模式运行机制

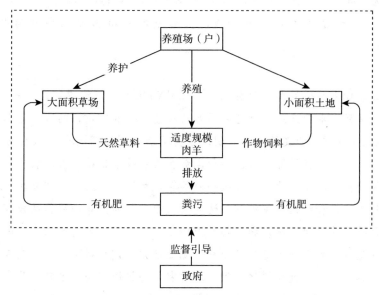

图 4-3　W 养殖示范户种养结合模式运行机制

案例 1

　　陕西省榆林市属于干旱、半干旱大陆性季风气候区，干旱缺雨、无霜期短是农业发展瓶颈，但发展以肉羊为主的草食家畜条件得天独厚。榆林市靖边县、横山区、榆阳区是当地的肉羊主产区，受益于政府的扶持，自 2002 年 1 月 1 日全面实施封山禁牧以来，在舍饲养殖的基础上，按照"区域适度集中、家庭适度规模"的原则，将农业种植和肉羊养殖相结合，形成了"舍饲养羊、适度规模、农牧结合、综合收益"为主导的种养一体化生产经营模式。

　　在种养结合方面，F 养殖示范户在现有承包土地面积范围内，根据肉羊养殖规模和饲料需求，确定种植规模和种植结构，作物种植和肉羊养殖均依靠家庭自有劳动力。该户养殖肉羊 200 只，种植玉米 30 亩①、苜蓿 17 亩。在农作物收获后，对其进行一定加工处理制作后直接投入肉羊养殖中，而不进入市场销售。该户认为羊粪干燥、处理便捷，并且相较于化肥追肥的当季性和单一性，羊粪能够较长效地追肥耕地，效果更为全面。该户采用自然堆肥法将腐熟发酵好的羊粪在玉米或者牧草播种前期作为基肥施用。年产羊粪 50 立方米，替代化肥 4 000 千克，按照当地化肥 2.4 元/千克折算，能够节省 9 600 元的种植成本。该户肉羊养殖的总收益为 2 027.47 元/只，总成本为 1 132.73 元/只，

---

　　①　亩为非法定计量单位，1 亩=1/15 公顷。——编者注

纯收益为 894.74 元/只，成本收益率为 78.99%。从总成本构成情况来看，精饲料费和饲草费是主要成本构成，在总成本中所占比例分别为 27.28% 和 21.01%。

案例 2

山西省岢岚县地处晋西北黄土高原丘陵高寒山区，牧坡宽广、气候凉爽、植物资源丰富、水源充足，有可利用天然牧坡 138.6 万亩、四边草地 10 万亩、人工草地 10 万亩，为发展养羊业创造了得天独厚的资源优势。依托当地适宜气候环境、天然草料资源、特色品种优势和政府政策扶持，当地农牧户利用自有土地和劳动力，将农业作物种植和肉羊养殖相结合，形成了"公共牧坡草地放牧、购买饲料和种植作物补饲、适度规模养殖"为主导的种养结合模式。

Y 养殖示范户肉羊养殖和作物种植均主要依靠家庭自有劳动力，由户主和配偶协作完成。Y 养殖示范户充分利用棚圈设施、饲草料资源、家庭劳动力养殖肉羊，养殖呈现适度规模化经营，该户肉羊存栏规模为 248 只，其中能繁母羊存栏 96 只。由于西豹峪镇马家河村的天然牧坡草地广阔，全年在公共牧坡草地放牧，天然草料为肉羊养殖的主要饲草料来源，仅在冬春枯草期放牧后对肉羊进行适当补饲。补喂饲料主要为在自有耕地上种植自产的颗粒玉米及秸秆、小杂粮（红芸豆、张杂谷）和马铃薯秧苗。该户种植玉米 18 亩、红芸豆 9 亩、马铃薯 6 亩；由于注重营养均衡，会另外购买加工饲料、玉米、豆粕等，确保羊只越冬度春的精料需求。肉羊养殖所产羊粪在圈舍堆积自然发酵，每年春耕前清理一次，用于玉米、杂粮、马铃薯等作物农田的追肥。该户产羊粪有机肥 76 立方米，每亩作物按 1～3 立方米使用，共施用了 56.5 立方米羊粪，利用率为 74.34%，减少了肉羊粪污对环境污染的同时，替代了 0.34 吨化肥的使用，节省了 840 元的种植成本。该户的平均总收入为 1 088.05 元/只，总成本为 495.36 元/只，纯收益为 592.69 元/只，成本收益率为 119.65%。从总成本构成来看，冬季补饲投入的精饲料费是主要成本来源，在总成本中所占比例高达 37.91%，其次为家庭用工成本折价和幼畜购进费，占比分别为 14.86% 和 14.10%，居于其后的为死亡损失费、医疗防疫费，占比在 7% 左右。

案例 3

内蒙古乌审旗地处毛乌素沙漠腹地，属于温带大陆性气候。该旗地上地下资源富集，拥有基本草原 1 060 万亩，畜牧业一直是内蒙古的优势产业。得益于特色品种优势以及大面积的可利用天然草场资源，在 2001 年该旗实施禁牧、休牧、轮牧政策后，当地农牧户利用天然草场和水浇地，以鄂尔多斯细毛羊为优势品种发展肉羊产业，形成了"大面积草场放牧、小面积作物种植补饲、适度规模养殖"为主导的牧、种、养结合模式。

W养殖示范户充分利用棚圈设施和饲草料资源养殖肉羊，呈现适度规模化经营，存栏规模为250只，能繁母羊存栏规模140只左右。苏力德苏木天然草场已完成确权承包到户工作，W养殖示范户草场面积2 000亩左右，根据草场的禁牧、休牧和草畜平衡政策要求，在自有承包草场合理安排放牧，在禁牧、休牧期、冬季枯草期等对肉羊进行适当补饲，补喂饲料主要为养殖户在自有水浇地上种植自产的玉米、苜蓿等。W养殖示范户自有承包饲草料地100亩左右，所有生产的玉米和青贮都用于牲畜养殖所需的饲料，还另外购买加工饲料、豆粕等，用于对怀孕母羊、产羔母羊、羔羊的饲喂。该户平时在羊圈会铺垫沙子，一般是春季和秋季耕种之前各清粪一次，清理出的粪污会放在专门的堆粪场进行堆肥发酵，按比例加入秸秆柴草，保证一定温度、湿度进行厌氧处理，经腐熟后制成有机肥，再重新施放到地里。据该户反映，在同等地力的情况下，施用过粪肥的玉米地收成要比未施用的玉米地高出将近1 000斤①/亩。该户种植土地施用了87立方米羊粪，替代了1.54吨化肥的使用，节省2 900元的种植成本。该户肉羊养殖的平均总收益为774.34元/只，总成本为559.94元/只，纯收益为214.39元/只，成本收益率为38.29%。从总成本构成情况来看，精饲料费和家庭用工成本折价是主要成本来源，在总成本中所占比例分别高达31.63%和30.91%；其次为固定资产折旧费、死亡损失费和饲草费，在总成本中占比在8%左右；医疗防疫费、雇工成本和土地成本占比在3%左右。

（1）运行机制

内循环种养结合模式则是养殖场（户）自身集肉羊养殖、粪肥制作、特色种植等多种经营业务于一体，形成内部循环系统。内循环种养结合模式中涉及的直接参与主体为养殖场（户），间接参与者为政府。养殖场（户）作为理性人，具有经济利益诉求，在从事肉羊养殖的同时，为减小饲草料购买费用，案例1和案例2养殖场（户）在耕地混合种植了其他农作物还自种了一定面积的饲草料，案例3中养殖场（户）以经营土地面积上种植的农作物及其产出为基础，进行规模适度的肉羊养殖，实现了"以草定畜"。养殖场（户）会根据自

---

① 斤为非法定计量单位，1斤=0.5千克。——编者注

身已有经验和技术掌握情况对养殖粪污进行堆肥发酵处理后施入作物，如案例1中羊粪经过简单的堆肥发酵后作为作物种植的农家肥还田，替代化肥使用；案例2中羊粪在圈舍堆积自然发酵，每年春耕前清理一次用于肉羊饲养精料和秸秆粗料农田的追肥；案例3中养殖场（户）对羊粪进行精心加工，按照要求将其归置到一起堆放，按比例加入秸秆柴草，保证一定温度、湿度进行厌氧处理，经腐熟后制成有机肥，再重新施放到玉米、苜蓿等饲草料作物种植地里。

（2）模式优劣势

上述案例中养殖场（户）将种植业和养殖业紧密衔接，养殖业为种植业提供肥料，种植业为养殖业提供饲草料。养殖场（户）种植农作物的目的主要是为肉羊养殖提供所需饲草料，而不是为了获得粮食或农业销售收入。具体来看，内循环种养结合模式的优点是：**第一**，养殖场（户）为独立经营个体，集决策和生产经营于一体，拥有自主决策权，具有绝对的剩余控制权和剩余索取权，其对农业废弃物的再利用和循环是可控的，并且组织控制成本低；自有劳动力生产避免了雇工，极大地控制了劳动力成本；同时，充分利用种植环节和养殖环节的"农闲季节"，上述案例中养殖场（户）一般在春耕或秋耕之前进行集中清粪和还田，具有处理的"规模效应"。**第二**，技术操作门槛不高，普适性和可推广性较强；不需要一次性投入较多的固定设施设备，沉没成本较低，通常内循环种养结合模式下养殖场（户）采用自然堆肥发酵法处理羊粪，且养殖场（户）在退出养殖或种植时不受束缚，具有很强的灵活性。**第三**，对耕地而言，羊粪堆置返田有利于改善土壤结构、耕作性能，提高作物的产出水平和质量；案例2中对山坡草地而言，羊只的粪尿随放牧就地排放，起到均匀施肥的作用，提高了山坡草地土壤肥力，刺激牧草生长，减轻了放牧对公共山坡草地的载畜压力，避免了羊只过度采食，在一定程度上保护了山坡草地生态环境；案例3中对草场而言，羊只的粪尿随放牧就地排放，起到均匀施肥的作用，提高了草场土壤肥力，刺激牧草生长，缓解了肉羊养殖的天然饲草料紧缺问题，避免了放牧、偷牧等对山区生态自然植被的破坏，有利于生态环境的恢复和保护。

该模式的缺点是：**第一**，内循环种养结合属于劳动密集型生产方式，目前养殖场（户）土地生产面临着土地零碎分散的限制，导致在作物收割阶段无法使用大型机械，只能依靠小型机械和人工，作物收割成本高；堆肥发酵还田需投入较多的体力和精力，耗费劳动力较多；因为无法得到完善的社会化服务，养殖场（户）无法获得足够的资金和技术支持，从而影响了生产效率的提高。**第二**，目前有些养殖场（户）对羊粪返田的处理还比较落后，属于传统的一年一清模式，任期堆置、风吹雨淋日晒，使肥效降低，并对周边环境带来一定污染；由于养殖场（户）对堆制环境和发酵程度掌控力度参差不齐，轻者容易出现发酵程度不够而肥效下降，重者导致烧苗现象，甚至无害化处理程度不够而造成病虫害污染土壤和地下水。**第三**，内循环种养结合模式的循环链受制于养殖场（户）自身的经营规模和运行能力，若这两者搭配不当或管理不当，就有可能导致种养结合效率的降低或带来负面的外部效应。**第四**，上述案例中作物种植方面养殖场（户）普遍认为种植玉米比其他作物划算，既有玉米颗粒可做精饲料，又有秸秆可做粗饲料，沙打旺、高粱草、紫花苜蓿等青饲料种植意愿低，作物科学配比生产意识较弱。

4.3.2 外循环种养结合模式

外循环种养结合模式是两个或多个独立主体之间以共同种养产业链为基础形成的一种互惠合作关系，各主体拥有各自的专业生产技能，优势相互补充，资源通过供需之间的流动，实现资源循环利用、价值增值，解决了单个养殖场（户）由于内部循环不足而无法充分利用资源的问题。本部分基于参与主体的不同，对"养殖场（户）＋种植户""养殖场（户）＋合作社＋种植户""养殖场（户）＋企业＋种植基地""养殖场（户）＋合作社＋企业＋种植基地"和"养殖场（户）＋社会化服务组织＋种植户"五类外循环种养结合模式进行分析。

(1)"养殖场（户）＋种植户"模式

"养殖场（户）＋种植户"模式即养殖场（户）把肉羊养殖产生的粪污用于其他种植户的饲草料种植，种植户种植的秸秆或饲草料用于养殖场（户）肉羊养殖的饲草料来源，肉羊养殖与饲草料种植"联姻"，变废为宝循环发展。肉羊产业是宽城满族自治县的传统产业，养殖肉羊已经成为该县养殖户的生活习惯。通过调研了解到，宽城满族自治县户均肉羊养殖规模较大，60%的养殖场（户）能达到100只以上的养殖规模；相比之下，该县的耕地资源则较为紧张，大部分农牧户的户均耕地种植面积在6~8亩，导致每户养殖过程所产羊粪数量高于种植过程所需有机肥数量。因此，宽城满族自治县养殖户普遍倾向于羊粪外售或和其他农户合作而非自用。本部分选取河北省宽城满族自治县L典型示范户作为典型案例，分析其种养结合运行机制及优劣势。L典型示范户的"养殖场（户）＋种植户"种养结合模式运行机制如图4-4所示。

案例4

以L典型示范户为例，该户养殖肉羊250只，年产羊粪约40立方米，产生的羊粪主要与亲戚朋友（邻居）交换玉米秸秆。鉴于当地青贮玉米种植的化

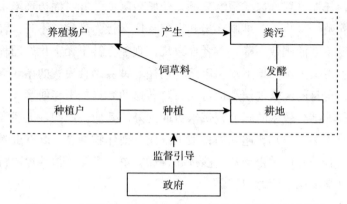

图4-4　"养殖场（户）＋种植户"种养结合模式运行机制

肥施用分两期进行：第一期是玉米播种前的底肥化肥施用，化肥品种为磷酸二铵；第二期是玉米大喇叭口期的追肥化肥施用，化肥品种是尿素。羊粪对青贮玉米种植环节化肥的替代主要发生在底肥化肥施用环节，对追肥化肥的施用不存在替代作用。因此，种植户用羊粪主要是对磷酸二铵化肥施用产生替代作用。在底肥化肥施用季节，种植户会来羊圈清理羊粪，交通费由种植户自理。养殖户会自雇车辆将种植户玉米地打下的秸秆拉回家用来喂羊，运费为150元/车，打捆费为50元/捆，除运费与打捆费外无其他费用。该典型模式的经济效益体现在可以减少肉羊养殖环节的饲草料成本和玉米种植环节的肥料成本。以该县种植户为例，通过调研了解到，未采用该典型模式农户玉米地的磷酸二铵化肥施用量是50斤/亩，采用该模式农户玉米地的磷酸二铵化肥施用量减少至30斤/亩，每亩地可节约2/5的化肥施用量。进一步参考《2019年河北省春玉米生产技术指导意见》，羊粪有机肥建议施用量为3立方米/亩。综上所述，采用该典型模式后，该县每1立方米羊粪可替代约3.5千克的化肥（磷酸二铵）。调研养殖场（户）饲养规模为250只，只均饲草费为26.26元，该户肉羊养殖纯收入达到17万元。

　　①运行机制。案例中"种田养羊-羊粪换草"模式下养殖户肉羊养殖和种植户青贮玉米种植相结合，互相提供资源，打通了有机肥就近就地利用出路，降低了青贮饲料成本，是宽城满族自治县肉羊种养结合的典型模式。该典型模式结合了宽城满族自治县《2019年度全面推进农村人居环境政治实施方案》和《2020年度农作物秸秆焚烧和综合利用实施方案》要求的畜禽粪便和植物秸秆的资源化利用处理方式。养殖场（户）在玉米收获之前和种植户达成约定，养殖户用自家羊粪换取周边种植户玉米收割后的玉米秸秆作养羊饲草，种植户获得

羊粪以作来年玉米地的底肥。养殖场（户）平时将羊粪堆在圈舍外边空地或在圈舍内不处理，等到需要粪肥时统一处理。通过上述措施，基本实现了种植业副产物和养殖废弃物的资源化利用，解决了种养业废弃物可能产生的环境污染问题，提高了农牧产品品质。

②模式优劣势。该种养结合模式通过养殖场（户）与种植户之间的合作实现双赢，具有以下几点优势：**第一**，降低了肉羊养殖成本、增加了养殖收益。养殖业为种植业提供有机肥以替代化肥，在降低青贮玉米种植成本的同时还能提高青贮玉米质量；养殖场（户）仅需支付打捆费和运费即可换取玉米秸秆，降低了肉羊养殖饲草料成本。**第二**，该模式由种植户自行处理粪污，基于养殖场（户）视角，羊粪处理成本较低。**第三**，交易方式简捷，交易费用也低，有助于实现种养结合外循环。**第四**，该模式具有良好的社会效应，依靠种养双方直接联系，发挥人熟地头熟的优势，增强了邻居或者亲戚之间的联系。

虽然该模式存在很多优点，但也存在以下几点不足：**一是**种植户在做出羊粪和化肥施用的替代决策时，二者具体的替代比通常根据种植户提供的粪污量确定，缺乏科学依据，影响该典型模式的效果。**二是**种植户与养殖场（户）之间的合作为口头协定，合作存在不确定性。**三是**存在对接面窄的问题，可能会造成养殖场的粪肥找不到种植户，或者种植户不能及时足量获得粪肥等现象。

(2)"养殖场（户）＋合作社＋种植户"模式

"养殖场（户）＋合作社＋种植户"模式是指养殖场（户）、种植户等按照合作社法共同发起成立合作社，在合作社内部形成种植与养殖结合的一种模式。本部分选取内蒙古自治区 Z 联合社作为典型案例，分析其种养结合运行机制及优劣势。"养殖场（户）＋合作社＋种植户"种养结合模式运行机制如图 4-5 所示。

案例 5

　　Z 联合社位于格日朝鲁苏木芒哈吐嘎查，成立于 2018 年，由 D 农机合作社、M 养殖合作社、E 粮食种植合作社、S 种植合作社、B 种植合作社 5 家专业合作社组建而成，成员出资总额 2 188 万元，5 家成员社共有成员 103 户 230 人。

　　在种养结合方面，联合社 5 个成员社互相配合，协作推进"以种为养、种养结合"。其中，联合社抢抓承包土地"三权分置"机遇，与农户自愿签约，流转土地。2021 年，饲草基地种植面积达到 4 000 亩。联合社成员社采取"保底分配＋盈余分红"的方式，农牧户以耕地作价出资，年末盈余按农牧户出资分红。水浇田每亩每人固定分红 400 元，旱田以质论价，固定分红 100～300 元。将农牧户的土地聚集起来用于集中种植饲草料，每亩地可产出接近 3 吨饲

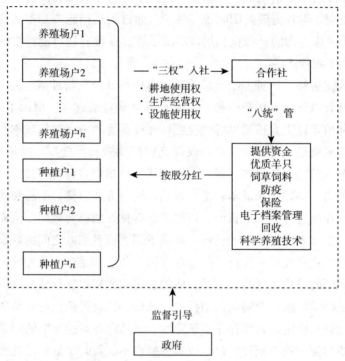

图4-5 "养殖场（户）＋合作社＋种植户"种养结合模式运行机制

草，为联合社肉羊产业绿色发展提供了有力支撑。由扎鲁特旗丰达农机合作社实行全程机械化作业，统一经营、统一管理。M养殖合作社为农牧户提供资金、保险、饲草饲料、科学养殖技术、优质羊只、防疫、电子档案管理、回收"八统一"服务。建设了1 000平方米的堆粪场，用于羊粪储存及发酵处理。M养殖合作社养殖产生的粪污统一堆肥发酵后产生的有机肥用于E种植合作社、S种植合作社、B种植合作社粮食、林草和药材的种植，解决了羊只粪污销路问题。以I养殖户为例，该户年均养殖能繁母羊200只，产羔590余只，净利润约为800元/只。

①运行机制。案例中联合社结合当地资源优势，将山、水、林、田、草等自然生态系统与畜牧养殖废弃物资源化利用技术有机结合，实施"畜-肥-粮（林）"生态循环发展模式，推行舍饲养殖，提高农作物秸秆转化率，通过发展青贮玉米饲料种植，配制全价饲料，为羊只养殖提供充足的优质饲草料，秸秆及粪便作为优质肥料及时返田，打破了"放羊上山、靠天吃饭"的粗放经营模式。此模式下养殖场（户）发挥其劳动力富裕优势，负责羔羊繁育，合作社充

分利用自身的资本优势和规模效应，负责羔羊的育肥，形成养殖户与合作社之间更加明确的分工分配。合作社与种植户建立合作关系，由种植户种植饲草，合作社按照订单量取货，统一发放给社员，以此确保社员能够持续获得饲草，并且降低养殖成本。养殖户加入合作社，可以获得合作社粪污回收等服务。另外，通过耕地入股可以参与合作社"保底＋利润分红"，真正实现了利润共享，风险共担。

②模式优劣势。"养殖场（户）＋合作社＋种植户"模式以合作社为圆心，一方面激发周边种植户的种植热情，为合作社提供可靠、优质的饲草供应，有力控制了饲草料成本，降低了饲草料受市场价格波动的风险；另一方面为羊粪提供了消纳渠道的同时，增加了合作社的利润来源。具体来看，主要有以下几个优点：**一是**该模式养殖户、种植户以"三权"入社的方式实现了资源使用权的转移，通过创建合作社将养殖户、种植户手中分散的耕地、牲畜、设施等资源集中整合，改变了传统的散户经营、靠天养畜的生产方式，打破了以前分户养殖面临的小规模、资源分散局限，实现了规模化养殖，通过节约劳动力投入等降低养殖成本，推动肉羊向集约化、现代化发展。**二是**提高了粪污的资源利用率。合作社对羊只养殖产生的粪污处理较为规范，定期清理，设置专门地点堆放发酵，发酵后出售（赠予）给农户用于种植，有效降低了粪污对环境的污染。**三是**通过建立产业链上下游长期合作关系，在减少交易成本的同时降低了风险，有利于经营状况的稳定。该模式通过合作社使得种养结合的各环节经营主体构成了新的利益共同体，通过设置合理的生产目标以及投入产出的比例，降低了经营主体间的成本与生产风险，扩大了利润空间。

该模式的不足之处为由于结构复杂，其内部管理成本较高。通过调研案例可知，该模式发展过程中组织管理面临如下困境：**一是**合作社负责人及社员文化素养较低，缺乏先进的管理理念。**二是**合作社大部分社员之间存在亲属关系，这种情况给管理带来了不便，人情因素使合作社的正常运营受到了影响。此外，目前合作社的运营实际上是社长负责制，容易出现"一言堂"的局面。**三是**由于合作社发展尚未完全成熟，这种模式受到资金、管理能力、技术等限制，同时科层管理结构使得该种养结合模式的内部交易成本增长。**四是**固定分红方式虽然保障了社员的利益，但却也增加了社长的风险，不能充分实现"利益共享，风险共担"的合作理念。

(3)"养殖场（户）＋企业＋种植基地"模式

"养殖场（户）＋企业＋种植基地"模式是由契约约束的、具有明确分工的种养结合模式，养殖场（户）依据企业技术规范处理粪污，按照合同缴售粪污，企业与养殖场（户）之间形成了一种产销关系，进而带动养殖场（户）实现种养结合。"养殖场（户）＋企业＋种植基地"种养结合模式运行机制如图 4-6 所示。本部分选取甘肃省 S 农牧科技有限公司作为典型案例，分析其种养结合运行机制及优劣势。

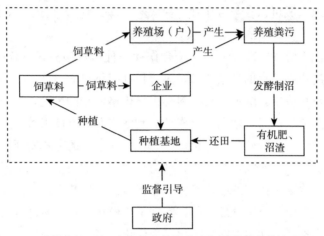

图 4-6　"养殖场（户）＋企业＋种植基地"种养结合模式运行机制

案例 6

S 农牧科技有限公司成立于 2006 年，公司总投资 12 072 万元，其中，固定资产投资 8 776 万元、流动资金 3 296 万元。项目包括 10 万吨牛羊全混合日粮生产线 1 条，10 万吨精饲料补充料生产线 1 条，建筑总面积 2.2 万平方米，主要包括配料车间、成品车间、生产车间等；主要设备包括大型粉碎机、制粒机、配料系统、原料输送系统、除尘系统、锅炉房等。有机肥生产线建筑面积约 7 200 平方米，主要建筑物包括发酵车间、生产车间、成品库等；主要设备有翻抛机、造粒机、烘干机、筛分机、包装设备等。规模化大型沼气项目包括 7 座全混合厌氧发酵罐（CSTR），原料预处理专职、配套的进料系统，沼气净化及储存系统等。尾菜堆场 200 平方米，尾菜压榨设备厂房 1 800 平方米，尾菜烘干设备 1 000 平方米等；主要设备仪器包括尾菜预处理设备，菜汁回收管道 1 套，以及生物质热风炉、烘干设备、冷却设备等。目前 S 公司有能繁母羊 7 620 只，其中纯种东佛里生羊（新西兰引进）786 只。每年综合利用作物秸秆 15 万吨，回收利用牛、羊、猪、鸡等畜禽粪便 12 万吨，尾菜 10 万吨，每年可分别实现化学需氧量、氨氮污染物的减排 2 000 吨和 20 吨，有机肥可实现年销售收入 7 500 万元。

在种养结合方面，S 公司对羊粪质量有一定要求，并采取"分等级收购"

的方式，根据羊粪的质量制定不同的收购价格，在进行交易之前，S 公司会提前去取样，然后就羊粪纯度、湿度、有机质含量、重金属含量、pH 等进行检测，原材料质量达标以后，S 公司会与交易对象就羊粪交易数量、交易价格和交易时间达成口头协议。区政府补贴运费，采取养殖场（户）送货上门的交易方式，收购价格为 55～70 元/吨。除了羊粪之外，沼气生产还会添加尾菜，尾菜来自周边农牧户的种植废弃物，并按照 15 元/吨的委托处理价对农牧户进行收费。S 公司生产颗粒状和粉末状生物有机肥，50% 施用于自己经营的苜蓿、青贮玉米、燕麦草等饲草料作物种植基地，剩下 50% 对外销售。S 公司饲草料种植面积 7 626 亩，种植苜蓿草、燕麦草、青贮玉米约 5 000 亩，其他地块种植蔬菜及小杂粮。饲草料不仅会用于公司自养羊只，部分也会提供给养殖场（户），提高养殖场（户）饲草质量。

①运行机制。案例 6 中 S 公司采用单一主体和多元主体运营机制相结合的方式，同时经营规模养殖、沼气生产、有机肥加工、饲草料种植等多项业务，形成了内部"羊-沼-肥-草"产业循环系统。S 公司在开展对外业务时，会收购周边养殖场（户）的羊粪和尾菜，然后将它们制成沼液和沼渣肥，最后将这些有机肥料出售给有机肥经销商或种植基地。S 公司种植的饲草料除用于公司内部肉羊养殖外，部分还会提供给当地肉羊养殖场（户）。政府在环保方面的作用主要体现在监督和支持，通过强有力的环保政策和项目资助，规模养殖企业被迫对养殖废弃物进行处理，同时政府还会向达到标准的治理企业提供适当的技术和财政扶持。在这种模式下，S 公司是发起者，主要是为了追求经济利益而参与其中，该种养结合模式依托公司高效节水种植、饲料生产厂、肉羊种羊场、活畜交易市场、肉羊育肥场及公司各地养殖基地等产业基地，使工农业复合循环经济产业链得以实现。S 公司利用种植基地生产的饲草及秸秆生产出牛羊混合日粮，为牛羊生态养殖提供了支持，改善了羊肉品质，并达到了绿色环保标准。利用养殖畜禽粪便生产有机肥用于当地特色农业种植基地施肥，既减少了化肥使用的环境危害，又减少了肉羊粪污对环境的污染。利用沼气的处理技术，将沼液用于农田灌溉，还可以通过喷洒叶面肥实现杀虫功能，不仅实现了水肥一体化的综合利用，推动绿色种植灌溉，而且提升了农作物的品质。

②模式优劣势。由龙头企业带动的外循环种养结合通过专业化分工和规模化经营的方式，推动农业废弃物实现更大规模、更高效率的利用。具体来看，该模式具有以下几点优势：一是企业的饲草料加工机械配置较全面，注重饲草料加工粉碎混合后使用，提高了饲草料利用率和报酬率，节省了同等养殖规模

下的饲草料投入，避免了饲草料资源浪费，缓解了肉羊养殖对天然草场、种植业的生产资源压力。**二是**摆脱了传统的血缘、地缘关系，建立了基于市场契约的联系，因此可以利用更多的社会网络资源、社会关系网络拓展到以业缘为纽带的市场层面，同时传统的社区网络关系得到加强。**三是**案例6中沼气生产是通过充分利用资源实现多种经济效益的一种高效能源生产方式。沼气作为一种环保清洁能源，可广泛应用于发电和燃料等领域；而副产品沼渣和沼液则是一种高品质的有机肥料，能够显著提高农作物的产量和品质。沼气生产为处理中大型规模养殖场产生的粪便提供了一种有益的方法，因为这些场所产生的粪便量较大。除此之外，沼气生产还可以帮助农村居民实现粪污资源化治理，同时创造更多的非农就业机会，提高居民的工资收入水平。

该模式的缺点是：**第一**，该模式养殖场（户）与企业联系的主要纽带是市场，没有建立稳定的购销关系，使得企业收购的粪污品质参差不齐，不利于保证企业粪污的质量，可能损害种养结合的持续发展。**第二**，存在一定程度的违约率，由于采用口头协议收购羊粪，但口头协议不能对养殖户履约产生激励，部分养殖户为了便利起见，并未将粪污直接卖给企业，而是销售给羊粪贩子。**第三**，由于该模式实现分工专业化和规模化经营，会增加协调和协同成本，加之养殖户数量少而散，使得企业直接与养殖场（户）对接仍存在较高的交易成本，也会导致许多小规模养殖户被排斥在外。**第四**，对现代循环农业的资本和技术投入的依赖性较强。设备和厂房一次性资金投入过大，后期运行和维护费用也较高。**第五**，案例6中部分粪污用来制作沼气，目前，大多数沼气生产项目面临着温控技术薄弱、发酵时间长、产出率低等问题，导致投资回报率不高，因此需要政府的扶持才能持续运营（许文志，2017；罗俊丞，2020）。

(4)"养殖场（户）＋合作社＋企业＋种植基地"模式

该模式包括企业挂靠合作社与养殖场（户）的对接、养殖场（户）与企业共同创办合作社、养殖场（户）自行成立合作社与企业对接及养殖场（户）自行创办合作社而合作社又经营企业等4种模式。当前，肉羊养殖场（户）规模相对较小，资金实力较弱，"养殖场（户）自办合作社与企业对接"模式多占主导地位，而其他3种模式仍不是肉羊种养结合的主要模式。因此，本部分选取新疆奇台县X养殖专业合作社作为典型案例，分析其种养结合运行机制及优劣势。"养殖场（户）＋合作社＋企业＋种植基地"种养结合模式运行机制如图4-7所示。

案例7

X养殖专业合作社于2013年建场，2014年开始养殖，注册资金500万

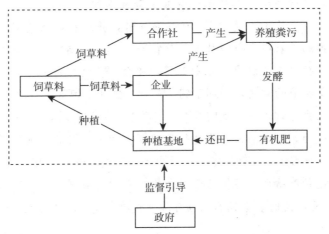

图4-7 "养殖场（户）+合作社+企业+种植基地"种养结合模式运行机制

元。合作社由5人投资成立，A夫妻2人出资97%，其他3人出资3%。目前合作社有固定长期员工15名，雇工工资水平在100~170元/天。经营范围涵盖动物饲养、牲畜销售、牧草种植以及谷物种植等。合作社的肉羊养殖设施设备投入高达200万元，养殖棚圈配套条件较好，基础饲草料加工机械配备齐全。合作社在政府统一规划提供的养殖区域内，建有彩钢结构圈舍，并配有运动棚、干草棚、精饲料库、饲料加工室、兽医室、机械贮存室、资料室、青贮窖等养殖设施。在机械方面，配有铡草机、饲料粉碎机、饲料混合机、农用运输车、剪毛机。合作社既开展肉羊的自繁自育，又会外购羔羊开展专业育肥，追求较高的出栏收入。同时，对畜群进行统一改良，调整品种结构。畜群中母羊均为自育留种，而由于种公羊对畜群改良较为重要，因此主要是从市场上购买、自行串换，仅少数自育留种。合作社在棚圈建设方面均注重暖棚羊舍设计；在繁育方面有合作社采用胚胎移植的方式提高母羊繁殖力，会对妊娠、哺乳母羊进行补饲；在羔羊生产方面大多数采用早断奶、快速育肥技术；在饲草料方面均利用加工机械对干草、玉米以及加工饲料等科学加工混合；在饲养方面均采用分群分阶段饲养；在疫病防治等方面均注重羊舍定期清洁与消毒、疫病定时定点防疫、病死羊无害化处理；在粪污规范化处理方面均设有储粪池。

在种养结合方面，X合作社现有存栏肉羊400只，牛2 200头，目前每天约产生鲜粪48吨、污水56吨。X合作社与新疆H畜牧业有限公司及3位种植大户结合成为草畜联合体。养殖专业合作社针对社员养殖场的粪污问题提供解决方案，免费将干粪运输至有机肥厂制造有机肥，腐熟的粪尿污水由社员用于种植饲草以自行消纳。养殖基地鲜粪全部经粪便收集系统进入粪污处理车间，固液分离后发热干粪通过 BC50 高温发酵，并添加矿物质形成有机肥后，通过运输车抛洒至农田。合作社与多个农场签署了供肥协议，合同面积 2 000余亩。耕地流转自周边农户，租期 3 年，租金 480 元/(亩·年)。处理过的粪肥用于自有草料地的施用，增加了饲草产量、提升了饲草料的质量。此外，合作社与周边农户签订订单，收购青贮、苜蓿和其他饲草料，每年秋季，合作社将农牧户种植的青燕麦草收购后进行青贮，青贮 2 个月后，进行第 2 次粉碎，与 5% 的精饲料混合后喂养牲畜。从源头加强了饲草料的管理，保证了羊只生产安全。通过种养结合，种养结合联合体每年利用粪肥 2.56 万吨，节约肥料成本约 15 万元，同时整个饲养周期可降低饲草成本 80～100 元/只。

①运行机制。上述案例中，合作社成为企业与养殖户联合的有效载体，实现了企业监督和群众自我监督的有效结合（苑鹏，2013）。在这种模式下，合作社通过双重"委托-代理"关系来实现其运营（郭晓鸣，2007），其运行模式为养殖场（户）通过资金、机械、肉羊、草场（耕地）入股加入合作社，合作社为养殖场（户）提供相应的服务；合作社与企业签署负责管理和监督的协议，而养殖场（户）则根据企业提供的养殖技术规范进行肉羊养殖，并对粪污进行处理，同时养殖场（户）也委托合作社代表他们与企业进行协商和谈判。企业为养殖场（户）提供了除收购粪污以外的一系列服务，包括疫病防治指导、技术培训、信贷担保等。

②模式优劣势。此模式不仅继承了"养殖场（户）＋企业＋种植基地"和"养殖场（户）＋合作社＋种植户"的优势，而且还能够通过合作社的参与来平衡分散养殖户与企业之间的实力差距，从而确保养殖户的利益得到有效保护，使利益分配更加均衡，促进合作关系的稳定（蒋东生，2004）。同时合作社作为桥梁，在企业和养殖场（户）之间形成了有效的联系，实现了企业与合作社监督相结合，有效阻止了机会主义行为，进而降低了交易成本（苑鹏，2013）。

该模式的缺点是：**第一**，商品有机肥生产需要专门的生产车间，具有较严格的生产标准，对生产者的要素禀赋和生产能力提出了较高的要求，进入壁垒较高。**第二**，高昂的建设成本和运营成本导致企业面临的资金压力较大，必须辅以政府资金补贴和扶持项目才能稳定运营，对政府扶持具有一定的依赖性。**第三**，尽管这种方式将养殖场（户）、合作社和企业联系在一起，使种养结合的参与者更加多样化，但是这种模式的发展前提是合作社必须充分发挥企业与养殖户之间的纽带作用。如果合作社的功能被削弱，可能会导致这种模式变成

"养殖场（户）＋企业＋种植基地"模式，也可能会导致企业与合作社勾结，让合作社成为企业的组织工具，从而使得养殖户利益受到损害。

(5)"养殖场（户）＋社会化服务组织＋种植户"模式

"养殖场（户）＋社会化服务组织＋种植户"模式在政府的指导下，由一些龙头企业牵头，建立以生态链为基础、纵向拓展产业链、横向联动相关产业的农业产业化循环运营体系，随着产业链的不断发展，上下游参与者数量也增多，利益关系更加紧密，最终形成一个覆盖区域的多主体互相联系、各产业相互融合发展的生态循环网络系统。"养殖场（户）＋社会化服务组织＋种植户"种养结合模式运行机制如图4-8所示。本部分选取甘肃省凉州区作为典型案例，分析其种养结合运行机制及优劣势。

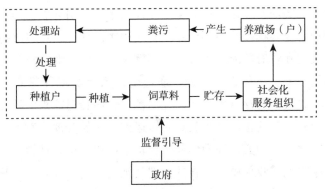

图4-8 "养殖场（户）＋社会化服务组织＋种植户"种养结合模式运行机制

案例8

2017年以来，凉州区全面系统地制定了发展循环农业的规划，先后制定出台了《畜禽养殖废弃物资源化利用工作方案》《畜禽粪污还田利用强化养殖污染监管工作实施方案》等多项相关政策。由于有机废弃物处理和资源化投入大、收益少、回收周期长，为了提振企业信心，凉州区发掘运营良好、技术适宜、具有培育价值的"潜力股"企业。近三年来，凉州区投入7 000余万元补助资金，培育了26家有机废弃物处理的企业，在全区布局建设40个秸秆收储点，堆积发酵场9.3万平方米、化粪池4万立方米。凉州区依托16个区域粪污集中处理中心，成立畜禽粪污收购专业合作社，建立收购网点，形成了"农户-收储合作社-沼气公司"的畜禽粪污收集、转化、利用体系。凉州区年增加处理畜禽粪污91.9万吨，年产沼渣肥5.92万吨、沼液肥44.92万吨，年产28万吨生物有机肥料，可替代9万多吨化肥；同时，带动广大农牧户从事生态种植、养殖业及其产业化经营,创造就业岗位 500 个以上。

种养结合方面,如 U 农业科技公司位于甘肃凉州区武南镇,公司主要从黄羊、和平、武南等乡镇的养殖场和养殖户手中收集粪污,区政府补贴运费,鼓励引导养殖场(户)把粪污统一运到公司进行集中处理,收购价格大约为 70 元/吨。公司在进行腐熟处理并经检测达标后转运到当地的种植基地还田;运送至种植基地后,严格按照每亩地施用一吨的标准进行还田。在粪肥还田的过程中,企业可获得 96 元/吨的项目奖补资金,种植户或土地经营者承担 30 元/吨的费用。0.5 千克秸秆的处理成本为 0.6 元左右,养殖场(户)每饲喂 0.5 千克处理后的秸秆,可节省饲料成本 3 元。

①运行机制。上述模式采取政府和社会资本合作模式,在养殖聚集区建立粪污处理中心,实现专业化、社会化、规模化运营,引导农业经营主体、社会化服务组织和企业等积极参与到种养结合过程中。该模式得以维持的关键在于经济效益的实现和政府职能的发挥。在案例 8 中,U 农业科技公司作为核心参与主体发挥了承上启下的作用,公司通过变废为宝实现种养环节的"双赢"。养殖场(户)收集和暂存畜禽粪污,提出畜禽粪污转运需求。社会化服务组织将养殖场(户)暂存的畜禽粪污收集并转运到田间储粪池,对粪污进行无害化处理,将无害化处理的粪污施洒到种植户指定田块还田。种植户提出粪肥施用需求,在自家田地接收粪肥,检查并管理粪肥施洒情况及效果。政府在其中主要发挥的作用是给予支持和环保监督,政府针对符合扶持标准的社会化服务组织给予适当的技术和资金扶持,同时也对社会化服务组织的负外部性行为进行监督,监督、监测畜禽粪肥还田绩效。

②模式优劣势。"养殖场(户)+社会化服务组织+种植户"模式有效地将农业生产经营者纳入农业绿色发展的体系当中,对于从根本上改变农业发展方式、实现绿色发展意义重大。该模式有以下优势:**第一**,由于"养殖场(户)+社会化服务组织+种植户"把生产要素和经济资源在一个区域内集中起来,充分利用高度分散利益主体的时间和空间特征,通过构建产业生态链,促进各环节之间的合作关系,从而达到优化产业结构、稳定利益关系,最终形成共享风险、共享利益的利益共同体。**第二**,"养殖场(户)+社会化服务组织+种植户"模式通过产业扩散效应、规模经济、范围经济、共享公共基础设施、降低管理成本,可以实现区域内生产资料和废弃物的有效利用,从而获得更高的效益。

该模式的缺点:**一是**对政府扶持的依赖性较强。**二是**社会化服务组织的存在可能会增加企业与养殖场（户）之间博弈的复杂度。在现实中，社会化服务组织作为有独立利益的理性人，有龙头企业信息的同时也掌握养殖场（户）情况，极有可能为实现利益最大化发生"寻租"行为，并且可能采取"见机行事"的博弈策略。三是在社会化服务组织联动型模式下，社会化服务组织有可能越级行使权力，有时会以自己的意志代替养殖场（户）的行为选择，尤其以政府为主导的社会化服务组织上述倾向更为严重（郭晓明，2007）。

4.4 不同种养结合模式的比较

肉羊种养结合的不同模式具有差异化的特征。一方面，养殖场（户）进行种养结合具有其自身的逻辑，养殖粪污具有很强的负外部性，政府规制是决定养殖场（户）是否进行种养结合的外在约束；同时个人及家庭资源禀赋以及自身利益诉求是决定养殖场（户）采取何种种养结合模式的内在基础。另一方面，不同种养结合模式由于还田机制和运营模式的差别，存在不同的经济绩效，并进一步产生差异化的推广条件。以上特征成为养殖场（户）选择种养结合模式以及政府部门制定政策的前提条件。鉴于此，下文围绕发生诱因、粪肥还田机制、运营模式、经济绩效以及可推广性 5 个方面对各种肉羊种养结合模式的优劣势进行比较分析（表 4-2）。

4.4.1 发生诱因

无论内循环种养结合模式还是外循环种养结合模式，政府规制构成养殖场（户）采取种养结合行为最直接的外在动因，经济效益是种养结合模式中养殖场（户）采取决策行为最直接的内在驱动因素。具体来看，第一，经验习惯、经济效益是养殖场（户）选择内循环种养结合模式的主要原因。传统养殖方式中，多数养殖场（户）采用养种结合方式，而羊粪则是一种重要的农业生产物质，对环境的影响也很小。当养殖场（户）养殖经验积攒到一定程度后，对旧的生产习惯会产生一定的路径依赖，养殖场（户）由于自身认知和技术水平更新速度有限，很难从精耕细作的生产方式中脱离出来，因此通常选择传统的内循环种养结合模式。同时，养殖场（户）通过实施种养结合，将废物资源化，从中获得有益的回报，减少污染末端治理费用的同时还可以获得国家对资源化利用畜禽粪便的补贴。第二，政府规制和经济效益是养殖场（户）选择外循环种养结合模式的主要原因。随着肉羊养殖产业化和规模化发展，种植业和养殖业之间的相互依赖关系日趋削弱，羊粪利用率不断降低，导致羊粪从农业资源

表 4-2 肉羊种养结合模式的比较

模式类别	具体模式	发生诱因	粪肥还田机制	运营模式	经济绩效	可推广性
内循环	案例1	经验习惯、经济效益	堆肥发酵还田	舍饲养羊、适度规模、农牧结合	无交易成本、治理成本低、饲草料成本高	农业劣势、缺乏饲料、成本低、自有资源、劳动成本低
	案例2	经验习惯、经济效益	直接还田、堆肥发酵还田	大面积草场放牧、小面积作物种植补饲、适度规模养殖	无交易成本、治理成本低、饲草料成本较高	天然草场、自有土地、劳动成本低
	案例3	经验习惯、经济效益	直接还田、堆肥发酵还田	公共牧草地放牧、购买饲料和种植作物补饲、适度规模养殖	无交易成本、治理成本较高、饲草料成本低	天然牧场、自有土地、劳动成本低
外循环	养殖场（户）+种植户	政府规制、经济效益	堆肥发酵还田	种田养羊、羊粪换草、自由交易	交易成本较低、治理成本较低、饲草料成本较低	玉米产区、"粮改饲"示范地区
	养殖场（户）+合作社+种植户	政府规制、经济效益	堆肥发酵还田	以种为养、种养结合、联合、入股分红	交易成本较低、治理成本较低、饲草料成本较低	政府支持、合作社主体、市场化运行
	养殖场（户）+企业+种植基地	政府规制、经济效益	堆肥发酵还田、沼渣、沼液	堆肥发酵还田、发酵床养殖、种养生态循环、沼气净化、集中处理、自由交易	交易成本高、治理成本较高、饲草料成本较高	大型规模养殖、加工、企业、政府扶持
	养殖场（户）+合作社+企业+种植基地	政府规制、经济效益	有机肥	草畜联营、入股分红	交易成本较低、治理成本较高、饲草料成本较高	产权清晰、制度健全、政府引导
	养殖场（户）+社会化服务组织+种植户	政府规制、经济效益	有机肥、沼渣、沼液	规模养殖场+社会化服务组织收集处理+种植基地、购销合同	交易成本较低、治理成本较低、饲草料成本低	养殖集中、政府支持力度较大

转变为农村地表污染的主要源头，造成了环境恶化，给生态系统带来了负面影响，且羊粪中携带着致病微生物、杂草种子和寄生虫卵，若不妥善处理，将对人类和动物的健康以及生态环境造成严重威胁，政府将付出较高的环境恢复成本。由传统农业实践经验和物质平衡理论可知，肉羊粪便可通过肥料化、饲料化等方式重新成为农业生产资料，实现资源的循环利用，进而实现节省资源、减轻环境负荷、替代生产资料。目前，粪污资源化利用设备已初步实现产业化，粪污资源化利用技术已满足规模化应用的要求。政府环境规制手段在减小粪污污染、规范粪污治理行为等方面发挥着重要作用，另外对大型规模养殖场，政府强令要求必须建设堆粪厂等粪污治理设施，针对建造粪污治理设施设备给予财政奖励。在政府规制和政府补贴的诱导下，养殖场（户）开始重视并采取外循环种养结合模式。

4.4.2 粪肥还田机制

整体来看，在粪肥还田机制方面，外循环种养结合模式优于内循环种养结合模式。堆肥发酵还田是内循环和非企业参与外循环种养结合模式的主要方式，制作有机肥是有企业参与外循环种养结合模式的主要粪肥还田方式，但不同种养结合模式在粪污收集环节、羊粪贮存环节、粪污处理环节均存在差异。具体来看，在粪污收集环节，由于内循环种养结合模式和"养殖场（户）＋种植户"模式更多的是采取人工方式进行低频率清理，机械化程度较低，因此不可避免地造成了一定程度的粪污漏洒和浪费现象，而通过有合作社、社会化服务组织或（及）企业参与的外循环种养结合模式自动化生产程度较高，比如案例6中S公司在羊圈内安装漏板收集羊粪，羊粪一般能被全量收集，浪费较少。在羊粪贮存环节，内循环种养结合模式下养殖场（户）一般建造的是土坯、砖石，甚至露天等简易结构的堆粪场地，遇到风雨天可能会造成羊粪流失现象，而与合作社或企业合作的外循环种养结合模式下一般会建有标准的堆粪场，如案例6中S公司在地方政府环境考核压力下专门建造了彩钢棚顶、水泥墙和地面的标准化堆粪场，杜绝了粪污的流失浪费。在粪污处理环节上，内循环、"养殖场（户）＋种植户"和"养殖场（户）＋合作社＋种植户"模式下堆肥发酵还田能在较短时间内实现农田对粪污的消纳。在实际操作中，不管是国家层面还是地方层面均没有发布明确的技术操作指南，因此养殖场（户）往往无章可循，多是凭靠自身经验来操作，由于养殖场（户）对堆制环境和发酵程度掌控力度参差不齐，可能会造成堆肥发酵程度不深，从而导致粪肥中的有机物质没能得到充分分解，可供作物吸收的养分较为有限。而在有企业参与的外循环种养结合模式中，企业会通过商品有机肥制作、沼气生产来实现种养结合，相关工艺在国家和企业层面均制定了质量检测标准，为产品标准化生产奠定了基础，羊粪中的养分能得以保留并被充分利用。在粪肥使用环节，内循环及"养殖场（户）＋种植户"模式下由于养殖场（户）更多的是按照自己的经验进行施肥，由于自身认知和技术水平更新速度有限，如果两者搭配不当或操控不当，容易导致种养结合效率降低或产生负外部性影响。而与合作社或（及）企业相关联的外循环种养结合模式下自动化生产程度较高，比如案例 8 中，U 农业科技公司将腐熟的羊粪运送至种植基地后，严格按照每亩地施用一吨的标准进行还田，提高了种养结合效率。

4.4.3 运营模式

从上述案例分析可知，不同种养结合模式下制度安排、利益联结机制以及利益联结紧密程度均存在差异。基于运营模式视角，"养殖场（户）＋企业＋合作社＋种植基地"模式与"养殖场（户）＋社会化服务组织＋种植户"模式是以上模式中较为完美的种养结合模式。具体来看，"养殖场（户）＋种植户"模式各主体之间关系较为松散，种养结合主体之间没有固定的合作关系，相互之间通过市场自由交易来实现结合，以社会关系机制为支撑，利益联结程度较低。与松散组织模式相比，"养殖场（户）＋企业＋种植基地""养殖场（户）＋合作社＋种植户""养殖场（户）＋企业＋合作社＋种植基地"为准的一体化模式，采用"按股分红""保底价收购"等利益联结机制，并采用混合治理机制，提升了利益联结程度、规避了市场风险。各模式之间不是对立的，而是存在一定的联系，例如虽然"养殖场（户）＋企业＋种植基地"模式养殖场（户）与企业可以直接对接，但双方"零和博弈"的利益冲突格局没有发生改变，因此，当合作社发展到一定程度后，就成为企业与养殖场（户）的有效桥梁，从而产生了"养殖场（户）＋企业＋合作社＋种植基地"模式；由于部分地区合作社发展规模较小，带动能力较弱，政府的进一步介入可以发挥其监督、协调以及组织鉴定等功能，同时，一些社会化服务组织应运而生，"养殖场（户）＋社会化服务组织＋种植户"模式成为部分地区的现实选择。由于"养殖场（户）＋社会化服务组织＋种植户"模式将生产要素和经济资源在一个区域内集中起来，多家农牧户、企业以产业生态链的形式互相联系，使得整个产业结构更趋于合理，利益关系更加稳定，最终形成"风险共担，利益共享"的共同利益体。"养殖场（户）＋企业＋合作社＋种植基地"模式与"养殖场（户）＋社会化服务组织＋种植户"模式在制度设计上是一种比较完美的种养结合模式，主体间关系紧密，受利益机制的约束较多，可达到制度均衡的效果。然而，由于部分地区合作社、社会化服务组织发展尚不成熟，使得两种模式的推广受到了多方面制约。

4.4.4 经济绩效

不同种养结合模式经济绩效差异主要体现在交易成本、粪污处理成本和饲草料成本 3 个方面。具体来看，交易成本方面，内循环种养结合模式下粪污还田和饲草料种植为同一主体，种养结合过程不存在交易成本。"养殖场（户）＋种植户"模式下由于种养结合交易主体多为亲戚、朋友或邻居，交易成本也较低。"养殖场（户）＋合作社＋种植户"模式实现了完整的垂直一体化经营，使养殖场（户）的利益与目标达到高度一致，并围绕养殖场（户）形成均衡的博弈关系，降低内部交易成本的同时也降低了市场交易成本。经营者、股东、养殖场（户）、社员四者合力共同推动发展，各利益主体得到有力的激励，从而可能产生较高的经济效率。在"养殖场（户）＋企业＋种植基地"模式中，企业有更强的博弈能力，处于绝对优势地位，因而养殖场（户）的利益不能够得到保障。受契约不完全性和信息不对称性影响，企业和养殖场（户）均需投入人力、物力监督违约行为，增加了种养结合交易过程中的内部成本。与"养殖场（户）＋企业＋种植基地"模式相比，"养殖场（户）＋合作社＋企业＋种植基地"和"养殖场（户）＋社会化服务组织＋种植户"模式可以有效减少内部交易成本，并有效地遏制企业和养殖场（户）的违约行为。社会化服务组织（合作社）的出现使企业与社会化服务组织（合作社）、社会化服务组织（合作社）与养殖场（户）之间的契约不再完全不利，并降低了农业产业化组织内部交易成本。两者之间的委托—代理关系决定了企业与养殖场（户）之间利益联结的稳定性和交易成本。社会化服务组织（合作社）的目标和利益多样化增加了养殖场（户）同企业间博弈关系的复杂性及不稳定性，社会化服务组织（合作社）获得养殖场（户）的部分决策权，虽然能够使得种养结合的内部交易成本有所降低，但同时也有可能与企业联合共同侵害养殖场（户）的利益。

粪污处理成本方面，不同的种养结合模式由于生产工艺和生产要素投入的差异，处理成本也明显不同。在内循环种养结合模式中，一般采用堆肥发酵还田的方式。然而，这种模式下需要耗费大量的人力和物力来清理粪便并进行发酵，发酵过程中还需要频繁地翻动和浇水，劳动力成本较高。此外，还需要将发酵好的羊粪运送到自家耕地并施用于作物，这也增加了人力和物力成本。因此与其他模式相比，该模式的成本更高①。"养殖场（户）＋种植户"和"养殖场（户）＋合作社＋种植户"模式下养殖场（户）需要花费一定的人力和物力进行清粪并发酵，花费的人力和物力较高。"养殖场（户）＋企业＋种植基地""养殖场户＋合作社＋企业＋种植基地"和"养殖场（户）＋社会化服务组织＋种植户"模式由专门的企业来完成生产，养殖场（户）只需在日常养殖过程中达到企业对羊粪纯度、湿度、有机质含量、重金属含量、pH 等的要求，并将粪污清理后运输到公司，养殖场（户）花费的人力和物力相对于其他模式较少。

饲草料成本方面，内循环种养结合模式下由于养殖场（户）将饲草料种植内化在养殖场（户）内部，可以减少种植过程中的化肥使用，如案例 2 中养殖户肉羊粪污替代了 0.34 吨化肥的使用，节省了 840 元的种植成本；但内循环种养结合模式中养殖场（户）往往不能科学喂养，一般种多少喂多少，会造成饲草料的浪费。"养殖场（户）＋种植户"和"养殖场（户）＋合作 社＋种植户"模式下，养殖场（户）会通过合作社或者自行与种植户产生关联，进行粪肥与饲草料的交换，与内循环模式相比会产生协调与协同成本。"养殖场（户）＋企业＋种植基地""养殖场（户）＋合作社＋企业＋种植基地"和"养殖场（户）＋社会化服务组织＋种植户"模式虽然通过企业或者其他社会化服务组织在出售粪污的同时购买饲草料，购买价格虽会低于市场价格②，但会高于其余 3 种种养结合模式中的饲草料费用。

4.4.5 可推广性

区域经济的不均衡性和产业之间的差异性决定了肉羊种养结合模式不能一概而论。第一，鉴于我国耕地资源紧张、户均耕地面积有限的现实情况，内循环种养结合模式比较适合有一定自种面积的分散养殖户或中小规模养殖场。内循环种养结合模式是在一个养殖场（户）内部基于生态产业链构成种养结合循环系统，内循环种养结合模式的建立对养殖场（户）内部的经营业态和规模提出了更高的要求，因为它要求经营业态必须与生态产业链的耦合关系相一致，

---

① 在案例 2 和案例 3 种养结合模式中，肉羊养殖一部分粪污会在肉羊放牧过程中随地排放，与山坡、草地形成种养结合，养殖场（户）仅需清理肉羊圈养那部分时间产生的粪污，因此与案例 1 种养结合模式相比，案例 2 和案例 3 内循环种养结合模式花费的人力和物力成本相对较高。

② "企业＋养殖场（户）＋种植基地""合作社＋企业＋养殖场（户）＋种植基地"和"养殖场（户）＋社会化服务组织＋种植户"种养结合模式中，虽然有些企业饲草料售卖价格与市场价格相同，但基于养殖户角度，由于与其形成种养结合外循环关系，不用再花费信息搜寻成本去寻找饲草料卖家，基于这个角度，饲草料成本同直接与市场交易相比也是有所降低的。

例如，种植业和养殖业之间的耦合关系。同时，养殖场（户）的养殖规模和种植面积相匹配，如果规模不匹配，可能会出现不能充分或彻底解决污染问题的情况。第二，当养殖场（户）内部多种业态存在生态链不协调和规模不匹配的问题时，可以通过建立主体间的链条循环来解决这一问题。在两个以上的主体之间建立循环系统，各自独立经营，相互合作，让农牧户之间的资源流动更加顺畅，共享资源，实现价值的增值。外循环种养结合模式有利于各个主体灵活经营，其业态和规模不受内循环种养结合模式要求的限制，但是该模式建立在不同主体之间的合作基础之上，因此需要各方投入合理的利益分配，否则合作将难以实现。因此，由于双方利益分配不当，可能会造成外循环中断，或者无法形成，且为了寻求合作伙伴，还会产生交易成本。具体来看，"养殖场（户）＋种植户"种养结合模式适合有与养殖规模相平衡的足够农田来实现种养结合的地区进行推广，如在全国具有羊产业的玉米产区或饲草料产区，尤其适合在"粮改饲"示范地区推行。"养殖场（户）＋合作社＋种植户"种养结合模式核心在于合作社的组建和运营。因此，"养殖场（户）＋合作社＋种植户"种养结合模式适合在肉羊养殖专业合作社发展较为成熟且有与养殖规模相平衡的足够农田来就地消纳肉羊粪污的地区推广。第三，"养殖场（户）＋企业＋种植基地""养殖场（户）＋合作社＋企业＋种植基地"和"养殖场（户）＋社会化服务组织＋种植户"种养结合模式是通过专业化分工和规模化经营组建的多个经营主体联合体模式，实现了现代循环农业的发展，上述模式的顺利推行不仅要有有机废弃物有效处理和资源化利用的企业参与其中，实现有机废弃物的资源化利用，更重要的是要促进有机废弃物"生产者"、有机废弃物资源化产品"利用者"的积极有效参与。上述 3 种模式中企业发挥着核心作用，其粪污治理方式更为精细，如有机肥生产、沼液生产等。但这 3 种模式一次性生产投入较大，对技术要求很高，政府应辅以生产设施建设补贴、租金减免等一系列扶持政策来激励其发展。因此，上述模式更适合在养殖量庞大、耕地面积较小且政府支持力度较大的地区进行推广。

4.5 本章小结

本章基于产业链发展视角对肉羊种养结合模式进行划分，然后采用多案例的研究方法，基于调研获取的 8 个案例分析了不同种养结合模式的运行机制与优劣势，最后围绕发生诱因、粪肥还田机制、运营模式、经济绩效以及可推广性 5 个方面就肉羊种养结合模式进行对比。得出如下结论。

第一，现阶段肉羊种养结合模式包括内循环和外循环两类，且外循环种养结合模式根据参与主体类型可分为"养殖场（户）＋种植户""养殖场（户）＋合作社＋种植户""养殖场（户）＋企业＋种植基地""养殖场（户）＋合作社＋企业＋种植基地"和"养殖场（户）＋社会化服务组织＋种植户"5小类。

第二，不同种养结合模式在运作机制和优劣势上存在差异。其中，内循环种养结合模式主要以家庭为经营单位，依靠政府环保监督职能和养殖场（户）的利益导向来推动模式运作，具有易操作、投入成本较低、可实现资源在家庭内部循环发展的优点，但同时也存在受制于养殖场（户）自身经营规模和运行能力等缺点。"养殖场（户）＋种植户"模式通过养殖场（户）与种植户之间的合作实现双赢，能够发挥人熟地头熟的优势，但也存在对接面窄的问题。"养殖场（户）＋合作社＋种植户"以合作社为圆心，实现了规模化养殖，降低了养殖成本、释放了劳动力，促进生产的规模化、集约化、现代化的同时，也受到资金、技术、管理能力、销售渠道等诸多因素的限制。"养殖场（户）＋企业＋种植基地""养殖场（户）＋合作社＋企业＋种植基地"和"养殖场（户）＋社会化服务组织＋种植户"种养结合模式以企业或社会化服务组织为桥梁，在政府支持推动下运行，具有生产流程规范、实现异地使用、应用前景广阔以及创造社会就业岗位等优势，但也存在生产投入成本较大、技术操作要求较高、进入和退出壁垒较高、对政府扶持依赖性较强等劣势。

第三，不同种养结合模式在发生诱因、粪肥还田机制、运营模式、经济绩效等方面具有明显的区别。政府规制和经济利益是影响种养结合主体选择种养结合模式的共性诱因。除此之外，养殖场（户）还会基于经验习惯选择传统的内循环种养结合模式。粪污收集、贮存、治理以及还田环节的规范程度决定了"养殖场（户）＋合作社＋种植户""养殖场（户）＋企业＋种植基地""养殖场（户）＋合作社＋企业＋种植基地"以及"养殖场（户）＋社会化服务组织＋种植户"种养结合模式对羊粪资源化利用率要明显高于内循环和"养殖场（户）＋种植户"种养结合模式。基于制度设计视角，"养殖场（户）＋企业＋合作社"模式与"养殖场（户）＋社会化服务组织＋种植户"模式是以上模式中较为完美的种养结合模式，各主体之间的利益纽带十分紧密，能够达到基本的制度均衡。从养殖场（户）角度来看，内循环种养结合模式交易成本、饲草料成本要明显低于外循环种养结合模式，但其粪污处理成本要明显高于外循环种养结合模式。

第四，内循环种养结合模式比较适合有一定自种面积的分散养殖户或中小规模养殖场，"养殖场（户）＋种植户"模式适合在有与养殖规模相平衡的足够农田来实现种养结合的地区进行推广，"养殖场（户）＋合作社＋种植户"种养结合模式适合在肉羊养殖专业合作社发展较为成熟且有与养殖规模相平衡的足够农田来就地消纳肉羊粪污的地区推广，"养殖场（户）＋企业＋种植基地""养殖场（户）＋合作社＋企业＋种植基地"和"养殖场（户）＋社会化服务组织＋种植户"种养结合模式适合在养殖量庞大、耕地面积较小且政府支持力度较大的地区进行推广。

5 我国肉羊养殖环境技术效率及 绿色全要素生产率 /////////////////////////////

本章重点对我国肉羊养殖的环境技术效率及绿色全要素生产率进行分析。具体来看，首先分析了我国肉羊养殖的投入产出，主要包括成本、期望产出和非期望产出；其次，对肉羊养殖的环境技术效率进行分析，具体包括肉羊养殖环境技术效率的变动特征、肉羊养殖环境技术效率的差异性以及肉羊养殖环境技术效率改善方向；再次，对我国肉羊养殖绿色全要素生产率进行探究，主要包括肉羊养殖绿色全要素生产率变动特征以及差异性；最后，检验我国肉羊养殖环境技术效率及绿色全要素生产率的收敛性。

5.1 研究方法与数据说明

5.1.1 研究方法

（1）生命周期法

目前测算牲畜养殖碳排放的方法主要有经济合作与发展组织提出的简易方法和政府间气候变化专门委员会提出的碳排放系数计算方法两种，其中第一种方法仅在碳排放核算初期有少数学者使用。该方法以年度用于国家生产生活的新型化学物质和设备为依据，计算需要消耗多少新化学物质来满足设备的功能要求或者用于减排。第二种方法基于碳排放系数，对畜牧业生产过程中碳排放进行核算，比经济合作与发展组织提出的简易方法更加全面，且逐渐得到广泛认可和应用（姚成胜，2017；励汀郁，2022；郭冬生，2020）。因此，本研究亦采用此方法。肉羊养殖系统的温室气体排放核算包括直接排放和间接排放两部分，其中直接排放包括饲养环节排放（燃料燃烧和购入电力排放）、动物肠道排放和动物粪便管理排放；间接排放包括饲料粮种植与运输加工引起的排放[①]。

---

① 需要说明的是，肉羊粪便管理排放包括肉羊粪便在养殖场内贮存和处理过程中排放的温室气体，不包括粪便施入农田后的温室气体排放；燃料消耗量、购入电力只包括肉羊生产过程所消耗的能源量，不包括用于其他活动过程的能源消耗。

①肉羊饲养环节的 CO_2 排放。肉羊饲养过程主要有两个环节产生温室气体排放：一是生产照明用电，二是机械设备运转、栏舍防寒保暖用煤。计算公式如下：

$$TC_{SC,i} = APP_i \times \frac{Cost_{e,i}}{price_{e,i}} \times ef_6 + APP_i \times \frac{Cost_{c,i}}{price_{c,i}} \times ef_7 \quad (5-1)$$

式中 TC_{SC} 为肉羊饲养环节的 CO_2 产生量；$Cost$ 表示支出，$price$ 表示价格，e 表示养殖用电，c 表示养殖用煤；ef_6、ef_7 分别表示电能消耗和煤炭消耗的 CO_2 排放系数。

②肉羊胃肠发酵产生的 CH_4 排放。肉羊瘤胃发酵气体主要成分为 CH_4 等温室气体，其计算公式为：

$$TC_{SW,i} = APP_i \times ef_3 \quad (5-2)$$

式中 TC_{SW} 为畜禽胃肠发酵产生的 CH_4 气体排放量；ef_3 为肉羊胃肠道发酵 CH_4 排放系数。

③粪便管理系统的温室气体排放。肉羊粪便管理系统温室气体排放主要分两部分：一是厌氧条件下产生的 CH_4 气体，二是有氧条件下产生的 N_2O 气体。计算公式为：

$$TC_{MC,i} = APP_i \times ef_4 \quad (5-3)$$
$$TC_{MD,i} = APP_i \times ef_5 \quad (5-4)$$

式中 TC_{MC}、TC_{MD} 分别为粪便管理系统中 CH_4 排放量和 N_2O 排放量；ef_4、ef_5 分别为粪便管理系统中肉羊的 CH_4 排放系数和 N_2O 排放系数。

④饲料粮种植产生的 CO_2 排放。肉羊饲料有两种（精饲料和粗饲料），鉴于粗饲料是经过第一次加工形成的副产品，不应将其纳入计算范畴；而精饲料在种植过程中会投入化肥、农膜、农药等，同时其他生产活动也会有 CO_2 排放，因此应将其计入系统边界（谭秋成，2011）。计算公式如下：

$$TC_{CZ,i} = APP_i \times s_i \times q_j \times ef_{j1} \quad (5-5)$$

式中 TC_{CZ} 为饲料种植过程中产生的 CO_2 排放量；s 表示每只肉羊的耗粮系数；q_j 为肉羊饲料配方中 j 类粮食所占比重；ef_{j1} 为 j 类粮食的种植过程中 CO_2 当量排放系数[①]。

---

① 肉羊饲料来源有精饲料和饲草料两种，由于没有官方文件标明每个地区肉羊精饲料和饲草料的准确配比，所以本研究根据已有研究确定该系数；但地区间肉羊饲养方式等造成饲草料种植产生的温室气体排放的差异会由饲养周期和耗粮系数体现出来。根据谢鸿宇等（2009）研究，肉羊饲料中玉米占比为 62.61%，豆饼类占比 12.89%；值得注意的是，豆饼为大豆经第一次处理后得到的副产品，所以按照已有研究的处理方法，不再将大豆种植所产生的温室气体排放纳入计算范围。

⑤饲料粮运输加工产生的 CO_2 排放。饲料运输加工主要包括运输、筛选、粉碎、配料、混合、制粒等环节，上述环节产生的 CO_2 排放量计算公式为：

$$TC_{CY,i} = APP_i \times s_i \times q_j \times ef_{j2} \qquad (5-6)$$

式中 TC_{CY} 为饲料粮运输加工环节产生的 CO_2 排放量；ef_{j2} 为 j 类粮食运输加工环节的 CO_2 当量排放因子。

⑥总标准 C 排放量。

$$C_i = [TC_{CZ,i} + TC_{CY,i} + TC_{SW,i} \times GWP_{CH_4} + TC_{MC,i} \times GWP_{CH_4} +$$

$$TC_{MD,i} \times GWP_{N_2O} + TC_{SC,i}] \times e_{tpf} \qquad (5-7)$$

式中 C 为肉羊养殖碳排放总量；GWP_{CH_4} 为 CH_4 全球升温潜能值；GWP_{N_2O} 为 N_2O 全球升温潜能值；e_{tpf} 为单位 CO_2 当量转化为标准碳的系数。

（2）数据包络分析法

DEA 模型是一种基于多投入、多产出的非参数前沿分析方法，将每个研究对象划分为一个决策单元（DMU），根据事先定义的投入和产出指标，对 DMU 进行线性组合，最终确定最有效的生产前沿面（投入与产出之间的最优关系）。DEA 模型的最大优势在于不需要确定描述投入和产出之间具体的生产函数形式，而是根据 DMU 投入和产出的实际数据以及最优权重系数得出结果，使结果更加客观。CCR 模型是传统 DEA 模型的一种，它以规模报酬不变为假设条件，用以测算各决策单元的综合技术效率值（TE），从而实现一定产出水平下的最低投入，属于投入导向型模型：

$$\text{MIN} \boldsymbol{\theta}_j$$

$$\text{s. t.} \begin{cases} \sum_{k=1}^{n} \boldsymbol{\lambda}_k x_{ik} \leqslant \boldsymbol{\theta}_j x_{ij} \\ \sum_{k=1}^{n} \boldsymbol{\lambda}_k y_{rk} \geqslant \boldsymbol{y}_{rj} \\ \boldsymbol{\lambda}_k \geqslant 0 \end{cases} \qquad (5-8)$$

$$r = 1, \cdots, s; \ i = 1, \cdots, m; \ k = 1, \cdots, n$$

假定有 n 个 DMU，每个 DMU 有 m 种资源投入，用 x 表示，具备 s 种产出，用 y 表示。λ 为对决策单元的线性组合的系数。当第 j 个 DMU 的 $TE\theta_j$ 为 1 时，表明 DMU 的投入产出组合是有效的；若 θ_j 小于 1，表明该 DMU 的投入产出组合是无效的。

一个地区的农地资源越充足，其畜禽粪污处理能力就越强，因为有更多的农地可以作为自然资源去消纳畜禽粪便。除了土地，建设沼气设施也是一种有效减少畜禽养殖污染的方式。借鉴周力（2011）、潘丹（2013）的思路，基于不变规模报酬的 DEA 模型，将畜禽养殖产生的有机物、氮、磷数量纳入产出指标，将土地（播种面积）与沼气（沼气消费量）纳入投入指标，以产出最大化原则测算"畜禽养殖污染处理能力指数"（gcrs）[①]。

粪污处理能力指数取值范围为 0~1，地区对单位规模畜禽养殖污染的处理能力与其面积成正比。利用粪污处理能力指数可以进一步计算出畜禽养殖污染强度指数（Pol）：

$$Pol = 1 - gcrs \qquad (5-9)$$

一个地区的畜禽养殖污染强度可以通过畜禽养殖污染强度指数来反映，其取值范围为 0~1，其值与单位规模畜禽养殖污染产生量的环境压力成正比。

(3) Super - SBM 模型

在计算上，环境技术的效率是指在一定的投入要素和技术水平下，沿着某个方向增加经济产值等期望产出，同时减少环境污染等非期望产出的效率。有学者对比了投入法、双曲线法、倒数换算法、方向性距离函数、转换向量法、SBM 模型测算环境技术效率的 6 种方法，并得出前 5 种本质上为径向或角度的 DEA 度量方法的结论（刘勇，2010）。而径向 DEA 模型会使得结果被高估，角度的 DEA 模型仅关注特定一个方面，使得测算结果有偏（王兵，2011）。Tone 于 2001 年提出基于松弛测度的 SBM 模型，该模型克服了上述缺陷。在计算上，SBM 模型将投入和产出的松弛量直接纳入目标函数，有效剔除了松弛所造成的非效率因素；此外，SBM 模型能避免量纲不同和角度选择差异带来的偏差（胡达沙，2012），解决了非期望产出存在的生产效率评价问题。此外，SBM 模型还可以计算特定决策单元的冗余率。

假设肉羊养殖过程中有 n 个包含投入、期望产出和非期望产出 3 个向量的决策单元，记为 $x \in \boldsymbol{R}^m$、$y^g \in \boldsymbol{R}^{s_1}$、$y^b \in \boldsymbol{R}^{s_2}$，定义矩阵 $\boldsymbol{X}$、$\boldsymbol{Y}^g$、$\boldsymbol{Y}^b$ 如下：

$$\boldsymbol{X} = [x_1, \cdots, x_n] \in \boldsymbol{R}^{m \times n} > 0$$

$$\boldsymbol{Y}^g = [y_1^g, \cdots, y_n^g] \in \boldsymbol{R}^{s_1 \times n} > 0$$

$$\boldsymbol{Y}^b = [y_1^b, \cdots, y_n^b] \in \boldsymbol{R}^{s_2 \times n} > 0$$

---

① 周力等（2011）和潘丹（2013）在计算畜禽粪污资源化利用率时，用耕地面积代表土地投入，用农村沼气消费量代表沼气投入。鉴于各地区耕地面积自 2008 年后没有公开数据，且农作物总播种面积能反映土地的实际利用，即只有实际播种的土地才会消耗畜禽粪污产生的有机肥，本研究选取实际播种面积代表土地；此外，畜禽粪污产生的沼气不止用于农村，所以本研究选择各地区沼气池产气总量来代表沼气。为了在研究过程中具有统一的标准，根据 GB 3838—2002 中的Ⅲ类水质标准，将化学需氧量、全氮、全磷污染物转换为等标污染排放量。计算公式为：等标污染排放量（立方米）＝污染物排放总量/污染物排放评价标准。其中，化学需氧量、全氮、全磷污染物排放评价标准分别为 20mg/L、1mg/L 和 0.2mg/L（钱秀红，2001；陈勇等，2010）。

生产可能集 p 为：

$$p = \{(x, y^g, y^b) \,|\, x \geqslant \pmb{X}\lambda,\ y^g \leqslant \pmb{Y}^g\lambda,\ y^b \leqslant \pmb{Y}^b\lambda,\ \lambda \geqslant 0\}$$

引入非期望产出的可变规模报酬的 SBM 模型规划式为：

$$\rho = \mathrm{MIN}\ \frac{1 - \dfrac{1}{m}\sum\limits_{i=1}^{m}\dfrac{s_i^-}{x_{i0}}}{1 + \dfrac{1}{s_1 + s_2}\left(\sum\limits_{r=1}^{s_1}\dfrac{s_r^g}{y_{r0}^g} + \sum\limits_{l=1}^{s_2}\dfrac{s_l^b}{y_{l0}^b}\right)} \tag{5-10}$$

$$\text{s. t.}\ x_0 = \pmb{X}\lambda + s^-$$

$$y_0^g = \pmb{Y}^g\lambda - s^g,\ y_0^b = \pmb{Y}^b\lambda + s^b$$

$$\sum_{i=1}^{n}\lambda_i = 1,\ s^- \geqslant 0,\ s^g \geqslant 0,\ s^b \geqslant 0,\ \lambda \geqslant 0$$

式中 X 为投入，λ 为权重向量，下脚标"0"为被评价决策单元。y^g（含 y_{r0}^g）为期望产出，y^b（含 y_{l0}^b）为非期望产出，s^- 为投入松弛量，s^b（含 s_l^b）为非期望产出松弛量，s^g（含 s_r^g）为期望产出松弛量。ρ 为目标效率值，关于 s^-、s^g 和 s^b 严格单调递减，且满足 $0 \leqslant \rho \leqslant 1$。当 $\rho = 1$ 且 s^-、s^g 和 s^b 均为 0 时，该决策单元有效；当 $\rho < 1$ 时，该决策单元无效。进一步可分解得出投入冗余率、期望产出改进率和非期望产出过剩率如下：

$$IE_x = \frac{1}{N}\sum_{n=1}^{N}\frac{s_n^x}{x_{n0}} \tag{5-11}$$

$$IE_y = \frac{1}{M}\sum_{m=1}^{M}\frac{s_m^y}{y_{m0}} \tag{5-12}$$

$$IE_u = \frac{1}{I}\sum_{i=1}^{I}\frac{s_i^u}{u_{i0}} \tag{5-13}$$

式中 IE_x 为投入冗余率、IE_y 为期望产出改进率、IE_u 为非期望产出过剩率；x_{n0} 为投入、y_{n0} 为期望产出、u_{i0} 为非期望产出；s_n^x 为投入、s_m^y 为期望产出、s_i^u 为非期望产出的松弛量；N 为投入决策单元数量、I 为非期望产出决策单元数量、M 为期望产出决策单元数量。

引入非期望产出的 SBM 模型可能会出现多个决策单元同时有效而无法进行区分以及排序的问题，而 Super - SBM 模型很好地解决了上述问题。将非期望产出考虑在内的可变规模报酬 Super - SBM 分式规划式为：

$$\rho^* = \mathrm{MIN}\ \frac{\dfrac{1}{m}\sum\limits_{i=1}^{m}\dfrac{x_i^-}{x_{i0}}}{\dfrac{1}{s_1 + s_2}\left(\sum\limits_{r=1}^{s_1}\dfrac{y_r^g}{y_{r0}^g} + \sum\limits_{l=1}^{s_2}\dfrac{y_l^b}{y_{l0}^b}\right)} \tag{5-14}$$

$$\text{s. t. } \overline{x} \geqslant \sum_{j=1, \neq 0}^{n} \lambda_j x_j \text{ , } \overline{y}_r^g \leqslant \sum_{j=1, \neq 0}^{n} \lambda_j y_j^g \text{ ,}$$

$$\overline{y}_r^b \leqslant \sum_{j=1, \neq 0}^{n} \lambda_j y_j^b \text{ , } \overline{x} \geqslant x_0 \text{ , } \overline{y}_r^g \leqslant \overline{y}_0^g \text{ ,}$$

$$\overline{y}_r^b \geqslant \overline{y}_0^b \text{ , } \sum_{j=1, \neq 0}^{n} \lambda_j = 1 \text{ , } \overline{y}_0^g \geqslant 0 \text{ , } \lambda \geqslant 0$$

式中 ρ^* 为目标效率值，与 ρ 不同的是其取值可大于 1，其他变量含义与式 (5-10) 一致。

（4）Malmquist-Luenberger（ML）指数法

ML 指数法为一种动态分析方法，用来探究研究对象与生产边界之间的相对位置变化（效率变化）以及技术进步带来的向生产边界移动情况（潘丹，2012；Chung，1997）。ML 指数的变化可以用以下形式表示。

$$ML_t^{t+1} = \left[\frac{1 + \overline{D}_0^t(x^t, y^t, u^t; g)}{1 + \overline{D}_0^t(x^{t+1}, y^{t+1}, u^{t+1}; g)} \times \frac{1 + \overline{D}_0^{t+1}(x^t, y^t, u^t; g)}{1 + \overline{D}_0^{t+1}(x^{t+1}, y^{t+1}, u^{t+1}; g)} \right]^{\frac{1}{2}}$$

$$(5-15)$$

ML 指数可分解为技术进步指数和效率改进指数。

$$ML_t^{t+1} = MLTECH_t^{t+1} \times MLEFFCH_t^{t+1} \qquad (5-16)$$

$$MLTECH_t^{t+1} = \left[\frac{1 + \overline{D}_0^{t+1}(x^t, y^t, u^t; g)}{1 + \overline{D}_0^t(x^t, y^t, u^t; g)} \times \frac{1 + \overline{D}_0^{t+1}(x^{t+1}, y^{t+1}, u^{t+1}; g)}{1 + \overline{D}_0^t(x^{t+1}, y^{t+1}, u^{t+1}; g)} \right]^{\frac{1}{2}}$$

$$(5-17)$$

$$MLEFFCH_t^{t+1} = \frac{1 + \overline{D}_0^t(x^t, y^t, u^t; g)}{1 + \overline{D}_0^{t+1}(x^{t+1}, y^{t+1}, u^{t+1}; g)} \qquad (5-18)$$

式中 $MLTECH_t^{t+1}$ 为技术进步指数，用来反映生产可能性边界向外扩张的动态变化；$MLEFFCH_t^{t+1}$ 为效率改进指数，用来衡量技术落后者追赶先进者的速度。上述三个指数若大于 1，则表示绿色全要素生产率增长、技术进步和效率改善，若小于 1 则表示绿色全要素生产率下降、技术退步和效率恶化。

（5）收敛性检验

①α 收敛。α 收敛用来测量不同区域肉羊养殖环境技术效率和绿色全要素生产率的离差随时间推移而变化的情况。α 收敛计算公式为：

$$\alpha = \frac{\sqrt{\dfrac{\sum_i (Y_i - \overline{Y}_i)^2}{N}}}{\overline{Y}_i} \qquad (5-19)$$

式中 Y_i 代表地区 i 的肉羊养殖绿色全要素生产率（环境技术效率）；$\overline{Y}_i$ 代表地

区 i 的肉羊养殖绿色全要素生产率（环境技术效率）的均值；N 代表地区个数。若离差随时间推移而不断减小，则表明肉羊养殖绿色全要素生产率（环境技术效率）的增长存在 α 收敛。

②β 收敛。β 收敛来源于新古典经济学理论。β 收敛可以分为绝对 β 收敛（自身的收敛状态）和条件 β 收敛（控制多种因素后的收敛状态）。如果存在 β 收敛，表明与高肉羊养殖绿色全要素生产率（环境技术效率）地区相比，低肉羊养殖绿色全要素生产率（环境技术效率）地区的肉羊养殖绿色全要素生产率（环境技术效率）增长速度快。

绝对 β 收敛公式为：

$$\frac{\ln\left(\frac{Y_{it}}{Y_{io}}\right)}{T} = \alpha + \beta\ln(Y_{io}) + \varepsilon_{it} \qquad (5-20)$$

式中 T 为所考察的时间跨度；Y_{it} 和 Y_{io} 分别为第 t 年和初始年份省份 i 的肉羊养殖绿色全要素生产率（环境技术效率）水平；α 和 β 是待估系数；ε_{it} 为随机扰动项。

条件 β 收敛为在绝对 β 收敛方程的右边增加一些控制变量，比如教育水平、经济发展水平等来对条件 β 收敛情况进行检验，如果 β 仍显著为负，则表明存在条件 β 收敛。但此种方法由于缺乏确定的标准，选择控制变量的过程很可能会遗漏一些重要的解释变量。因此，Millerand（2002）提出了另一种简洁方法——利用面板数据进行固定效应估计，此方法能够有效避免遗漏重要变量、避免选择解释变量的主观性（彭国华，2005），并且可以通过设定时间和截面固定效应来抵消各省份气候、地理等方面的差异。模型表示如下：

$$d(\ln Y_{it}) = \ln Y_{it} - \ln Y_{i(t-1)} = \eta + \lambda\ln Y_{i(t-1)} + \mu_{it} \qquad (5-21)$$

式中 $d(\ln Y_{it})$ 对应的是 i 省份在第 t 个时间段的肉羊养殖绿色全要素生产率（环境技术效率）对数的平均值。

5.1.2 数据说明

本部分用来分析我国肉羊养殖成本收益情况的数据来源于农业农村部畜牧兽医局生产监测数据[①]，该数据覆盖范围广，肉羊生产监测包括 20 个省 100 个县 500 个村 1 500 户，指标主要为肉羊的生产及成本收益情况。肉羊养殖成

[①] 肉羊固定监测工作于 2012 年启动实施，由农业农村部畜牧兽医局通过对肉羊养殖大县的监测统计，为系统分析肉羊产业的发展趋势提供准确、科学的依据。

本是指在肉羊养殖过程中各种生产要素投入的成本,由于肉羊监测方案调整,为了保证样本数据持续性,本部分肉羊养殖成本项主要包括精饲料费、饲草费、幼畜购进费以及其他费用[①]。其中,羔羊折价或购进羔羊(或架子羊)费用统称为幼畜购进费。羔羊折价指自繁自育养殖方式下按照绵羊或山羊断奶时市场价格折算出羔羊费用;购进羔羊(或架子羊)费用指出栏肉羊购买羔羊(或架子羊)的费用。精饲料费指出栏肉羊所消耗的玉米、豆粕、糟渣、麸皮以及配合饲料等所有精饲料费用。饲草费指出栏肉羊所发生的干草、秸秆及青绿饲料等饲草费用。其他物质投入包括医疗防疫费(疫苗、驱虫、兽药、注射和治疗等费用)、水电燃料费、因灾害或疾病死亡所造成的肉羊折价和其他费用(雇工费、折旧费、修理维护费、饲盐费、配种费、放牧用具费、草场建设费、贷款利息、饲料加工费等)。

中国各省(市、区)肉羊的出栏量、存栏量数据来源于《中国畜牧兽医年鉴》(2003—2021),饲养天数、每单位畜产品耗粮系数、肉羊单位用电支出和用煤支出均来自《全国农产品成本收益资料汇编》(2003—2021)。地理信息基础数据来源于中国国家自然资源部发布的国家、省(市)级的矢量行政界线[②]。本部分参考已有研究(孟祥海,2014;王效琴,2012;谭秋成,2011),结合政府间气候变化专门委员会准则和《碳排放量化评估技术指南》内容确定出相应的碳排放系数。需要说明的是,鉴于部分省份每单位畜产品耗粮系数及肉羊单位用煤、用电支出存在数据缺失,作如下处理:若该省份为被统计省份,则利用该省可得数据平均值进行插值,若该省为未被统计省份,则利用该优势产区其他省份的数值进行替代。各系统边界的碳排放系数如表 5-1 所示。

表 5-1 各系统边界的碳排放系数

系统边界	碳源排放系数	数值	单位	数据来源
饲料粮种植	玉米 CO_2 当量排放系数	1.500 0	吨/吨	谭秋成(2011)
饲料粮运输加工	玉米 CO_2 当量排放系数	0.010 2	吨/吨	联合国粮食及农业组织(2006)

---

① 2012—2015 年,肉羊成本监测项目包括羔羊折价、精饲料费、饲草费、饲盐费、防疫治疗费、雇工费、水电燃料费、死亡损失费和其他费用;2016—2018 年肉羊成本监测项目包括羔羊折价、购进羔羊或架子羊费用、精饲料费、饲草费、防疫治疗费、雇工费、水电燃料费、死亡损失费和其他费用;2019 年至今,成本监测项目包括羔羊折价、购进羔羊或架子羊费用、精饲料费、饲草费。

② 国家地理信息公共服务平台(http://www.tianditu.gov.cn/)。

（续）

系统边界	碳源排放系数	数值	单位	数据来源
肉羊饲养	肉羊肠胃发酵 CH_4 排放因子	5.000 0	千克/（头·年）	《碳排放量化评估技术指南》，孟祥海（2014），王效琴（2012），谭秋成（2011）
	肉羊粪便管理 CH_4 排放因子	0.160 0	千克/（头·年）	
	肉羊粪便管理 N_2O 排放因子	0.330 0	千克/（头·年）	
	肉羊养殖用电单价	0.427 5	元/（千瓦·时）	谢鸿宇（2009），国家发改委（2011）
	电能消耗 CO_2 排放系数	0.895 3	吨 CO_2/（兆瓦·时）	《中国能源统计年鉴》
	肉羊养殖用煤单位支出	800.000 0	元/吨	
	燃煤消耗 CO_2 排放系数	1.980 0	吨/吨	
—	CO_2 当量转化为标准碳系数	0.272 8	—	谢鸿宇（2009）
	CH_4 全球升温潜能值	25.000 0	—	政府间气候变化专门委员会（2006）
	N_2O 全球升温潜能值	298.000 0	—	

本部分所使用的数据时间跨度为 2012—2021 年，所涉及的价值量数据均利用农产品生产资料价格指数统一折算成以 2012 年为基期进而去除通货膨胀等因素影响。投入产出变量的描述性统计如表 5-2 所示。可以看出，各个区域的期望产出、粪污等标物排放以及所有投入变量的最大值与最小值差距均较大。可见，中国各地区肉羊发展的速度截然不同，同时不同地区肉羊产业发展的资源消耗和环境污染存在显著差异。因此，在分析肉羊生产率时，若不考虑环境污染会导致分析结果出现较大偏差。进一步分区域来看，西南优势区和中东部农牧交错带优势区单只肉羊养殖面源污染排放量和碳排放量较大。其中，西南优势区单只肉羊粪污等标物排放量高于全国平均水平，中东部农牧交错带优势区单只肉羊碳排放量高于全国平均水平。

表 5-2　2012—2021 年中国肉羊养殖投入产出指标描述性统计

类别		统计指标	羔羊折价	精饲料费	饲草费	其他费用	期望产出	粪污等标物	碳排放
全国		平均	380.494	105.811	58.629	31.212	1 018.059	1.881	66.152
		标准差	6.230	4.107	3.369	1.465	17.139	0.027	1.154
		最小值	179.574	26.033	10.439	6.850	552.691	0.817	15.379
		最大值	715.389	278.046	250.548	148.650	1 764.290	2.706	96.833
区域	中原优势区	平均	375.606	116.397	54.053	33.645	923.698	2.007	51.840
		标准差	9.881	5.498	3.078	4.106	29.253	0.041	2.261

（续）

类别		统计指标	羔羊折价	精饲料费	饲草费	其他费用	期望产出	粪污等标物	碳排放
区域	中原优势区	最小值	224.039	63.383	20.119	9.770	552.691	1.375	15.379
		最大值	579.986	223.177	135.050	148.650	1 535.153	2.706	77.216
	西北优势区	平均	415.951	103.607	48.592	23.849	980.500	1.599	68.792
		标准差	13.904	8.527	4.374	1.504	28.061	0.058	0.759
		最小值	291.973	26.033	10.439	6.850	601.911	0.817	59.487
		最大值	715.389	200.967	114.693	51.595	1 286.185	2.402	80.928
	西南优势区	平均	326.777	107.226	81.515	38.923	1 263.159	2.085	63.345
		标准差	7.442	13.662	14.330	2.010	34.622	0.045	1.027
		最小值	179.574	30.316	14.075	25.485	931.610	1.677	52.911
		最大值	436.670	278.046	250.548	80.231	1 764.290	2.530	73.861
	中东部农牧交错带优势区	平均	393.878	94.178	55.849	29.485	972.772	1.849	82.932
		标准差	13.267	5.746	2.934	1.778	24.061	0.041	0.861
		最小值	194.161	48.097	29.042	7.169	583.948	1.361	74.924
		最大值	710.664	198.206	131.299	56.074	1 400.212	2.543	96.833
养殖方式	自繁自育	平均	357.972	96.765	58.795	33.309	1 009.559	1.899	67.754
		标准差	5.390	4.164	3.563	1.706	17.678	0.023	0.855
		最小值	179.574	18.697	8.835	6.690	552.691	1.133	45.570
		最大值	707.432	278.046	250.548	172.109	1 761.449	2.637	99.151
	专业育肥	平均	493.933	136.814	65.186	20.847	1 060.607	2.074	75.317
		标准差	10.572	5.090	2.841	0.830	23.223	0.056	1.072
		最小值	250.136	22.244	12.068	2.511	579.470	0.817	52.488
		最大值	786.971	269.509	146.877	64.458	1 869.462	3.828	100.029
规模	小规模	平均	370.052	106.658	61.551	29.780	1 000.894	1.860	68.110
		标准差	6.228	3.677	3.476	1.388	16.972	0.027	0.813
		最小值	160.039	30.000	9.770	4.819	559.397	0.826	45.579
		最大值	705.263	267.884	259.035	148.699	1 722.313	2.669	93.581
	中规模	平均	379.653	106.825	60.506	32.710	1 007.187	1.867	68.283
		标准差	6.817	4.986	4.028	1.934	19.103	0.027	0.803
		最小值	165.800	0.000	0.000	2.508	510.900	0.825	46.044
		最大值	746.418	328.500	307.159	201.046	1 720.818	2.602	94.997
	大规模	平均	421.432	123.610	64.001	28.692	1 045.636	1.935	71.175
		标准差	8.302	5.650	4.556	1.149	19.452	0.038	0.990

（续）

类别		统计指标	羔羊折价	精饲料费	饲草费	其他费用	期望产出	粪污等标物	碳排放
规模	大规模	最小值	133.901	0.000	0.000	0.858	533.332	0.807	44.923
		最大值	712.039	301.203	398.600	75.368	1 984.000	3.673	127.347

资料来源：根据2012—2021年农业农村部畜牧兽医局500个肉羊生产监测村数据计算所得。表5-3～表5-5同。

注：图中价值量数据均利用农产品生产资料价格指数统一折算成以2012年为基期的不变价格，下同。

5.2 实证分析

5.2.1 肉羊养殖投入

(1) 肉羊养殖投入变动特征

2012年以来，我国肉羊养殖成本总体呈先波动下降后增长态势，年均增长率为2.93%（图5-1）。具体来看，肉羊养殖总成本的变化特征可分为两个阶段：①波动下降阶段（2012—2016年），中国肉羊养殖总成本由530.70元/只增长至630.37元/只，后下降至515.24元/只，下降幅度为2.91%；该阶段肉羊养殖总成本下降主要是受小反刍兽疫疫情影响，养殖户对幼畜需求降低，使得幼畜购进费有所降低。②增长阶段（2016—2021年），该阶段肉羊养殖总成本由515.24元/只增长至688.38元/只，增长幅度为33.60%。该阶段肉羊养殖成本增加主要是受羔羊折价增加及精饲料费上涨影响。其中，羔羊折价上涨主要是由于我国肉羊养殖行情较好，购进羔羊和架子羊需求增加，导致羔羊折价较高；精饲料价格上涨主要是受玉米价格和豆粕价格上涨影响。

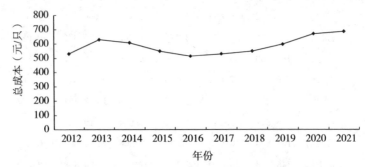

图5-1 2012—2021年中国肉羊养殖投入变化情况

数据来源：根据2012—2021年农业农村部畜牧兽医局500个肉羊生产监测村数据计算所得。图5-1～图5-9同。

（2）肉羊养殖投入的差异性

①不同地区肉羊养殖投入。我国肉羊优势区域[①]每只肉羊养殖总成本变化情况如表5-3所示。总体来看，西北优势区每只肉羊养殖总成本要高于中原优势区、中东部农牧交错带优势区和西南优势区。究其原因主要是由于西北优势区受气候寒冷、超载过牧、养羊设施落后、出栏率低等因素的影响，使得养殖总成本较高。纵向来看，西北优势区、中东部农牧交错带优势区、中原优势区和西南优势区每只肉羊养殖总成本均呈"增长—下降—增长"态势，其中中原优势区由2012年的517.07元/只增长至2014年的623.48元/只，之后有所降低，2017年再次转为增长，截至2021年，增长至707.63元/只，2012—2021年中原优势区肉羊养殖总成本增长幅度为36.86%。中东部农牧交错带优势区由2012年的513.78元/只增长至2013年的633.61元/只，之后有所降低，2017年再次转为增长，截至2021年，增长至753.70元/只，2012—2021年中东部农牧交错带优势区肉羊养殖总收益增长幅度为46.70%。西北优势区由2012年的601.18元/只增长至2013年的687.04元/只，之后有所降低，2017年再次转为增长，截至2021年，增长至688.58元/只，2012—2021年西北优势区肉羊养殖总收益增长幅度为14.54%。西南优势区由2012年的484.17元/只增长至2013年的585.89元/只，随后波动降低后有所增长，截至2021年，为577.59元/只，2012—2021年西南优势区肉羊养殖总成本增长幅度为19.30%。

表5-3 2012—2021年各优势产区肉羊养殖投入变化情况（元/只）

年份	中原优势区	中东部农牧交错带优势区	西北优势区	西南优势区
2012	517.07	513.78	601.18	484.17
2013	610.10	633.61	687.04	585.89
2014	623.48	590.71	632.65	576.66
2015	554.42	531.91	568.83	543.41
2016	513.37	493.63	503.00	560.37
2017	528.58	520.50	517.87	561.52
2018	572.05	544.63	548.47	527.17

① 中原优势区包括河北、山东、河南、湖北、江苏、安徽；中东部农牧交错带肉羊优势区域包括山西、内蒙古、辽宁、吉林、黑龙江；西北优势区包括新疆、甘肃、陕西、宁夏；西南优势区包括四川、云南、湖南、重庆、贵州。资料来源：https://wenku.baidu.com/view/a466d28902d276a200292e58.htm。

（续）

年份	中原优势区	中东部农牧交错带优势区	西北优势区	西南优势区
2019	626.82	600.83	599.63	553.14
2020	671.43	730.91	669.32	597.63
2021	707.63	753.70	688.58	577.59

牧区半牧区、农区的肉羊养殖总投入变动情况如图5-2所示。与牧区半牧区相比，农区的肉羊养殖总成本较高，且牧区半牧区、农区的养殖成本差值呈"增长—下降—增长"态势。具体来看，2012年农区肉羊养殖总成本为537.04元/只，高于牧区半牧区肉羊养殖总成本，两者之差为35.40元/只；2014年牧区半牧区、农区肉羊养殖总成本分别波动至636.62元/只和551.80元/只，两者的差值增长至84.82元/只；2016年牧区半牧区、农区肉羊养殖总成本分别波动至529.03元/只和466.82元/只，两者的差值下降至62.21元/只；2021年牧区半牧区、农区肉羊养殖总成本分别波动提升至724.66元/只和616.51元/只，两者的差值也波动增加至108.15元/只。

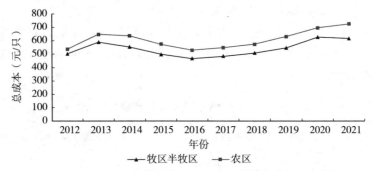

图5-2　2012—2021年牧区半牧区、农区肉羊养殖投入变化情况

②不同养殖方式肉羊养殖投入。不同养殖方式下的肉羊养殖总成本变动情况如图5-3所示。与自繁自育相比，专业育肥养殖方式下的肉羊养殖总成本较高，且两种养殖方式下的养殖成本差值呈先波动下降再增长态势。具体来看，2012年专业育肥养殖方式下肉羊养殖总成本为732.50元/只，高于自繁自育养殖方式下肉羊养殖总成本484.47元/只，两者之差为248.03元/只；2016年专业育肥和自繁自育两种养殖方式下肉羊养殖总成本分别波动至616.49元/只和510.99元/只，两者的差值波动下降至105.50元/只；2021年专业育肥和自繁自育两种养殖方式肉羊养殖总成本分别波动提升至898.24元/只和643.52元/只，两者的差值也波动增加至254.72元/只。究其原因：一方

面，专业育肥养殖方式下由于大部分养殖场（户）需要租场地，增加场地租赁费；另一方面，专业育肥养殖方式下如果当地没有好的羊源，则需异地购买，进而增加购买和运输成本。此外，自繁自育养殖方式下基本上不会与外界羊接触，可以最大程度避免交叉感染，只要做好防疫便可以保证羊场生产的稳定；而育肥羊大都是异地育肥，疫病情况复杂，再加上长途运输应激等情况，很容易造成购进的肉羊感染多种疫病，进而增加死亡损失费、医疗防疫费等费用。

图 5 - 3   2012—2021 年不同养殖方式肉羊养殖投入变化情况

③不同规模肉羊养殖投入。不同规模①肉羊养殖总成本变动情况如图 5 - 4 所示。可见，随着肉羊养殖规模的增大肉羊养殖总成本增加，且三种规模下的养殖成本均呈"增长—下降—增长"态势。从其成本差值来看，2012 年，大规模肉羊养殖总成本为 592.40 元/只，高于中规模和小规模肉羊养殖总成本，大规模与中、小规模之间的差值分别为 71.49 元/只和 60.85 元/只；2013 年，大、中、小三种规模肉羊养殖总成本分别提升至 681.36 元/只、648.16 元/只和 622.26 元/只，大规模与中、小规模之间的差值也波动下降至 59.10 元/只和 33.21 元/只；2016 年，大、中、小三种规模肉羊养殖总成本分别波动下降至 568.81 元/只、512.88 元/只和 515.76 元/只，大规模与中、小规模之间的差值也波动下降至 55.93 元/只和 53.05 元/只；2021 年，大、中、小规模肉羊养殖总成本分别波动提升至 762.18 元/只、658.01 元/只和 662.60 元/只，大规模与中、小规模之间的差值也波动增加至 104.72 元/只和 99.57 元/只。究其原因是由于各调研县部分养殖场（户）拥有规模较大的草场或饲料地，基本

---

①   本研究将肉羊养殖规模小于 100 只养殖户定义为小规模养殖户，肉羊养殖规模介于 100～200 只的养殖户定义为中等规模户，将肉羊养殖规模大于 200 只养殖户定义为大规模养殖户。

可以实现农牧业自给自足，相比之下，养殖成本上涨的幅度较小。规模场被政府授予的土地仅用于建造棚圈，并没有专门饲草料用地，而近年来玉米、干草和配方饲料等饲草料的价格不断上涨。同时规模场采用舍饲养殖，肉羊需要大量外调以满足肉羊的养殖需求，人工和运费的增加进一步提高了规模场肉羊养殖成本。

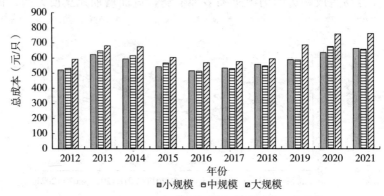

图 5-4　2012—2021 年不同规模肉羊养殖投入变化情况

（3）肉羊养殖投入的构成变化

为了更好地分析肉羊养殖投入构成变化情况，本部分根据肉羊生产要素的投入特点，从幼畜购进费、精饲料费、饲草费和其他物质费用 4 个方面分析肉羊总成本构成（表 5-4、图 5-5）。其中，其他物质费用包括饲盐费、防疫治疗费、水电燃料费、雇工费用、死亡损失分摊及其他费用。从肉羊养殖投入构成来看，肉羊养殖成本主要由幼畜购进费、精饲料费和饲草费构成，具体来看，样本期内幼畜购进费占肉羊养殖总成本的 66.20%，精饲料费占肉羊养殖总成本的 18.36%，饲草费占肉羊养殖总成本的 10.09%，其他费用占比仅为5.35%。从肉羊养殖总成本构成变化情况来看，每只肉羊养殖幼畜购进费占比呈"先增长后下降再增长"态势。2012—2014 年，由 61.28% 增长至 66.69%，增长 5.41 个百分点；2014—2016 年，由 66.69% 下降至 64.13%，下降 2.56个百分点；2016—2021 年，由 64.13% 增长至 68.83%，增长 4.70 个百分点。每只肉羊养殖精饲料费用占比呈先波动下降后增长态势。2012—2020 年，每只肉羊养殖精饲料费占比由 19.87% 波动下降为 17.47%，下降 2.40 个百分点；2020—2021 年，每只肉羊养殖精饲料费占比由 17.47% 增长为 17.88%，增长 0.41 个百分点。每只肉羊养殖饲草费占比呈波动下降态势。2012—2021 年，每只肉羊养殖饲草费占比由 11.96% 下降为 8.89%，下降 3.07 个百分点。每只肉羊养殖其他费用占比呈波动下降态势。2012—2021 年，每只肉羊养殖其他费用占比由 6.89% 下降为 4.40%，下降 2.49 个百分点。

表 5-4 2012—2021 年肉羊养殖投入及其构成变化（元/只）

年份	幼畜购进费	精饲料费	饲草费	其他费用	总成本
2012	325.20	105.46	63.46	36.57	530.70
2013	416.24	115.20	65.64	33.30	630.37
2014	405.59	109.25	62.57	30.81	608.21
2015	359.66	104.82	57.74	27.98	550.19
2016	330.40	100.11	54.27	30.46	515.24
2017	347.30	98.58	56.04	28.55	530.47
2018	371.19	96.70	54.47	27.97	550.32
2019	406.80	105.00	52.23	34.76	598.79
2020	462.06	117.19	61.25	30.51	671.01
2021	473.80	123.10	61.19	30.29	688.38

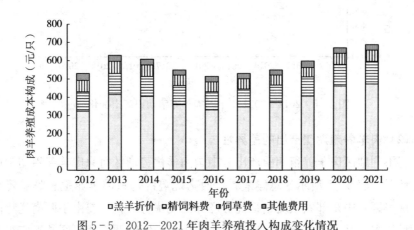

图 5-5 2012—2021 年肉羊养殖投入构成变化情况

5.2.2 肉羊养殖期望产出

（1）肉羊养殖期望产出变动特征

肉羊养殖期望产出变动特征如图 5-6 所示。2012—2021 年，肉羊养殖总收益呈先波动下降后上升态势。具体来看，肉羊养殖总收益的变化特征与养殖总成本相似，可以分为两个阶段：①波动下降阶段（2012—2016 年），肉羊养殖总收益由 1 017.94 元/只增长至 2013 年的 1 104.83 元/只，后下降至 2016

年的 801.212 元/只，下降幅度为 21.29％。②上升阶段（2016—2021 年），肉羊养殖总收益由 801.21 元/只增长至 2021 年的 1 370.22 元/只，增长幅度为71.02％。近两年我国肉羊养殖总收益快速增长主要原因一方面是由于出栏价格上涨。供给方面，随着我国肉羊遗传育种、舍饲养殖等技术的应用和养殖规模化程度的提升，我国肉羊出栏量有所增加；但是近年来夏季华北和西北部分省（区）受强降雨和连续阴雨天气的影响，牧草生产受灾严重，牧区草场资源供应较为紧张，加之草原奖补政策的实施，使得肉羊养殖饲草料费用增加；需求方面，在我国居民收入水平提升、居民消费结构升级加快、通信和电商行业快速发展等因素的影响下，居民羊肉消费需求仍然保持增势。另一方面，由于养殖技术提升、品种改良等因素的影响，出栏羊活重增加。因此，单只出栏羊总收益增加。

图 5-6　2012—2021 年中国肉羊养殖期望产出变化情况

（2）肉羊养殖期望产出的差异性

①不同地区肉羊养殖期望产出。中国肉羊优势产区每只肉羊养殖期望产出变化情况如表 5-5 所示。总体来看，西南优势区每只肉羊养殖总收益要高于中原优势区、中东部农牧交错带优势区和西北优势区，主要由于西南优势区优良品种较多，其肉羊个体大、生长快、肉质好，同时西南优势区邻近广东等消费水平较高的沿海城市，市场条件优越。纵向来看，西北优势区、中原优势区和西南优势区每只肉羊养殖总收益均呈"增长—下降—增长"态势，其中，西北优势区由 2012 年的 1 073.73 元/只增长至 2013 年的 1 121.89 元/只，之后有所降低，2017 年再次转为增长，截至 2021 年，增长至 1 302.31 元/只，2012—2021 年西北优势区肉羊养殖总收益增长幅度为 21.29％；中原优势区由2012 年的 871.47 元/只增长至 2013 年的 989.44 元/只，之后有所降低，2017 年再次转为增长，截至 2021 年，增长至 1 352.18 元/只，2012—2021 年中原优势

区肉羊养殖总收益增长幅度为 55.16％；西南优势区由 2012 年的 1 092.00 元/
只增长至 2014 年的 1 348.62 元/只，之后有所降低，2017 年再次转为增长，截
至 2021 年，增长至 1 737.76 元/只，2012—2021 年西南优势区肉羊养殖总收益
增长幅度为 59.14％；中东部农牧交错带优势区肉羊养殖总收益呈现先波动下
降后增长态势，由 2012 的 1 078.69 元/只波动下降至 2016 年的 751.48 元/
只，再波动增长至 2021 年 1 165.77 元/只。

表 5-5　2012—2021 年各优势产区肉羊养殖期望产出变化情况（元/只）

年份	中原优势区	中东部农牧交错带优势区	西北优势区	西南优势区
2012	871.47	1 078.69	1 073.73	1 092.00
2013	989.44	1 080.27	1 121.89	1 287.31
2014	931.15	1 010.69	1 057.08	1 348.62
2015	758.07	887.29	848.23	1 228.02
2016	707.06	751.48	719.61	1 106.62
2017	769.05	875.25	806.20	1 113.60
2018	914.08	936.77	935.15	1 180.15
2019	1 120.37	1 018.70	1 070.35	1 458.47
2020	1 252.61	1 115.81	1 192.26	1 553.65
2021	1 352.18	1 165.77	1 302.31	1 737.76

　　牧区半牧区和农区的肉羊养殖总收益如图 5-7 所示。牧区半牧区的肉羊
养殖总收益与农区的肉羊养殖总收益差别不大，且两区域的养殖总收益差值呈
下降态势。具体来看，2012 年牧区半牧区肉羊养殖总收益为 1 142.58 元/只，
高于农区肉羊养殖总收益 961.19 元/只，两者之差为 181.39 元/只；2018 年
牧区半牧区和农区的肉羊养殖总收益分别为 981.84 元/只和 975.67 元/只，两

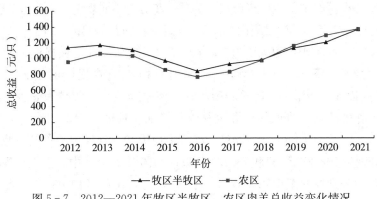

图 5-7　2012—2021 年牧区半牧区、农区肉羊总收益变化情况

者的差值也波动下降至 6.17 元/只；2021 年牧区半牧区和农区的肉羊养殖总收益分别波动提升至 1 367.63 元/只和 1 371.74 元/只，两者的差值也波动下降至 4.11 元/只。

②不同养殖方式肉羊养殖期望产出。自繁自育和专业育肥两种养殖方式下的肉羊养殖总收益如图 5 - 8 所示。专业育肥养殖方式下的肉羊养殖总收益与自繁自育养殖方式下的肉羊养殖总收益差别不大，且两种饲养方式下的养殖收益差值呈下降态势。具体来看，2012 年专业育肥养殖方式下肉羊养殖总收益为 1 148.89 元/只，高于自繁自育养殖方式下肉羊养殖总收益 1 001.60 元/只，两者之差为 147.29 元/只；2016 年专业育肥和自繁自育两种养殖方式肉羊养殖总收益分别波动下降至 844.67 元/只和 802.44 元/只，两者的差值也波动下降至 42.23 元/只；2021 年专业育肥和自繁自育两种养殖方式肉羊养殖总收益分别波动提升至 1 354.28 元/只和 1 364.20 元/只，两者的差值也波动下降至 9.92 元/只。

图 5 - 8 2012—2021 年不同养殖方式肉羊总收益变化情况

③不同规模肉羊养殖期望产出。为进一步分析不同规模肉羊养殖期望产出，此部分对比分析不同养殖规模肉羊养殖户总收益之间的差异。从图 5 - 9 可以看出，随着肉羊养殖规模的增大，肉羊养殖总收益增加，且三种规模下的养殖成本均呈"增长—下降—增长"态势。主要是由于随着规模的增大，养殖场（户）专业化程度会增加，肉羊养殖品种、肉羊养殖技术等较为先进，因此会增加肉羊养殖活重，进而使得养殖总收益增加。具体来看，2012 年，大规模肉羊养殖总收益为 1 088.70 元/只，高于中规模和小规模肉羊养殖总收益，与其之差分别为 102.20 元/只和 78.13 元/只；2013 年，大、中、小三种规模肉羊养殖总收益分别提升至 1 129.58 元/只、1 090.68 元/只和 1 085.92 元/只，大规模与中、小规模之差也下降至 38.90 元/只和 43.66 元/只；2016 年，大、

中、小三种规模肉羊养殖总收益分别波动下降至 820.58 元/只、785.65 元/只和 806.40 元/只，大规模与中、小规模之差也波动下降至 34.93 元/只和 14.178 元/只；2021 年，大、中、小规模肉羊养殖总收益分别提升至 1 381.76 元/只、1 226.61 元/只和 1 318.47 元/只，大规模与中、小规模之差也波动增加至 155.15 元/只和 63.29 元/只。

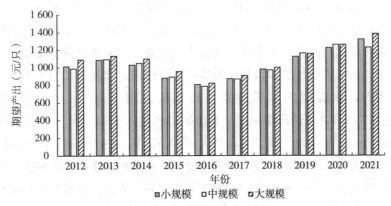

图 5 - 9　2012—2021 年不同规模肉羊养殖期望产出变化情况

5.2.3　肉羊养殖非期望产出

肉羊养殖一方面会产生温室气体，对空气造成污染；另一方面会产生面源污染，对水体及土壤造成污染。因此，本部分从肉羊养殖碳排放和肉羊养殖面源污染两个方面分析肉羊养殖的非期望产出。

（1）肉羊养殖碳排放

①肉羊养殖碳排放时间变化特征。基于肉羊养殖过程中的繁殖和屠宰会引起年度内养殖数量起伏变动，本部分参照政府间气候变化专门委员会（2006）推荐指南及张金鑫（2020）的做法，对肉羊年平均养殖量计算方法进行了修正：当该地区肉羊当饲养周期大于 1 年时，把当地肉羊年末存栏量与年内出栏量的平均数作为当地一年平均饲养量；如果该地区的羊的饲养周期小于 1 年，则根据饲养天数调整年饲养量①。

中国肉羊养殖碳排放的总体变化情况和各系统边界的具体排放情况如表 5 - 6 所示。2002—2020 年肉羊养殖碳排放总量由 1 243.38 万吨增长到

---

① 需要说明的是，肉羊养殖方式主要分为自繁自育和专业育肥两种，不同的饲养方式产生的碳排放也会不同，而饲养周期为不同饲养方式差异的体现之一，因此，本研究用各地区实际饲养天数来调整年均饲养量一定程度上会体现饲养方式的差异。

1 513.83 万吨，年均增长率 1.10%，整体可分为三个阶段：a. 快速上升阶段（2002—2003 年），该阶段碳排放量由 1 243.38 万吨增长到 1 638.27 万吨，增长幅度高达 31.76%。在粮食产量连年增加、供给结构性过剩、农民增收放缓的背景下，国家通过降低牧业税、屠宰税等大力发展畜牧业，并积极推进畜牧业标准化、产业化、规模化发展，使得该阶段肉羊养殖规模迅速扩大。因此，该阶段肉羊养殖碳排放总量上升。b. 波动下降阶段（2003—2007 年），该阶段碳排放量由 1 638.27 万吨波动下降到 1 085.74 万吨，降幅达 33.73%。一方面，该阶段国内粮食供求紧张，粮价大幅上涨，国家通过减畜来压缩饲料粮的需求量；另一方面，该阶段牲畜发生疫病，市场需求萎缩，肉羊年末存栏量下降，因此，该阶段肉羊养殖碳排放总量急剧下降。c. 缓慢上升阶段（2007—2020 年），该阶段中国肉羊养殖碳排放量从 1 085.74 万吨逐渐增长到 1 513.83 万吨，年均增长率为 2.59%。可以看出，该阶段肉羊养殖碳排放增速放缓。一方面，随着城镇化水平快速提高，农牧户的非农收入在家庭收入占比增加，对通过肉羊养殖增收的依赖性降低；另一方面，随着贸易开放程度加大，该阶段我国羊肉进口量增加，替代了部分国内肉羊养殖产生的碳排放。

表 5-6　2002—2020 年中国肉羊养殖标准碳排放量（万吨，%）

| 年份 | C | TC_{CZ} | | TC_{CY} | | TC_{SW} | | $TC_{MC}+TC_{MD}$ | | TC_{SC} | |
	总量	总量	占比	总量	占比	总量	占比	总量	占比	总量	占比
2002	1 243.38	94.12	7.57	0.64	0.05	623.81	50.17	510.73	41.08	14.08	1.13
2009	1 183.13	215.68	18.23	1.47	0.12	514.62	43.50	421.33	35.61	30.03	2.54
2016	1 356.64	246.89	18.20	1.68	0.12	590.76	43.55	483.67	35.65	33.63	2.48
2017	1 406.46	265.41	18.87	1.81	0.13	609.67	43.35	499.15	35.49	30.44	2.16
2018	1 423.90	278.08	19.53	1.89	0.13	610.13	42.85	499.52	35.08	34.28	2.41
2019	1 558.91	299.42	19.21	2.04	0.13	624.21	40.04	511.06	32.78	122.18	7.84
2020	1 513.83	369.78	24.43	9.22	0.61	605.50	40.00	495.73	32.75	33.60	2.22
年均增长率（%）	1.10	7.90		15.97		−0.17		−0.17		4.95	

资料来源：作者计算所得，表 5-7、表 5-9～表 5-15 同。

2002—2020 年，各环节碳排放量从大到小依次为肉羊胃肠道发酵（603.90 万吨）＞粪便管理系统（494.42 万吨）＞饲料种植（205.94 万吨）＞肉羊饲养（38.36 万吨）＞饲料运输（1.75 万吨）。饲料粮种植、饲料粮加工和肉羊饲养耗能 3 个环节的碳排放量整体呈现增长趋势，其年均增长率分别为 7.90%、15.97% 和 4.95%，其中饲料粮种植产生的碳排放增长幅度最大，2020 年较 2002 年提升 2.93 倍；与上述 3 个环节不同，肉羊胃肠发酵和粪便管理环节的碳排放量变化经历"逐步上升—急剧下降—平稳" 3 个阶段。从碳排放总量的构成来看，肉羊粪便管理系统和胃肠发酵是最为主要的碳排放源，占肉羊养殖碳排放总量的 72.75%～91.25%；饲料粮种植产生的碳排放是肉羊养殖碳排放重要组成部分，占肉羊养殖碳排放总量的 7.57%～24.43%；样本期内，肉羊饲养耗能、饲料粮运输加工产生碳排放占比较小，分别为 2.97% 和 0.19%。

②肉羊养殖碳排放空间变化特征。根据中国肉羊养殖碳排放量的增长趋势，本部分对 2002 年、2009 年和 2020 年中国各省（市、区）肉羊养殖碳排放量空间变化特征进行分析。为确保不同时间尺度下各省（市、区）肉羊养殖碳排放数据的标准性与可比性，参考已有研究（王强，2011；尧波，2014），以 0.5 倍、1 倍、1.5 倍为分界点，将各省（市、区）肉羊养殖碳排放量划分为低肉羊养殖碳排放区、中等肉羊养殖碳排放区、偏高肉羊养殖碳排放区和高肉羊养殖碳排放区 4 种类型，可以看出：**第一，低、高肉羊养殖碳排放区空间格局基本稳定。**样本期内，宁夏、贵州、北京、江西、重庆、福建、上海、广西、天津、浙江和海南 11 省（市、区）一直保持低肉羊养殖碳排放区的地位，内蒙古、河南、河北、山东和四川始终是高肉羊养殖碳排放区；可以看出，低肉羊养殖碳排放区城镇化和工业化发展水平高、农业比重小；而在高肉羊养殖碳排放区当中，内蒙古是肉羊饲养为主的草原牧区肉羊养殖大省，四川为农牧交错区肉羊养殖大省，而其他 4 省则为农耕区肉羊养殖大省。**第二，中等、偏高肉羊养殖碳排放区呈现出明显的动态演变态势。**样本期内，中等肉羊养殖碳排放区数量变化较大，分别为 7 个、11 个和 10 个，云南、甘肃、山西、湖南、吉林 5 省始终属于中等肉羊养殖碳排放区。可以看出，这些地区基本可以划分为两类，一类为农牧交错区，另外一类主要为粮食生产及粮食加工大省。偏高肉羊养殖碳排放区个数一直较少，分别为安徽、辽宁、黑龙江。可以看出，偏高肉羊养殖碳排放区均为粮食主产区，方便提供肉羊饲料，因此碳排放量较高。**第三，肉羊养殖碳排放主要来源于草原牧区和粮食主产区。**样本期内，中国肉羊养殖碳排放量排名前十位的地区分别为内蒙古（341.09 万吨）、山东（140.20 万吨）、河南（137.21 万吨）、河北（91.30 万吨）、四川（66.53 万吨）、新疆（63.46 万吨）、安徽（51.01 万吨）、黑龙江（44.78 万吨）、江苏（42.99 万吨）和辽宁（42.01 万吨），上述 10 省（区）的肉羊养殖碳

排放总量在全国占比高达 75.93%。而我国肉羊养殖碳排放排名后十位的地区分别为贵州（10.77 万吨）、广西（8.99 万吨）、浙江（6.07 万吨）、福建（6.02 万吨）、北京（5.38 万吨）、江西（3.98 万吨）、海南（3.64 万吨）、天津（3.49 万吨）、广东（2.42 万吨）和上海（1.70 万吨），上述 10 省（市、区）肉羊养殖碳排放总量仅占全国 3.90%，充分说明了我国肉羊养殖碳排放量省际差异较大。

（2）肉羊养殖面源污染

①肉羊养殖面源污染时间变化特征。本部分在综合考虑各地播种面积和沼气消耗①的基础上，基于 DEA 方法测算所得各地区畜禽粪污的利用率描述性统计如表 5-7 所示。也有部分研究根据已有文献资料确定粪污利用率。通过收集、整理和分析现有的文献资料、书籍或研究报告等可以发现，20 世纪 80 年代，全国畜禽粪尿资源多以有机肥料进行还田利用，其还田率在 60%～75%（Ju Xiaotang，2005；刘寄陵，1984；李昌吉，1983），而大部分牧区会用作燃料后还田，如青海、内蒙古、宁夏和西藏等地区还田率分别为 50%～73%（王正周，1986；关达，1986；彭祥林，1990；肖伟，2010；徐增让，2015）。在 1990 年，全国畜禽粪尿资源还田率为 31.5%～59.4%（高秀文，2003；张祖庆，2008；毕于运，1995；高利伟，2009；李伟，1995），而西藏地区牧民依然有燃烧畜禽粪便的习惯，其燃烧率为 73%（肖伟，2010；徐增让，2015）。2000 年和 2010 年的全国各地区畜禽粪尿还田率如表 5-8 所示。样本期内，猪粪还田率为 47.00%～100.00%，牛粪还田率为 46.17%～100.00%，羊粪还田率为 40.00%～100.00%，家禽粪便还田率为 47.93%～100.00%。可以看出，一方面，样本期内我国不同畜禽之间粪尿还田率差别不大；另一方面，畜禽粪便还田率地区差异明显。

通过比较发现，本部分测算得出的粪污利用率均在已有文献的取值范围内，本部分的计算结果是科学准确的，且已有研究发现畜禽粪便堆放不当，会

---

① 播种面积数据来源于历年《中国统计年鉴》，已有部分研究此处用耕地面积作为投入，但考虑到自 2008 年开始统计年鉴并不再公开各地区耕地面积数据，且考虑到粪污利用不仅与耕地面积有关，而与各地区实际播种面积更为相关，因此用播种面积作为投入；沼气消耗数据来源于历年《中国农村统计年鉴》，因报表主管机关调整，沼气池产气总量未统计 2019—2020 年，2019 年开始统计户用沼气池数量和沼气工程数量，2018 年及以前统计项为沼气池产气总量和沼气工程产气量，由于有机肥用作制沼与产气量相关，沼气池规模不同产气量也会不同，且只缺少 2019 年及 2020 年两年数据，本部分故根据往年数据基于 MATLAB 对 2019 年和 2020 年数据进行预测。灰色 GM（1，1）模型方法简单，易于计算，对原始数据的分布和个数没有严格的要求，且预测精度较高，被广泛应用于分析农业生产或工业生产的问题。因此本部分运用灰色 GM（1，1）模型分析我国沼气池产气总量。

导致清粪冲洗后易污染水体,而畜禽粪便的流失率很大程度上会受区域及管理水平差异的影响。因此为了使研究结论更有时效性且能够反映地区间粪污利用的差异性,本部分用实测所得畜禽粪污资源化利用率进而来测算肉羊养殖面源污染产生量。

表 5-7 2008—2020 年肉羊养殖粪污利用率描述性统计(%)

区域	取值范围	平均值	标准差
全部样本	0.377~1.000	0.574	0.151
中东部农牧交错带优势区	0.453~0.686	0.558	0.055
中原优势区	0.392~0.548	0.464	0.040
西南优势区	0.377~0.583	0.465	0.049
西北优势区	0.442~0.827	0.588	0.097

表 5-8 2000 年和 2010 年的全国各地区畜禽粪尿还田率(%)

动物	年份	东北	华北	长江中下游	西北	西南	东南
猪	2000	58.66~72.90	47.00~79.00	67.47~81.10	59.25~100.00	55.17~78.75	60.00~69.90
	2010	50.20~80.00	53.25~70.70	50.00~72.07	68.43~80.70	49.00~72.50	70.44
牛	2000	58.66~72.90	46.96~79.00	64.49~90.69	46.17~100.00	55.17~67.20	60.00~69.90
	2010	50.20~68.00	51.62~80.75	50.00~76.67	68.43~80.70	49.00~67.50	53.32~60.00
羊	2000	58.66~72.90	46.96~85.50	49.74~90.69	46.17~100.00	40.00~67.20	60.00~69.90
	2010	50.20~69.93	58.66~70.00	50.00~75.60	68.43~80.70	41.50~75.10	53.32~60.00
家禽	2000	58.66~72.90	52.75~79.00	47.93~86.07	59.25~100.00	52.84~67.20	60.00~69.90
	2010	62.80~74.60	55.60~70.00	50.00~64.94	68.43~80.70	49.00~72.50	53.32~60.00

注:此部分主要参考文献肖伟(2010)、徐增让等(2015)、武淑霞(2005)、仇焕广等(2012)、邱斌等(2012)、仇焕广等(2013)、马静(2013)、付永虎等(2016)、王美慧(2016)、雷成等(2014)、韩智勇等(2014)。西藏大牲畜(牛、马、驴和骡)粪便为燃烧还田。

中国肉羊养殖面源污染的总体变化情况如图 5-10 所示。2008—2020 年肉羊养殖面源污染总量由 38.50 亿米³ 增长到 43.73 亿米³,年均增长率为 1.07%,可见,肉羊养殖带来的环境问题已经日趋严重,如果不对肉羊粪便强化管理、合理利用,将造成严重的环境后果。肉羊养殖面源污染产生量整体可分为两个阶段:①波动下降阶段(2008—2013 年),该阶段面源污染总量由 38.50 亿米³ 下降至 37.07 亿米³,降幅达 3.71%。究其原因一方面,该阶段国内粮食供求紧张,粮价大幅上涨,国家通过减畜来压缩饲料粮的需求量;另一方面，我国逐步加大对农业环境的治理，为了治理农业面源污染，我国发布了一系列政策法规，包括《畜禽养殖业污染防治技术政策》《中华人民共和国水污染防治法》《畜禽养殖业污染治理工程技术规范》《全国畜禽养殖污染防治"十二五"规划》，上述政策法规的实施有效地减少了我国肉羊养殖面源污染的排放；②上升阶段（2013—2020年），该阶段中国肉羊养殖面源污染总量排放量从37.07亿米^{3}增长至43.73亿米^3，年均增长率为2.39%。究其原因由于肉羊养殖业的快速发展，许多规模化养殖场的粪便量大而且集中，受到季节性限制、农村劳动力缺乏、运输不便、有机肥补贴缺失等因素的影响，畜禽粪便造成严重的环境污染问题。

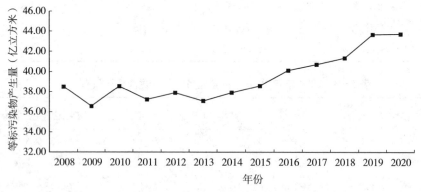

图5-10 2008—2020年中国肉羊养殖等标污染物产生量

②肉羊养殖面源污染空间变化特征。根据中国肉羊养殖面源污染的增长趋势，本部分对2008年、2013年和2020年我国各省（市、区）肉羊养殖面源污染量空间可视化。为确保不同时间尺度下各省（市、区）肉羊养殖面源污染数据的标准性与可比性，按照前文处理办法，以0.5倍、1倍、1.5倍为分界点，将各省（市、区）肉羊养殖面源污染量划分为低肉羊养殖面源污染排放区、中等肉羊养殖面源污染排放区、偏高肉羊养殖面源污染排放区和高肉羊养殖面源污染排放区四种类型。可以看出：第一，羊肉养殖面源污染排放的空间分布基本保持稳定。样本期内，陕西、广东、湖南、福建、安徽、北京、广西、贵州、海南、黑龙江、湖北、江苏、江西、上海、天津、浙江和重庆17省（市、区）始终是低肉羊养殖面源污染排放区，内蒙古、青海和山东3省（区）始终是高肉羊养殖面源污染排放区；可见，大部分低肉羊养殖面源污染排放区城镇化和工业化发展水平高、农业比重小；而在高肉羊养殖面源污染排放区当中，内蒙古和青海是肉羊饲养为主的草原牧区肉羊养殖大省，山东则为农耕区肉羊养殖大省。第二，肉羊养殖面源污染排放主要来源于草原牧区和粮

食主产区。样本期内,我国肉羊养殖面源污染年均排放量排名前十位的省份分别为内蒙古(10.42亿米³)、山东(4.83亿米³)、河南(3.88亿米³)、河北(2.84亿米³)、四川(2.46亿米³)、安徽(1.59亿米³)、黑龙江(1.28亿米³)、新疆(1.27亿米³)、辽宁(1.23亿米³)和云南(1.22亿米³),上述10省(区)的肉羊养殖面源污染排放总量在全国占比高达78.74%。而中国肉羊养殖面源污染年均排放排名后十位的省份分别为宁夏(302.21百万米³)、广西(281.78百万米³)、福建(161.61百万米³)、江西(124.43百万米³)、浙江(107.19百万米³)、广东(87.26百万米³)、海南(69.87百万米³)、天津(21.62百万米³)、北京(4.01百万米³)和上海(0.31百万米³),上述10省(市、区)肉羊养殖面源污染排放总量仅占全国2.95%,充分说明了我国肉羊养殖面源污染排放量省际差异较大。

5.2.4 肉羊养殖环境技术效率

(1)肉羊养殖环境技术效率变动特征

按照前文所述的理论和方法,根据以往学者测算畜禽生产环境技术效率的指标选取情况以及肉羊养殖实际情况,本部分选取如下指标来测算肉羊养殖环境技术效率:期望产出为养殖场(户)肉羊总产值,非期望产出为肉羊粪污中未被处理的有害物质排出量以及肉羊养殖过程中温室气体排放量,投入为幼畜投入、精饲料投入、粗饲料投入以及其他资本投入。

本部分计算了我国2012—2020年肉羊养殖环境技术效率。为了与传统技术效率形成对比,本部分同时使用Super-SBM模型测算了不包括肉羊养殖面源污染和碳排放的传统技术效率(图5-11)。从技术效率均值来看,在不考虑非期望产出情况下,2012—2020年全国的肉羊养殖技术效率均值为0.718;而当考虑了肉羊养殖面源污染和碳排放的影响后,肉羊环境技术效率均值为0.867[1]。考虑非期望产出后肉羊养殖技术效率水平的变动,说明面源污染和碳的过度排放已经对中国肉羊养殖造成了较大的影响,忽视非期望产出的肉羊

---

① 一般来说,加入非期望产出效率值会增大,当DMU数量固定时,纳入模型的投入产出指标数量越多,得出的效率值越大。简单来说,假设模型1:$max\beta$, s.t. $X\lambda + \beta g_x \leqslant x_k$, $Y\lambda - \beta g_y \geqslant y_k$, $g_x \geqslant 0$, $g_y \geqslant 0$;模型2:$max\beta$, s.t. $X\lambda + \beta g_x \leqslant x_k$, $Y\lambda - \beta g_y \geqslant y_k$, $B\lambda + \beta g_b \leqslant b_k$, $g_x \geqslant 0$, $g_y \geqslant 0$, $g_b \geqslant 0$。模型1与模型2的差别是模型2增加了一个或多个针对非期望产出的约束项$B\lambda - \beta g_b \leqslant b_k$,模型的目标函数是最大化$\beta$,模型2在增加了一个或多个约束项之后所能获得的$\beta$最大值肯定不会超过模型1得出的$\beta$最大值。$\beta$值越大,效率值越小,因此模型2得出的效率值肯定是大于或等于模型1得出的效率值。详细证明过程见《数据包络分析方法与MaxDEA软件》P133-135。

养殖技术效率评价是有悖于实际情况的。纵向来看，2012—2020 年我国肉羊养殖环境技术效率呈先波动下降后波动上升的态势。具体来看，肉羊养殖环境技术效率由 2012 年的 0.896 降至 2015 年的 0.766，后波动增加到 2020 年的 0.861。2014 年环境技术效率值下降可能是受小反刍兽疫的影响，大多数地区的肉羊无法按时出栏，从而导致肉羊养殖时间延长，增加了肉羊养殖过程中生产要素的投入，但边际产出却在不断减少，因此肉羊养殖环境技术效率下降。2015—2020 年我国肉羊养殖环境技术效率呈波动上升态势。究其原因：一方面是由于国家加大了对畜禽养殖资源环境的管制力度。2015 年以来，我国畜禽粪污资源化利用政策进入快速发展阶段，开展了全县范围的畜禽废弃物无害化处理和综合利用，同时实施了以草食畜禽粪便资源化利用为试点的项目。2017 年 5 月畜禽粪污资源化利用政策发展进入快车道，中央首次就畜禽粪污资源化利用出台了《关于加快推进畜禽养殖废弃物资源化利用的意见》，国家发展和改革委员会和农业农村部出台了相应方案，并设立了专项资金用于畜禽粪污资源化利用。另一方面，近年来，政府及地方对肉羊等草食畜牧业的发展给予了高度重视，不断加强现有技术推广体系，积极推广先进养殖技术，如良种改良技术、标准化圈舍建设技术、人工种草技术等，在肉羊养殖优势区建立以肉羊原种场、种羊场和扩繁站为核心的肉羊品种改良和推广体系，从而提升了肉羊良种化水平和养殖技术的应用程度。

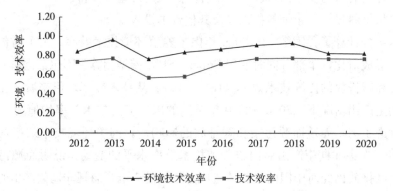

图 5 - 11　2012—2020 年中国肉羊养殖环境技术效率及技术效率变动趋势

（2）肉羊养殖环境技术效率差异性

①不同地区肉羊养殖环境技术效率。为比较各区域肉羊养殖环境技术效率，本部分按前文划分方法把上述 20 省（区）分为中原优势区、西北优势区、西南优势区和中东部农牧交错带优势区 4 个区域。2012—2020 年中原优势区、西北优势区、西南优势区和中东部农牧交错带优势区的肉羊养殖环境技术效率

的测算结果如图 5-12 所示。可以看出：第一，各优势区域肉羊养殖环境技术
效率存在着明显差异。其中，西南优势区肉羊养殖环境技术效率明显高于中原
优势区、西北优势区和中东部农牧交错带优势区，中原优势区和西北优势区差
距不明显，而中东部农牧交错带优势区肉羊养殖环境技术效率最低。究其原
因，其一，中东部农牧交错带优势区大多呈现干旱和半干旱的特点，气候干
燥、降水量少，容易受到旱灾的影响，而西南地区降水量比较丰富，很少会受
到干旱的影响；其二，中东部农牧交错带优势区除了肉羊生产具有优势外，其
他畜禽生产也有着良好的发展潜力，同时国家畜牧业政策"生猪偏向"使得肉
羊生产的政策支持力度和数量无法与其他畜禽生产相提并论，这就削弱了肉羊
产业政策在这些地区的实施优势，无法发挥应有的激励作用。第二，西北优势
区、中原优势区和中东部农牧交错带优势区肉羊养殖环境技术效率均呈先下降
后上升态势，西南优势区肉羊养殖环境技术效率呈"上升—下降—上升"态
势，且近几年各优势区之间环境技术效率差距有所减小。我国不同优势区肉羊
饲养品种存在较大差异，随着肉羊产业的快速发展，养殖场（户）对品种的认
识和利用也发生了巨大变化，不再仅局限于本品种的调剂，而是利用当地肉羊
品种作为母本，从国内外引进具有良好适应性、产肉性能优异、生长速度快、
饲料报酬高的优良公羊进行杂交改良，以提升商品羊的产量，并借助现代生物
技术，加速肉羊的生产进程，实现供给侧结构改革。

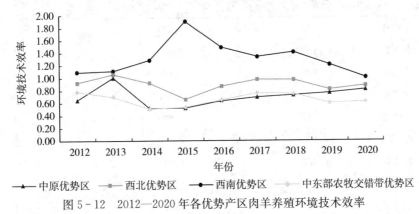

图 5-12 2012—2020 年各优势产区肉羊养殖环境技术效率

牧区半牧区、农区肉羊养殖环境技术效率变动情况如图 5-13 所示。第
一，牧区半牧区肉羊养殖环境技术效率高于农区。第二，牧区半牧区肉羊养殖
环境技术效率呈先波动上升后波动下降态势，农区肉羊养殖环境技术效率呈波
动上升态势。究其原因：一方面，虽然随着草原奖补政策的实施，牧区半牧区
肉羊养殖方式由放牧转变为半舍饲，但与农区全舍饲相比，肉羊养殖过程中白

天产生的粪污直接排放到草地，一定程度上降低了非期望产出；另一方面，与农区相比，牧区半牧区白天放牧，降低了肉羊养殖饲草料投入。

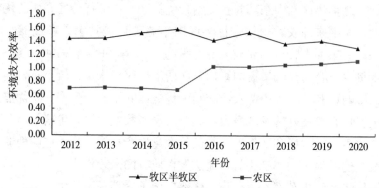

图 5-13　2012—2020 年牧区半牧区、农区肉羊养殖环境技术效率

为揭示省际肉羊养殖环境技术效率的具体变化特征，本部分对 2012—2020 年我国各地区肉羊养殖技术效率和肉羊养殖环境技术效率的分布情况及其排名变化进行分析（表 5-9）。

表 5-9　2012—2020 年各地区肉羊养殖技术效率和环境技术效率平均值

地区	技术效率		环境技术效率		排名变动
	效率值	排名	效率值	排名	
安徽省	0.540	15	0.541	16	−1
甘肃省	0.583	13	0.612	12	1
贵州省	0.930	4	0.950	8	−4
河北省	0.614	11	1.357	3	8
河南省	0.517	18	0.522	18	0
黑龙江省	0.677	8	0.678	10	−2
湖北省	0.507	19	0.511	19	0
湖南省	1.124	2	2.347	1	1
吉林省	0.971	3	0.979	6	−3
江苏省	0.659	9	0.697	9	0
辽宁省	0.604	12	0.604	13	−1
内蒙古自治区	0.492	20	0.492	20	0
宁夏回族自治区	0.834	7	1.113	4	3
青海省	1.223	1	1.536	2	−1

（续）

地区	技术效率		环境技术效率		排名变动
	效率值	排名	效率值	排名	
山东省	0.570	14	0.587	14	0
山西省	0.526	16	0.526	17	−1
陕西省	0.525	17	0.572	15	2
四川省	0.921	5	0.966	7	−2
新疆维吾尔自治区	0.654	10	0.655	11	−1
云南省	0.898	6	1.009	5	1

可以看出，在不考虑肉羊养殖面源污染和碳排放的情况下，2012—2020年，湖南和青海的肉羊养殖技术效率值大于1，说明这些地区处于全国生产的最前沿。贵州、吉林、宁夏、四川和云南5个地区的技术效率高于全国均值。其余13个省（区）的技术效率均小于0.718，肉羊养殖技术效率水平较低，说明上述13省（区）的肉羊养殖技术效率存在不同程度的效率损失，良种及技术的推广和普及尚未发挥应有的作用，仍有进一步提高空间。在考虑肉羊养殖面源污染和碳排放情况下，2012—2020年，河北、湖南、宁夏和青海、云南5个地区的肉羊养殖环境技术效率值大于1，这说明相对于其他省（区）而言，上述5个地区在实现肉羊养殖最优化效果的同时确保环境的可持续发展。安徽、黑龙江、湖北、甘肃、河南、江苏、山西、辽宁、内蒙古、山东、陕西和新疆的肉羊养殖环境技术效率低于全国平均水平（0.867），可见我国有超过一半的省份肉羊养殖环境技术效率处于较低水平。说明这些省份仍采用粗放经营的肉羊发展模式，肉羊产业发展与环境保护处于失衡状态，即更多依靠资源的投入和对环境的破坏来拉动生产，因此这些地区亟须转变生产经营方式、提升肉羊产业发展质量。与不考虑肉羊养殖面源污染和碳排放的肉羊养殖技术效率排名相比，考虑面源污染和碳排放的肉羊养殖技术效率排名出现了一定的变化。研究表明，可以从考虑非期望产出的肉羊养殖技术效率排名变化中看出，环境因素对排名上升的地区产出的影响较小，环境因素对排名下降的地区产出的影响较大（胡鞍钢等，2008）。安徽、贵州、黑龙江、吉林、辽宁、青海、山西、四川和新疆9省（区）的技术效率排名都出现了明显的下降，说明上述地区面临着肉羊产值增长与环境保护相协调的艰巨任务。甘肃、河北、湖南、宁夏、云南和陕西的技术效率排名则出现了比较明显的上升，说明上述省份肉羊产出受环境的影响较小。湖南和青海的肉羊养殖技术效率和环境技术效率均

在生产可能性前沿上，表明其无论在肉羊产值增长，还是在肉羊养殖环境保护方面均走在全国的前列。

②不同养殖方式肉羊养殖环境技术效率。2012—2020 年中国自繁自育和专业育肥两种养殖方式下的肉羊养殖环境技术效率测算结果如图 5-14 所示。第一，样本期内，专业育肥养殖方式下肉羊养殖环境技术效率值为 0.724，自繁自育养殖方式下肉羊养殖环境技术效率值为 0.762。可见，自繁自育养殖方式下肉羊养殖环境技术效率高于专业育肥养殖方式下的肉羊养殖环境技术效率。第二，两种养殖方式下的肉羊养殖环境技术效率均呈先波动下降后波动上升态势。其中，自繁自育养殖方式下的肉羊养殖环境技术效率从 2012 年的 0.729 波动下降至 2016 年的 0.678，后波动增长至 2020 年的 0.745，专业育肥养殖方式下的肉羊养殖环境技术效率从 2012 年的 0.716 波动下降至 2014 年的 0.518，后波动增长至 2020 年的 0.943。

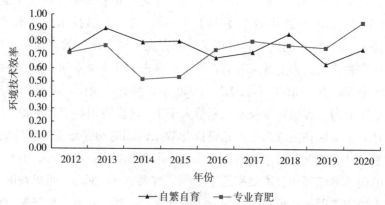

图 5-14　2012—2020 年不同养殖方式肉羊养殖环境技术效率

③不同规模肉羊养殖环境技术效率。不同规模肉羊养殖环境技术效率如图 5-15 所示。第一，2012—2020 年，大规模、中规模及小规模肉羊养殖环境技术效率分别为 0.658、0.669 和 0.681。可见，虽然大规模养殖户肉羊养殖环境技术效率略低于小规模与中规模肉羊养殖环境技术效率，但不同规模肉羊养殖环境技术效率差别不大。第二，三种规模下的肉羊养殖环境技术效率均呈先波动下降后波动增长态势。其中，波动下降阶段（2012—2015 年），大规模肉羊养殖环境技术效率由 0.754 波动下降至 0.546，中规模肉羊养殖环境技术效率由 0.653 波动下降至 0.508，小规模肉羊养殖环境技术效率由 0.658 波动下降至 0.502；波动上升阶段（2015—2020 年），大规模肉羊养殖环境技术效率由 0.546 波动上升至 0.740，中规模肉羊养殖环境技术效率由

0.508 波动上升至 0.721，小规模肉羊养殖环境技术效率由 0.502 波动上升至 0.740。

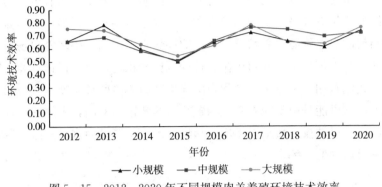

图 5-15　2012—2020 年不同规模肉羊养殖环境技术效率

(3) 肉羊养殖环境技术效率改善方向

本部分对肉羊养殖环境技术效率改善方向进行了测算（表 5-10）。从生产过程看，我国肉羊养殖环境技术效率较低的原因主要在于生产资料投入和非期望产出，表明生产资料消耗过多和环境污染排放过多导致肉羊养殖环境技术效率较低。

从全国范围来看，对肉羊养殖环境影响效率较大的要素分别为饲草投入、精饲料投入、其他投入和粪污污染。我国肉羊养殖环境技术效率较低的主要原因是饲草投入和精饲料投入冗余率较高。可能是由于肉羊作为我国老少边穷地区的传统优势产业，地区经济发展较为落后使得多数养殖场（户）并没有使用先进养殖技术和养殖机械，不能进行科学养殖，一定程度上会造成饲草料的浪费，即会使得饲草和精饲料投入过多。其他投入是影响我国肉羊养殖环境技术效率无效率的重要因素。如前文所述，其他投入包括饲盐费、饲草料加工费、劳动力投入、草场维护费、医疗防疫费、固定资产折旧等，其他投入无效率的可能原因是：一方面，我国存在着大量的农村剩余劳动力，使得劳动力投入过高；另一方面，养殖场（户）普遍生产素质偏低，肉羊不能科学养殖，会使得医疗防疫费和死亡损失费偏高。

分区域来看，我国中原优势区肉羊养殖环境技术效率无效率的关键影响因素是精饲料投入、饲草投入、其他投入和粪污污染，西北优势区肉羊养殖环境技术效率无效率的影响因素依次为饲草投入、精饲料投入、羔羊折价和其他投入，西南优势区肉羊养殖环境技术效率无效率的影响因素依次为饲草投入、精饲料投入、碳排放和其他投入，中东部农牧交错带优势区肉羊养殖环境技术效率较低的因素依次为饲草投入、粪污污染、精饲料投入和碳排放。对比可以发现，饲草投入和精饲料投入对西北优势区和中东部农牧交错带优势区肉羊养殖环境技术效率无效率的影响较大，可能的原因是上述两个区域有丰富的草场资源，传统的全年放牧是主要的养殖方式，冬春季节会补充饲料，肉羊养殖更多地依赖当地的自然资源，养殖场（户）的饲养水平不高，很多养殖场（户）没有采用先进的养殖技术和养殖机械，补饲也比较粗糙，会使得饲草和精饲料投入过多。其他费用对中原优势区和西南优势区肉羊养殖环境技术效率无效率的影响较大，这可能是由于随着农机购置补贴等政策的实施，中原地区以及西南优势区的农业机械投入量呈逐年增长趋势，但由于劳动力水平有限，导致过量投入机械反而降低效率。

表 5-10　2012—2020 年肉羊养殖环境技术效率非有效地区投入和产出的可改进程度（%）

地区	投入冗余率				产出冗余率		
	羔羊折价	精饲料费	饲草费	其他费用	期望产出	粪污等标物	碳排放
安徽省	-26.036	-69.375	-60.091	-31.060	0.000	-26.918	-11.580
甘肃省	-30.563	-45.986	-60.077	-22.901	0.000	-26.692	-18.708
贵州省	10.229	-17.339	-15.348	-5.565	0.000	-9.023	-16.195
河南省	-28.746	-61.695	-63.443	-33.654	0.000	-38.254	-7.654
黑龙江省	-23.088	-37.291	-57.774	-22.408	0.000	-30.057	-27.208
湖北省	-30.313	-49.326	-63.890	-72.398	0.000	-26.641	-25.940
吉林省	-5.370	-10.773	-10.155	9.924	0.000	-9.315	-41.069
江苏省	-8.188	-52.063	-46.256	-11.976	0.000	-12.754	-0.903
辽宁省	-18.966	-63.688	-45.524	-37.347	0.000	-27.814	-44.175
内蒙古自治区	-37.570	-49.776	-67.103	-50.577	0.000	-27.248	-9.236
山东省	-31.312	-56.870	-50.563	-29.124	0.000	-33.125	-4.708
山西省	-30.396	-61.904	-63.449	-39.456	0.000	-21.042	-51.549
陕西省	-18.811	-70.527	-60.112	-24.802	0.000	-11.452	-14.387
四川省	2.681	-7.510	-20.669	7.693	0.000	-20.308	-8.423
新疆维吾尔自治区	-33.593	-29.551	-41.482	-31.651	0.000	-24.813	-32.650
中原优势区	-24.919	-57.866	-56.849	-35.642	0.000	-27.538	-10.157
西北优势区	-27.656	-48.688	-53.890	-26.451	0.000	-20.985	-21.915
西南优势区	-23.078	-44.686	-48.801	-27.973	0.000	-23.095	-34.647
中东部农牧交错带优势区	6.455	-12.425	-18.009	1.064	0.000	-14.666	-12.309

分省份来看，羔羊折价冗余率排名前五位的地区分别是内蒙古、新疆、甘肃、山西和山东，上述地区可通过提高幼畜的利用率等措施来提升肉羊养殖环境技术效率。几乎所有省份的饲草料投入都存在相当大的浪费，因此具有较大的改善空间。饲草料是肉羊生产的基本投入要素，但是过度投入会导致养殖效率的降低。安徽、陕西、河南、山西的饲草料投入和精饲料投入冗余率均超过60%，具有较高的改善潜力；降低甘肃、内蒙古、山东、湖北及辽宁的饲草料投入或提高饲草料利用率，可以显著改善肉羊养殖环境技术效率。湖北、内蒙古、辽宁、山西和河南其他投入冗余率排名居前列。面源污染和碳排放是肉羊养殖过程的主要污染物，对肉羊养殖环境技术效率有着重要影响。碳排放冗余率排名前五位的地区分别是山西、辽宁、吉林、新疆和黑龙江。黑龙江、山西、辽宁、吉林和新疆有很高的肉羊养殖面源污染减排空间，降低这些地区的肉羊养殖面源污染排放量是提高其肉羊养殖环境技术效率的关键。

5.2.5 肉羊养殖绿色全要素生产率

(1) 肉羊养殖绿色全要素生产率变动特征

为评价肉羊生产率在时间上的变化趋势，本部分进一步探讨了2012—2020年我国肉羊养殖绿色全要素生产率指数、全要素生产率指数及其分解（表5-11）。主要结论如下。

第一，样本期内全国肉羊养殖绿色全要素生产率的均值为1.038，年均增长率为3.80%。说明整体来看我国肉羊养殖绿色全要素生产率处于一个向上发展的阶段；中国肉羊饲养技术的发展取得了积极成果，在品种选育、规模化养殖等方面取得了显著进步。具体来看，2012—2013年为0.71%的负增长，而2013—2014年出现12.80%的正增长；"十三五"期间肉羊养殖绿色全要素生产率增长率呈波动上升态势，由2015—2016年的16.20%的负增长波动增长至2019—2020年的2.70%正增长。纵向来看，除2012—2013年、2014—2015年及2015—2016年外，样本期内我国肉羊养殖绿色全要素生产率指数均值均大于1。2014—2015年及2015—2016年两个阶段肉羊养殖的绿色全要素生产率有所下降主要是因为2014年我国爆发大范围的小反刍兽疫，由于活羊的跨区域调运受限，一定程度上影响了肉羊正常出栏，使得肉羊养殖投入增加。

第二，样本期内我国肉羊养殖技术进步指数年均增长率为2.70%，对肉羊养殖绿色全要素生产率的贡献为50.94%，而肉羊养殖技术效率指数年均增长率为2.60%，对肉羊养殖绿色全要素生产率的贡献为49.06%。可见，相对于技术效率指数，技术进步指数对于我国肉羊养殖的绿色全要素生产率增长起着更为重要的推动作用，因此该指数是促进该领域绿色全要素生产率增长的主要因素。由于政府对肉羊产业的支持力度不断增加，2015年农业农村部制定了《全国肉羊遗传改良计划（2015—2025）》，用以加快肉羊遗传改良进程，促进肉羊产业持续健康发展，随着肉羊优势品种的扩繁和改良，大多数肉羊养殖优势区已建立了种羊场、扩繁场和改良站，同时肉羊养殖的先进技术，如授精技术、营养调控等，也在不断被推广。除了实施一系列产业扶持政策，政府还推出了良种、圈舍建设、养殖机械购置、动物防疫等补贴政策，以改善农牧户肉羊的养殖条件和技术水平。2013—2014年、2018—2019年肉羊养殖技术效率指数均呈下降态势，表明肉羊养殖绿色全要素生产率的增长受到了上述两个阶段的技术进步推动，但技术的改进速度较慢，技术效率停留在生产前沿面的内部，与生产前沿面之间仍有较大差距（Oh，2010）。主要是由于随着政府对草原牧区的经济资助逐渐加大，养殖场（户）的养殖条件得到了改善。政府在标准化规模养殖方面给予奖励，同时也积极鼓励和支持专业大户、家庭牧场、专业合作社、龙头企业等参与肉羊养殖，以推动肉羊养殖规模化水平的提升。但养殖场（户）的文化水平较低、缺乏创新的培训方式等不利因素制约了养殖技术的推广和应用，在养殖场（户）中仍然存在着较大的接受和应用难度，现有技术对肉羊生产技术效率的促进作用也未能有效发挥。

表5-11 2012—2020年肉羊养殖绿色全要素生产率指数与全要素生产率指数及其分解

年份	绿色全要素生产率			全要素生产率		
	$MI(t-1, t)$	$EC(t-1, t)$	$TC(t-1, t)$	$MI(t-1, t)$	$EC(t-1, t)$	$TC(t-1, t)$
2012—2013	0.929	1.174	0.792	0.940	1.086	0.866
2013—2014	1.128	0.852	1.324	1.062	0.865	1.228
2014—2015	0.907	1.016	0.893	0.943	1.004	0.940
2015—2016	0.838	1.138	0.737	0.851	1.117	0.762
2016—2017	1.083	1.043	1.038	1.069	1.078	0.992
2017—2018	1.331	1.046	1.272	1.130	1.036	1.091
2018—2019	1.064	0.936	1.137	1.107	0.995	1.113
2019—2020	1.027	1.000	1.027	0.979	0.971	1.009
均值	1.038	1.026	1.027	1.019	1.019	1.000

（2）肉羊养殖绿色全要素生产率变动的差异性

①不同地区肉羊养殖绿色全要素生产率。我国中原优势区、西北优势区、西南优势区、中东部农牧交错带优势区绿色全要素生产率及其分解的测算结果

如图 5-16 所示。第一，2012—2020 年，我国中原优势区、西北优势区、西南优势区、中东部农牧交错带优势区绿色全要素生产率年均增长率分别为 1.30％、2.80％、1.00％和-0.13％。可以看出，年均绿色全要素生产率指数增长率西北优势区最高、中东部农牧交错带优势区最低。究其原因，第一，与中东部地区相比，西部地区经济发展相对落后、农业基础设施相对薄弱，在"十二五"时期国家积极推行清洁生产方式的背景下，中东部地区绿色生产发展较快，西部地区发展缓慢，这也就造就了其在农业绿色生产方面具有后发优势，出现"赶超效应"。相反，东部地区经济发达、技术先进、农业组织化及市场化程度较高，实现技术的跨越和效率的提升难度也相对较大。第二，通过分解中东部农牧交错带优势区肉羊养殖绿色全要素生产率可以看出，其年均技术进步增长率和技术效率增长率分别为 1.70％和-2.60％，说明技术效率的停滞不前制约中东部农牧交错带优势区肉羊养殖绿色全要素生产率增长，技术进步是促进绿色全要素肉羊养殖生产率增长的主要因素。对比来看，除中原、西南优势区外，其他两个优势区的年均技术进步速度高于技术效率指数。政府始终重视畜牧业技术创新，在这方面不断投入，以此建立起一整套农业研发体系。然而，农业科研成果难以及时有效地进行转化和推广应用，而农业技术传播体系和社会化服务体系也未能发挥应有的功效。长期以来，由于基层农技推广体系出现"线断、网破、人散"和"最后一公里"问题未能得到根本解决，导致科研供给与市场需求之间出现脱节，进而引起科研成果转化率低，科研成果闲置和浪费等问题。

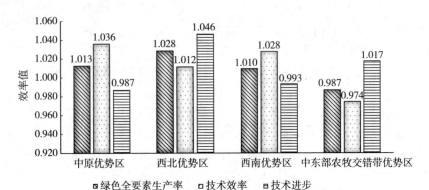

图 5-16 2012—2020 年各优势产区肉羊养殖绿色全要素生产率及其分解

我国牧区半牧区、农区肉羊养殖绿色全要素生产率及其分解的测算结果如图 5-17 所示。第一，样本期内，我国牧区半牧区、农区肉羊养殖绿色全要素生产率年均增长率分别为-1.80％和 3.80％。可以看出，肉羊养殖年均绿色全要素生产率指数增长率农区为正值，牧区半牧区为负值。究其原因，与农区相比，牧区半牧区地区经济发展相对落后、农业基础设施相对薄弱，在"十二五"时期国家积极推行清洁生产方式的背景下，农区绿色生产发展较快，牧区半牧区发展缓慢，这也就造就了其在农业绿色生产方面具有后发优势，出现"赶超效应"。第二，样本期内，农区、牧区半牧区肉羊养殖绿色全要素生产率分别呈波动增长和先波动增长后下降态势。

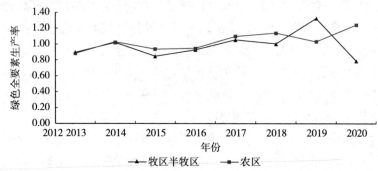

图 5-17　2012—2020 年牧区半牧区、农区肉羊养殖绿色全要素生产率

2012—2020 年我国省域层面肉羊养殖全要素生产率及绿色全要素生产率平均值及其排名变动情况如表 5-12 所示。

表 5-12　2012—2020 年各地区肉羊养殖绿色全要素生产率指数和全要素生产率指数及其排名

省份	全要素生产率		绿色全要素生产率		排名变动
	$MI\ (t-1,\ t)$	排名	$MI\ (t-1,\ t)$	排名	
安徽省	1.041	6	1.041	7	−1
甘肃省	1.021	8	1.021	10	−2
贵州省	1.018	10	1.035	9	1
河北省	0.957	18	1.012	12	6
河南省	1.019	9	1.018	11	−2
黑龙江省	0.908	20	0.908	20	0
湖北省	1.040	7	1.038	8	−1
湖南省	1.054	3	1.113	2	1
吉林省	0.931	19	0.931	19	0
江苏省	1.046	4	1.051	5	−1
辽宁省	1.046	5	1.046	6	−1
内蒙古自治区	1.011	11	1.011	13	−2

（续）

省份	全要素生产率		绿色全要素生产率		排名变动
	$MI\ (t-1,\ t)$	排名	$MI\ (t-1,\ t)$	排名	
宁夏回族自治区	1.002	15	1.422	1	14
青海省	1.073	1	1.074	3	−2
山东省	1.004	14	1.004	16	−2
山西省	0.979	17	0.980	18	−1
陕西省	1.054	2	1.055	4	−2
四川省	1.008	13	1.008	15	−2
新疆维吾尔自治区	1.009	12	1.009	14	−2
云南省	0.984	16	0.989	17	−1

　　第一，在不考虑面源污染和碳排放情况下，样本期内我国肉羊全要素生产率指数前五位的分别为青海、陕西、湖南、江苏及辽宁，对应的全要素生产率指数分别为1.073、1.054、1.054、1.046和1.046；排名后五位依次为云南、山西、河北、吉林和黑龙江，对应的全要素生产率指数分别为0.984、0.979、0.957、0.931和0.908。青海、辽宁、安徽、河南、湖南、甘肃、陕西、江苏、湖北、贵州和内蒙古11个地区的肉羊养殖全要素生产率指数高于全国平均水平，其余9个地区的肉羊养殖全要素生产率指数处于全国平均水平以下，可见我国肉羊养殖全要素生产率相对较低的多为中东部农牧交错带优势区的省份。第二，在考虑面源污染和碳排放情况下，2012—2020年，我国肉羊养殖绿色全要素生产率指数排名前五位的省份依次为宁夏、湖南、青海、陕西和江苏，对应的绿色全要素生产率指数分别为1.422、1.113、1.074、1.055和1.051；排名后五位的依次为山东、云南、山西、吉林和黑龙江，对应的绿色全要素生产率指数分别为1.004、0.989、0.980、0.931和0.908。宁夏、湖南、青海、陕西、江苏、辽宁和安徽7个地区的肉羊养殖绿色全要素生产率指数均高于全国平均水平，其余13个地区的肉羊养殖绿色全要素生产率指数处于全国平均水平以下。第三，与不考虑面源污染和碳排放的肉羊养殖全要素生产率排名相比，考虑面源污染和碳排放因素的肉羊养殖绿色全要素生产率排名出现了一定的变化。安徽、湖北、内蒙古、江苏、四川、甘肃、河南、青海、陕西、山东、辽宁、山西、新疆以及云南的肉羊养殖全要素生产率排名都出现了明显的下降；贵州、河北、湖南和宁夏的肉羊养殖全要素生产率则出现明显上升，其中，宁夏排名上升14位，在所有省份中上升幅度最大；黑龙江和吉

林排名并未发生变化。Fare 等（2001）研究表明，不同地区的全要素生产率排名变化一定程度上体现了期望产出和非期望产出相对增长率的差异。因此，在肉羊产业发展的过程中，传统的肉羊生产大省（如内蒙古）、传统农业大省以及西部偏远省份（如青海、新疆等）带来了大量的环境污染和资源消耗，使得肉羊产业发展与环境保护之间存在着较大的不协调。

②不同养殖方式肉羊养殖绿色全要素生产率。通过对自繁自育和专业育肥两种养殖方式下的肉羊养殖绿色全要素生产率分析得出，第一，专业育肥养殖方式下的肉羊养殖绿色全要素生产率高于自繁自育养殖方式下的肉羊养殖绿色全要素生产率。第二，通过对自繁自育和专业育肥养殖方式下肉羊养殖绿色全要素生产率分解的情况可以看出，专业育肥养殖方式下肉羊养殖技术效率指数年均增长率为 10.60%，年均技术进步指数增长率为 4.50%；自繁自育养殖方式下肉羊养殖技术效率指数增长率为 5.90%，年均技术进步指数增长率为 4.80%。可见，专业育肥养殖方式下肉羊养殖技术效率指数年均增长率要高于自繁自育养殖方式下肉羊养殖技术效率指数。即专业育肥养殖方式下，要素投入更为合理，因此技术效率指数增长率较高。

③不同规模肉羊养殖绿色全要素生产率。通过测算不同规模肉羊养殖绿色全要素生产率可以看出，第一，与大规模及中规模养殖户相比，小规模养殖户的肉羊养殖绿色全要素生产率指数较高。第二，无论技术进步指数还是技术效率指数，小规模养殖场（户）的年均增长率均高于大规模养殖场（户）和中规模养殖场（户）。具体来看，小规模养殖场（户）肉羊养殖技术效率指数年均增长率为 8.80%，年均技术进步指数增长率为 4.10%；中规模养殖场（户）肉羊养殖技术效率指数增长率为 4.60%，年均技术进步指数增长率为 2.00%；大规模养殖场（户）肉羊养殖技术效率指数增长率为 7.10%，年均技术进步指数增长率为 1.60%。可能的原因是：一方面，随着养殖规模的扩大，肉羊养殖过程中处理的问题的多样性和复杂性超出养殖场（户）的处理能力，从而导致组织管理成本的增加；资本、技术等要素的优化组合可以拓展肉羊养殖的绩效和效率的边界，但是投入要素的不均衡也会导致效率的损失。另一方面，由于农村金融和劳动力供给的紧张，过大地扩张养殖规模导致养殖场（户）缺乏劳动力和农资投入。

5.2.6 肉羊养殖环境技术效率及绿色全要素生产率收敛性

上述分析表明，我国各省肉羊养殖环境技术效率和绿色全要素生产率存在较大差异，为进一步讨论上述差异是否会缩小，本部分基于经济收敛的相关理论和方法分别对各地区的肉羊养殖环境技术效率和绿色全要素生产绿进行绝对收敛检验和条件收敛检验，以检验各地区肉羊养殖环境技术效率及绿色全要素生产率能否自动消除差异或特定条件下是否具有收敛性。

(1) α 收敛检验

2012—2020 年我国肉羊养殖环境技术效率和绿色全要素生产率 α 收敛检验结果如图 5-18 所示。可以看出，样本期内我国肉羊养殖环境技术效率和绿色全要素生产率的 α 值均呈现先波动上升后下降态势，即各地区之间肉羊养殖环境技术效率和绿色全要素生产率的增长不存在 α 收敛。

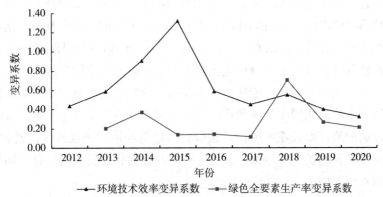

图 5-18 肉羊养殖环境技术效率及绿色全要素生产率 α 收敛检验结果

为检验上述结论，本部分还通过以下模型进行 α 收敛的进一步检验：$VAR_{Y,it}=c+\alpha*t+\mu_{it}$；式中，$VAR_{Y,it}$ 为各省份肉羊养殖绿色全要素生产率（环境技术效率）的变异系数，c 为常数项，t 为时间变量，μ_{it} 为随机扰动项。若 $\alpha<0$ 且显著，则说明地区间绿色全要素生产率（环境技术效率）水平的差异随着时间的推移在不断缩小，存在 α 收敛。模型回归结果如表 5-13 所示，回归结果进一步支持了前文结论，在整个样本期，中国各地区的肉羊养殖环境技术效率和绿色全要素生产率随着时间的推移并不存在 α 收敛情况。

表 5-13 肉羊养殖环境技术效率及绿色全要素生产率 α 收敛检验结果

系数	肉羊养殖环境技术效率			肉羊养殖环境全要素生产率		
	系数	t 统计	R^2	系数	t 统计	R^2
α	−0.001	−0.09	0.00	0.022	1.57	0.02
Cons	0.870***	9.37		0.938***	13.02	

注：***、**、* 分别表示在 1%、5%、10%的显著水平上统计显著，表 5-14、表 5-15 同。

（2）绝对 β 收敛检验

Sala‐I‐Martin（1996）研究表明，α 收敛的必要前提是绝对 β 收敛，也就是说，如果要使不同经济体间人均产出最终达到收敛，就必须保证落后地区的增长速度比先进地区更快，因此本部分根据已有研究将样本分三个时间段对我国肉羊养殖环境技术效率和绿色全要素生产率进行绝对 β 收敛检验，考虑到环境技术效率的样本期为 2012—2020 年，绿色全要素生产率的样本期为 2013—2020 年，本研究将环境技术效率分为 2012—2016 年（2012 年为基期）、2016—2020 年（2016 年为基期）和 2012—2020 年（2012 年为基期）三个时段，将绿色全要素生产率分为 2013—2016 年（2013 年为基期）、2017—2020 年（2017 年为基期）和 2013—2020 年（2013 年为基期）三个时段。模型估计结果如表 5‐14 所示。可以看出，除 2012—2016 年外，三个样本期回归系数 β 在肉羊养殖环境技术效率和绿色全要素生产率收敛方程中均为负值且统计意义上显著，即我国肉羊养殖环境技术效率及绿色全要素生产率存在绝对 β 收敛现象。说明样本期内我国肉羊养殖环境技术效率和绿色全要素生产率较低的地区比期初较高的地区增长速度更快，该研究结论与经济增长收敛性的理论相符，即由于技术知识的扩散和溢出，初始生产率较低的省份发展速度会比初始生产率较高的省份更快。

表 5‐14　肉羊养殖环境技术效率及绿色全要素生产率绝对 β 收敛检验结果

系数	环境技术效率			绿色全要素生产率		
	2012—2016 年	2016—2020 年	2012—2020 年	2013—2016 年	2017—2020 年	2013—2020 年
Cons	−0.002	−0.025**	−0.015*	−0.047***	0.007	0.005
	(0.014)	(0.012)	(0.008)	(0.009)	(0.015)	(0.006)
β	−0.006	−0.112***	−0.066***	−0.257***	−0.328**	−0.080***
	(0.029)	(0.022)	(0.016)	(0.037)	(0.113)	(0.025)
R^2	0.003	0.591	0.486	0.732	0.319	0.369
调整 R^2	−0.053	0.568	0.458	0.717	0.281	0.334
F 统计	0.04	25.95***	17.05***	49.12***	8.43***	10.53***

注：括号内为标准误。

（3）条件 β 收敛检验

2012—2020 年肉羊养殖环境技术效率及绿色全要素生产率条件 β 收敛的 Panel Data 双向固定效应估计结果如表 5‐15 所示。可以看出，无论是肉羊养殖环境技术效率，还是绿色全要素生产率估计系数 λ 均为负值且通过显著性检验，说明各地区肉羊养殖环境技术效率及绿色全要素生产率一直在朝着各自的稳定均衡水平收敛，但因为各地区不相同的基期稳态增长水平，肉羊养殖环境技术效率及绿色全要素生产率增长的差距才会一直存在。该结论的政策启示政府可通过提高人力、物力资本投资，加大技术推广力度等途径来助力各地区肉羊养殖环境技术效率和绿色全要素生产率的稳态趋于一致，缩小各地区肉羊养殖环境技术效率和绿色全要素生产率的差距。

表 5 - 15 肉羊养殖环境技术效率及绿色全要素生产率条件 β 收敛检验结果

系数	环境技术效率		绿色全要素生产率	
	系数	T 值	系数	T 值
λ	−1.361***	−5.30	−1.896***	−12.81
Cons	−1.009***	−4.67	−0.141	−1.27
调整 R^2	0.465		0.795	
F 统计	2.62***		11.42**	

5.3 本章小结

本章在分析我国肉羊养殖投入产出的基础上，分别基于 Super - SBM 模型和 Malmquist 指数法分析了肉羊养殖环境技术效率和绿色全要素生产率，同时对我国肉羊养殖环境技术效率和绿色全要素生产率进行了收敛性检验。主要结论如下。

第一，2012—2021 年，受羔羊折价增加及精饲料费上涨影响，我国肉羊养殖投入总体呈现波动增长态势，由 530.70 元/只增加至 688.38 元/只，年均增长率为 2.93%。从肉羊养殖投入构成来看，样本期内羔羊折价占肉羊养殖投入的 66.20%，精饲料费占肉羊养殖投入的 18.36%，饲草费占肉羊养殖投入的 10.09%，其他费用占比仅为 5.35%。2012—2021 年，肉羊养殖期望产出呈"增长—下降—增长"态势，由 1 017.94 元/只增长至 1 104.83 元/只，后降至 801.21 元/只，再增至 1 370.22 元/只。分区域来看，西南优势区每只肉羊养殖期望产出要高于中原优势区、中东部农牧交错带优势区和西北优势区。从养殖方式来看，专业育肥养殖方式下的我国肉羊养殖期望产出与自繁自育养殖方式下的肉羊养殖期望产出差别不大，且其差值呈先下降再增长态势。从养殖规模来看，随着肉羊养殖规模的增大，肉羊养殖期望产出增加，且三种规模下的期望产出均呈"增长—下降—增长"态势。样本期内，肉羊养殖碳排放总量由 2008 年的 1 243.38 万吨增长到 2020 年的 1 513.83 万吨，年均增速 1.10%，且呈"增长—下降—增长"态势。从肉羊养殖碳排放构成来看，2002—2020 年，各环节碳排放量从大到小依次为：肉羊胃肠道发酵（603.90 万吨）＞粪便管理系统（494.42 万吨）＞饲料种植（205.94 万吨）＞肉羊饲养（38.36 万吨）＞饲料运输（1.75 万吨）。肉羊养面源污染总量由 2008 年的 38.50 亿米³ 增长到 2020 年的 43.73 亿米³，年均增长率为 1.07%，且呈先波动下降后上升态势。从空间变化来看，无论是肉羊养殖碳排放，还是面源污染排放，肉羊养殖非期望产出均主要来源于草原牧区和粮食主产区。

第二，样本期内，肉羊环境技术效率均值为 0.867，且呈先波动下降后波动上升态势。分区域来看，西南优势区肉羊养殖环境技术效率明显高于中原优势区、西北优势区和中东部农牧交错带优势区，中原优势区和西北优势区差距不明显，而中东部农牧交错带优势区肉羊养殖环境技术效率最低。从养殖方式来看，自繁自育养殖方式下肉羊养殖环境技术效率高于专业育肥养殖方式下的肉羊养殖环境技术效率。导致我国肉羊养殖环境技术效率无效率的原因依次为饲草投入、精饲料投入、其他投入和粪污污染。

第三，整体来看，样本期内我国肉羊养殖绿色全要素生产率处于一个向上发展的阶段。样本期内我国肉羊养殖技术进步指数年均增长率为 2.70%，对肉羊养殖绿色全要素生产率的贡献为 50.94%，而肉羊养殖技术效率指数年均增长率为 2.60%，对肉羊养殖绿色全要素生产率的贡献为 49.06%。分区域来看，年均绿色全要素生产率指数增长率西北优势区最高、中东部农牧交错带优势区最低。从养殖方式来看，专业育肥养殖方式下的肉羊养殖绿色全要素生产率高于自繁自育养殖方式下的肉羊养殖绿色全要素生产率。

第四，我国肉羊养殖绿色全要素生产率和环境技术效率不存在显著的 α 收敛，但存在绝对 β 收敛和条件 β 收敛，表明我国肉羊养殖绿色全要素生产率和环境技术效率低的省份存在向肉羊养殖绿色全要素生产率和环境技术效率高的省份"追赶效应"。

6 种养结合对肉羊养殖环境技术效率的影响：基于模式视角 ////////////////////////

中央 1 号文件多次提出"促进种养循环，推进生态循环农业发展"，随着政府高度重视，肉羊产业种养结合模式呈多样化发展。基于第四章的讨论，肉羊种养结合模式可以分为内循环种养结合模式和外循环种养结合模式两大类。那么，这些种养结合模式是否能有效提升肉羊养殖环境技术效率呢？而探讨不同种养结合模式对肉羊养殖环境技术效率的影响为种养结合模式的进一步优化、肉羊产业绿色发展的持续推进具有重要的理论和现实意义。本章主要根据肉羊养殖场（户）调查问卷数据，基于多元处理效应模型探究不同种养结合模式对肉羊养殖环境技术效率的影响及影响机制。首先，分析不同种养结合模式对肉羊养殖环境技术效率的影响；其次，分析不同种养结合模式对养殖场（户）肉羊养殖环境技术效率的影响机制；再次，基于规模及区域异质性视角分析不同种养结合模式对肉羊养殖环境技术效率的影响；最后，对模型估计结果进行稳健性检验。

6.1 理论分析与研究假说

基于第二章理论模型的推导可知，种养结合会影响肉羊养殖环境技术效率。对于不同种养结合模式对肉羊养殖环境技术效率影响的理解，应综合考虑多种经济理论，其中包括范围经济理论、规模经济理论和交易成本理论。关于内循环种养结合模式对环境技术效率的影响，一种观点认为养殖场（户）采用内循环种养结合模式能够达到农牧业集约经营和资源循环利用等目的（孙芳，2016），会促进环境技术效率提升。一方面，通过共享生产资料和充分利用劳动力能充分利用生产要素的生产价值，进而降低生产成本；另一方面，生产相关的多元化产品可以实现要素的更合理配置，能够有效分散农牧业经营所面临的市场和自然风险（袁斌，2016）；多元化经营可使得养殖场（户）实现规模经济（王楠，2020；高思涵，吴海涛，2021）。另一种观点则认为养殖户采用内循环种养结合模式会阻碍环境技术效率的提升。一方面，养殖场（户）的管理水平较低，随着经营的多元化（即同时经营肉羊养殖与饲草料种植），正常的生产行为会被扰乱（周炜，2017），导致养殖场（户）专业化水平降低；另一方面，现阶段养殖场（户）的技能水平不足以支撑其不同种类的农牧业生产，与经济组织（如合作社）合作能够有效实现种养环节有机联结，可以为专业化养殖场（户）带来更高的效益。关于外循环种养结合模式对环境技术效率的影响，一种观点认为外循环种养结合模式能够实现规模经济。一方面，养殖场（户）可以通过对土地、劳动力、资本等生产要素的合理配置实现农业废弃物资源利用率和资源产出率的提升（员学锋，2018）；另一方面，外循环种养结合模式可以实现公共基础设施的完善、产业的集聚、采购大量原材料的折扣优惠、更多的政策信贷支持、管理成本的降低等。另一种观点认为外循环种养结合模式由于涉及不同的主体，会产生搜寻购销信息费用、讨价还价及责任确定费用、交易履行费用、监督费用等交易费用，而且在市场交易过程中，各主体往往存在信息不对称，会产生道德风险（蔡荣，2014），一定程度上会造成资源浪费，外循环种养结合模式的规模经济会被削弱，反而会制约环境技术效率的提升（崔艺凡，2017）。综上所述，从养殖场（户）的角度来看，种养结合在一定程度上减少了粪便等非期望产出的排放，增加期望产出的同时也改变了养殖场（户）生产要素配置，进而影响肉羊养殖环境技术效率。

基于此，本研究提出如下研究假说：

H1：与非种养结合模式相比，内循环种养结合模式、外循环种养结合模式均可以提高肉羊养殖环境技术效率，且内循环种养结合模式、外循环种养结合模式对肉羊养殖环境技术效率的提升程度存在差异。

H2：与非种养结合相比，内循环种养结合模式及外循环种养结合模式通过肉羊养殖要素配置、期望产出及非期望产出来提升其环境技术效率。

内循环种养结合模式下，当肉羊养殖规模较小时，养殖场（户）的生产能力和管理能力都相对较弱，不能够有效分配资源，从而无法实现范围经济，因此肉羊养殖环境技术效率提升主要依赖专业化生产。随着养殖规模的扩大，养殖场（户）有了富余生产能力，这时生产要素能够在肉羊养殖与饲草料种植的生产过程中合理配置，联合生产成本降低（郭熙保，2019），合理组织化对肉羊养殖环境技术效率的提升作用超过了纯养殖养殖场（户）中的专业化作用。外循环种养结合模式下，由于在与第三方合作中小规模养殖户往往处于弱势地位，双方市场权利并不均衡。一方面，较高的交易成本使得第三方不愿意与小规模养殖场（户）合作，且与大规模养殖场（户）相比，小规模养殖场（户）

违约成本更低，其机会主义倾向更高（丁存振，2019）；另一方面，第三方在提供服务方面更多地面向养殖大户，如为其提供生产资料赊购、技术支持等，可以缓解养殖大户在种养结合过程中可能面临的瓶颈。

基于此，本研究提出如下假说。

H3：与小规模养殖场（户）相比，内循环种养结合模式和外循环种养结合模式均对大规模养殖场（户）肉羊养殖环境技术效率提升作用更强。

近年来农区和牧区半牧区养殖习惯不同，农区可利用草场面积少，劳动人口密集，饲养方式以育肥为主，加上前期"西繁东育"政策的引导，生产方式多以购进羊羔经过短期育肥后出售，这样养殖时间短、周转快，出栏率较高；此外，农区有大量的秸秆、农副产品，为养羊业提供了物质基础。而牧区草场面积大，劳动人口相对较少，饲养方式以传统放牧散养为主，基本"靠天吃饭"，成年羊养殖周期较长；同时，基于草畜平衡的考虑，会淘汰出售一部分母羊和当年羊羔到农区或省外进行二次育肥。与农区相比，牧区半牧区劳动力质量较低，但肉羊产业作为牧区半牧区传统优势产业，其种养结合模式发展较好。与此同时，经济发展优于牧区半牧区的农区，其发展外循环种养结模式也有一定的优势。

基于此，本研究提出如下假说。

H4：内循环种养结合模式和外循环种养结合模式对农区、牧区半牧区肉羊养殖环境技术效率提升作用存在差异。

6.2 研究方法、数据来源与变量说明

6.2.1 研究方法

本部分使用 Deb 等（2006）提出的多元处理效应模型来探究种养结合模式选择对养殖场（户）肉羊养殖环境技术效率的影响。

$$Y_i = X_i\alpha + D_i\gamma + \varepsilon_i \qquad (6-1)$$

$$D_i^* = Z_i\beta + \mu_i \qquad (6-2)$$

式中 Y_i 为养殖场（户）肉羊养殖环境技术效率，X_i 为养殖场（户）养殖特征、个体特征、外部环境特征等外生变量，D_i 为养殖场（户）种养结合模式选择变量，并决定于潜变量 D_i^* 的值，α、γ、β 为待估系数，ε_i 与 μ_i 为随机误差项。

如果 D_i 外生，那么可使用最小二乘法直接进行估计；但养殖场（户）选择不同种养结合模式除受养殖特征、政府政策、资源禀赋等可观测因素的影响

外，还受养殖场（户）兴趣、合作意识、管理能力等不可观测因素的影响，存在样本"自选择"问题，且 ε_i 和 μ_i 包含的不可观测因素可能同时影响养殖场（户）种养结合模式选择和肉羊养殖环境技术效率（要素配置、期望产出、非期望产出），从而导致 ε_i 和 μ_i 存在相关性，即 $\rho = \text{cov}(\varepsilon_i, \mu_i) \neq 0$。此外，由于不同种养结合模式养殖场（户）初始禀赋存在差异，调研所得不同种养结合模式的样本并非随机分布，必须考虑养殖场（户）选择不同种养结合模式的非随机分布所带来的样本选择偏差问题，否则可能会产生内生性问题。因此，本研究基于考虑了多元选择中可观测和不可观测特征导致选择偏差的多元处理效应模型来进行研究。此模型采用两步估计方法，第一步即养殖场（户）选择方程，用混合多项 Logit 模型。

$$P(D_i = j \mid Z_i) = \frac{exp(\alpha + \beta_i Z_i)}{1 + exp(\alpha + \beta_i Z_i)} \qquad (6-3)$$

式中 $P(D_i = j \mid Z_i)$ 为养殖场（户）选择种养结合模式 j 的概率，Z_i 为解释变量，与式（6-2）相同。并计算每个养殖场（户）的风险 λ_i。

第二步为环境技术效率（要素配置、期望产出、非期望产出）估计方程，用 OLS 估计方程。

$$Y_i = X_i \alpha + D_i \gamma + \rho \sigma_\varepsilon \lambda_i \qquad (6-4)$$

式中 $\rho \sigma_\varepsilon$ 为 λ_i 的系数估计值，若显著则表示存在不可观测因素引起的内生性问题，那么通过该模型可以剔除内生性，得到更为有效的估计结果。在用 MTE 模型进行估计时，变量 Z_i 和 X_i 可以有交叉，但 Z_i 至少包含一个变量不在 X_i 中，可将其视为工具变量。借鉴相关研究成果，本研究选择养殖场（户）参与种养结合前（未参与养殖户直接回答）对种养结合认知情况作为工具变量（丁存振，2019；陈雪婷，2020）。在其他变量选取方面，本研究基于已有研究的做法（郭熙保，2019；Deb，Trivedi，2006），基于选择方程选取变量。

6.2.2　数据来源及样本说明

由于本书的研究内容为种养结合对肉羊养殖环境技术效率的影响，为更好地反映我国肉羊种养结合模式当前发展状况及未来演变趋势，调研样本的代表性是本研究着重考虑的因素。为此，课题组采用多阶段随机抽样法，具体方案如下：首先，根据全国肉羊产业发展状况，结合优势区域规划以及种养结合的情况，选择了内蒙古自治区、辽宁省、新疆维吾尔自治区、四川省、山西省和河北省 6 个主产省（区）。2021 年，上述 6 省（区）肉羊存栏量及羊肉产量在

全国的占比分别为 48.35％ 和 49.10％。其次，在每个主产省，随机抽取
1～3 个肉羊产业优势县，共计 10 个县，通过与畜牧部门领导座谈，深入了解
该县肉羊产业及种养结合模式的发展概况及困境。最后，在各县中选取不同种
养结合模式能够辐射的村，并随机抽取一些养殖场（户），按照不同的养殖结
合模式进行分组，对养殖场（户）进行面对面的访谈。由于课题组采取逐一入
户调查的方式，且被调研对象均为户主，所以调查结果是科学且可信的。通过
对上述 6 个地区的实地调研，共得到 247 份肉羊养殖场（户）的问卷。经过剔
除前后答案不一致以及不完整的问卷后，最终获取 241 份有效问卷，问卷有效
率高达 97.57％。调研对象能够覆盖现有肉羊产业的种养结合主体，主要有肉
羊养殖户、企业和合作社。有效问卷的区域分布具体为新疆维吾尔自治区 51
份，内蒙古自治区 56 份，四川省 16 份，河北省 51 份，辽宁省 48 份，山西省
19 份。调查问卷内容涉及 2021 年养殖场（户）家庭基本情况、养殖基本情
况、养殖成本收益情况、种养结合模式认知及参与情况、粪污处理情况等。

　　从受访者基本特征看（表 6-1），50 岁以上的受访者占比达 55.19％，接
受过初中及以上教育的受访者占 69.71％。从样本养殖场（户）的肉羊养殖规
模情况来看，受访养殖场（户）规模化程度不高，年均饲养量 100 只以下占比
高达 86.31％。从肉羊养殖专业化水平来看，样本养殖场（户）肉羊养殖收入
在家庭总收入的占比在 50％ 以上的占 73.44％。从肉羊养殖年限来看，样本养
殖场（户）肉羊养殖年限在 10 年以上的占 70.12％。总体而言，样本养殖场
（户）表现出经营规模化程度不高和较高的养殖专业化水平。

表 6-1　样本养殖场（户）的基本特征

特征	分类	频数	占比	特征	分类	频数	占比
受访者 年龄	40 岁及以下	29	12.03％	肉羊 养殖 年限	5 年及以下	43	17.84％
	41～50 岁	79	32.78％		6～10 年	29	12.03％
	51～60 岁	93	38.59％		11～15 年	38	15.77％
	60 岁以上	40	16.60％		16～20 年	31	12.86％
肉羊 养殖 规模	100 只以下	208	86.31％		20 年以上	100	41.49％
	100～200 只	24	9.96％	受访 者受 教育 程度	未受过教育	14	5.81％
	200 只以上	9	3.73％		小学	73	30.29％
养羊收 入占家 庭收入 比重	50％ 以下	64	26.56％		初中	112	46.47％
	50％～80％	61	25.31％		高中/中专/职高/技校	30	12.45％
	80％ 以上	116	48.13％		大学/大专及以上	12	4.98％

6.2.3　变量定义与描述性统计

(1)　被解释变量

养殖场（户）肉羊养殖环境技术效率。肉羊产出包括期望产出和非期望产出。由于收入更是养殖场（户）选择肉羊养殖的逻辑起点，因此本书选择肉羊产值作为衡量养殖户肉羊养殖期望产出的指标。肉羊养殖非期望产出包括面源污染和温室气体排放两类污染。其中，面源污染指未经过处理直接排放到环境中的肉羊粪便所形成的污染，并参照潘丹（2013）的研究，统一折算为等标污染排放量；肉羊养殖过程中温室气体排放采用政府间气候变化专门委员会计算方法，肉羊养殖系统的温室气体排放核算包括间接排放和直接排放两部分，其中直接排放包括饲养环节排放（燃料燃烧和购入电力排放）、动物肠道排放和动物粪便管理排放，间接排放包括饲料粮种植与运输加工引起的排放[①]，参照谢鸿宇（2009）的研究统一折算成碳排放。投入费用包括幼畜购进费、精饲料费（包括玉米、油葵、豆粕、麸皮和配合饲料等费用）、饲草费（包括秸秆、小麦秆、苜蓿、干草等费用）、劳动力投入和其他费用。需要说明的是，精饲料费和饲草费均包括养殖场（户）自种和购买两部分，其中自种精饲料及饲草按养殖场（户）实际种植费用计算在饲草料费用内。劳动力投入主要包括肉羊养殖过程中劳动力工作总天数（按 8 小时折算成标准工日），包括自有劳动力工作天数和雇工天数。肉羊养殖的其他费用主要包括固定资产折旧费、死亡损失费、医疗防疫费、水电燃料费、饲盐费及其他费用等。投入产出变量描述性统计见表 6-2。

本研究利用 MAXDEA 8 软件估计肉羊养殖环境技术效率，并将大规模养殖场（户）定义为养殖规模高于样本平均值的养殖场（户），将小规模养殖场（户）定义为养殖规模低于样本平均值的养殖场（户）。模型结果如表 6-3 所示。可以看出，第一，与非种养结合模式相比，种养结合模式下肉羊养殖环境技术效率均值较高；与外循环种养结合模式相比，内循环种养结合模式下肉羊

---

① 需要说明的是，第一，肉羊粪便管理排放，包括肉羊粪便在养殖场内贮存和处理过程中排放的温室气体，不包括粪便施入农田后的温室气体排放；燃料消耗量、购入电力只包括肉羊生产过程所消耗的能源量，不包括用于其他活动过程的能源消耗。第二，为更好地区分出不同养殖方式等对肉羊温室气体排放造成的差异，本研究参考朱宁等（2015）的方法，对养殖场（户）肉羊养殖温室气体排放系数进行了修正，修正公式为 $F_{site} = F_{default} \times \frac{W_{site}^{0.75}}{W_{default}^{0.75}}$，$F_{site}$ 为折算后的温室气体排放系数；$F_{default}$ 为《省级温室气体清单编制指南》（2011）中肉羊的温室气体排放系数；W_{site} 为肉羊实际体重；$W_{default}$ 为肉羊参考体重。

养殖环境技术效率均值较高。第二，大规模养殖场（户）的肉羊养殖环境技术效率值高于小规模养殖场（户）。可能是由于与小规模养殖户相比，大规模养殖场（户）在养殖专业化水平、圈舍条件、养殖设施等方面具有优势，同时大规模养殖场（户）还能够发挥规模化优势。需要说明的是，环境技术效率差异是否由种养结合模式差异引起及种养结合对不同肉羊养殖规模是否有异质性影响，仍需要进一步验证。

表6-2 投入产出变量描述性统计

变量类别	变量名称	变量定义	均值		均差值
			非种养结合	种养结合	
产出变量	肉羊产值	单只出栏羊产值（元）	1 455.972	1 476.534	−20.565
	面源污染	单只出栏羊未被利用粪污面源污染等标物（10^{-3}立方米）	8.774	5.303	3.475***
	碳排放	单只出栏羊养殖过程中产生的碳排放（千克）	52.115	46.871	5.244***
投入变量	幼畜购进费	羔羊折价（元）	386.881	385.140	1.743
	精饲料费	单只出栏羊精饲料费用（元）	143.930	113.981	29.949**
	饲草费	单只出栏羊饲草费用（元）	50.394	32.347	18.084***
	劳动力投入	单只出栏羊劳动力投入（天）	1.340	1.414	−0.053
	其他费用	固定资产折旧、水电费、医疗防疫费、死亡损失费、饲盐费及其他费用	107.387	99.892	7.495

注：***、**分别表示数据在1%、5%的显著水平上统计显著。

表6-3 肉羊养殖环境技术效率描述性统计

类别	非种养结合	种养结合		
		全部样本	内循环种养结合	外循环种养结合
全部样本	0.639	0.850	0.870	0.725
小规模	0.559	0.811	0.838	0.643
大规模	0.795	0.937	0.942	0.908

(2) 核心解释变量

种养结合模式。如上文所述，种养结合有内循环和外循环两种模式。其中，内循环种养结合模式即在养殖场（户）内部，围绕种养结合进行相关联生产活动，资源在种养结合的不同环节间顺畅流动，形成养殖场（户）内部循环链条。外循环种养结合模式指两个或多个主体利用自身优势围绕种养结合进行专业化生产，资源在种养结合不同主体间顺畅流动，形成外部循环链条。判断养殖场（户）为何种种养结合模式问卷题项为"您家肉羊粪便当前的处理方式？若出售/赠予，您家羊粪出售/赠予对象为？该对象是否为您提供饲草料？"若肉羊粪便自用且自种饲草料，则为内循环种养结合模式；若回答为出售或赠予，且出售或赠予对象提供饲草料则该模式为外循环种养结合模式。具体模型构建中，由于非种养结合模式不能实现种养结合，因此在回归中将其赋值为0，作为参照组，将"外循环""内循环"模式依次赋值为1、2进行对比分析。

(3) 控制变量

影响养殖场（户）肉羊养殖环境技术效率的因素是多方面的，参照已有文献（李谷成，2008；刘春鹏，2019；何忠伟，2014；丁存振，2019），并综合考虑肉羊养殖特点，本研究在探究种养结合对肉羊养殖环境技术效率的影响时分别选取养殖场（户）个人特征、肉羊养殖特征及外部环境3类13个变量作为控制变量。

①个人特征。其一，户主年龄。人们的思想保守程度一定程度上同年龄呈正比，随着年龄的增长，会降低对新事物的认知和接受能力以及风险偏好程度，从而可能不利于提高肉羊养殖环境技术效率；但年龄越大，肉羊养殖经验更为丰富，对肉羊养殖环境技术效率有正向提升作用，所以年龄对肉羊养殖环境技术效率的影响方向不确定。其二，户主受教育程度。受教育程度可以反映家庭决策者的人力资本，一般来说，教育水平越高，学习能力也就越强，观念也会更加前瞻，对先进养殖技术、新经营理念的接受和运用程度也会更高（李后建，2012），从而有利于环境技术效率提升。

②肉羊养殖特征。其一，劳动力禀赋。种养结合属于劳动密集型的生产模式，因此养殖场（户）家庭内劳动力禀赋越高，可能有助于缓解家庭肉羊养殖过程中的劳动力约束，进而有利于提升肉羊养殖环境技术效率。其二，养羊收入占比。家庭养羊收入占比越高，家庭对肉羊养殖的重视程度更高，养殖精细化程度也较高，进而有助于环境技术效率的提升。其三，养殖年限。在养殖初期养殖场（户）缺乏养殖经验，随着养殖年限的增加，养殖场（户）逐渐掌握了肉羊养殖技术，形成了经营观念，有助于环境技术效率的提升。其四，养殖规模。受规模效应的影响，经营规模越大的养殖场（户）越有动力采纳新技术，但随着规模的增大，肉羊养殖粪污可能会存在处理不当的问题，因此肉羊养殖规模对环境技术效率的影响仍有待检验。其五，固定资产投资①。养殖机

---

① 本研究中的固定投资指的是养殖场（户）对圈舍设施及养殖机械设备的总体投入，其中圈舍设施主要包括圈舍、食料槽、青贮窖、盐槽、药浴池等，而养殖机械主要有饲料研磨机、铡草机等。

械的使用，尤其是铡草机、饲料粉碎机等，能够有效提高饲草料的利用效率以及羊只的营养摄入率；同时，标准化圈舍减少羊只疫病发生的同时也能一定程度上提升肉羊生产性能。生产性投资的增加可能会有助于改善肉羊养殖条件，对肉羊养殖环境技术效率带来积极影响。其六，耕地禀赋。养殖场（户）的耕地禀赋越高，可能越有利于其采用种养结合，但种养结合不仅局限于自种自养，养殖场（户）也可通过与其他组织合作形成种养结合。因此，养殖场（户）的耕地禀赋对肉羊养殖环境技术效率的影响并不确定。其七，是否加入肉羊养殖合作社/协会等组织。通常加入肉羊养殖合作组织的养殖场（户）具有信息、技术等优势，有助于降低经营风险，提升肉羊养殖环境技术效率；但是，也有研究发现，部分合作社社员之间各自分散独立经营，并未发挥其应有的作用，从而使得合作社只存在于名义上（潘劲，2011）。综上，加入合作组织对肉羊养殖环境技术效率的影响并不确定。其八，技术培训。参加肉羊养殖技术培训可以帮助养殖场（户）更好地掌握有关肉羊养殖技术的知识，将先进养殖技术运用于实践，最终可能提高肉羊养殖环境技术效率。

③外部环境。其一，养殖场与乡政府距离。在中国，地方政府通常是经济聚集中心。新经济地理学认为，经济聚集会促进劳动生产率提升。伍骏骞等（2017）指出，经济聚集的结果是距离聚集中心越近的农民，其收入水平更有可能更高。其二，是否位于农区。由于各地区在资源禀赋、气候条件等方面存在差异，因此有必要引入地区因素进行控制，探究各地区被调研养殖场（户）肉羊养殖环境技术效率的差异。其三，政府规制。一般来讲，养殖场（户）认为政府的环境规制力度越强，则越会注重肉羊非期望产出的减排及处理，最终可能对环境技术效率起到提升作用。由于肉羊更多为散养，政府很少有针对肉羊的惩罚性政策，参考已有文献（刘琼，2022），本研究用养殖场（户）认为政府对肉羊养殖的环境监管力度来衡量政府规制的强度。

(4) 工具变量

借鉴相关研究成果，本研究选择养殖场（户）参与种养结合前对种养结合认知情况作为工具变量（丁存振，2019；陈雪婷，2020）。判断养殖场（户）对种养结合认知的问卷题项为"您在未采用种养结合模式之前，对种养结合模式的了解程度？"该变量采用李克特五点量表进行测量。

具体变量定义与描述性统计见表6-4。

表 6 - 4 变量定义与描述性统计

变量	变量名称	变量定义及赋值	均值		均差值
			非种养结合	种养结合	
被解释变量	环境技术效率	肉羊养殖环境技术效率	0.639	0.850	-0.211***
核心解释变量	种养结合模式	非种养结合模式=0；外循环种养结合模式=1；内循环种养结合模式=2	—	—	—
个体特征	户主年龄	户主实际年龄（岁）	54.434	51.564	2.870*
	户主文化程度	户主受教育程度；小学以下=1，小学=2，初中=3，中专及高中=4，大专及以上=5	2.830	2.798	0.032
养殖特征	养殖专业化程度	肉羊养殖收入在家庭总收入的占比（%）	0.679	0.695	-0.016
	养殖规模	养殖户肉羊实际养殖数量（只）	87.716	54.902	32.813*
	劳动力人口数	家庭劳动力人口数量（人）	2.264	2.410	-0.145
	固定资产投资	养殖户固定资产投资额自然对数（万元）	10.758	10.955	-0.198
	耕地禀赋	养殖户种植耕地面积（亩）	28.764	27.753	1.011
	养殖肉羊年限	养殖户养殖肉羊年限（年）	16.623	18.819	-2.197
	技术培训	户主接受肉羊养殖技术培训次数（次）	1.283	1.027	0.256
	是否参与养殖合作社/协会	是否参与肉羊养殖合作社或协会等；否=0，是=1	0.264	0.298	-0.034
外部环境特征	是否位于农区	养殖户是否位于农区；否=0，是=1	0.434	0.564	-0.130*
	养殖场距乡政府距离	养殖场与乡政府的距离；0～5千米=1，5～10千米=2，10～15千米=3，15～20千米=4，20千米以上=5	2.509	3.011	-0.501**
	环境规制	养殖户认为当地政府对肉羊养殖的环境监管力度；非常弱=1，较弱=2，一般=3，较强=4，非常强=5	2.887	2.846	0.041
工具变量	种养结合认知	养殖户采用该种养结合模式前对其了解程度；非常弱=1，较弱=2，一般=3，较强=4，非常强=5	2.283	2.628	-0.345

注：***、**、*分别表示数据在1%、5%、10%的显著水平上统计显著。

6.3 实证分析

6.3.1 影响分析

为了检验回归结果的稳健性并同 MTE 模型估计结果形成对比，本部分同时运用 MTE 模型和普通最小二乘法关于种养结合模式对养殖场（户）肉羊养殖环境技术效率的影响进行估计（表 6 - 5）。Wald 检验结果（$Prob > chi2 = 0.00$）显示零假设被拒绝。从环境技术效率估计方程上看，λ_2 在 1‰ 水平上显著，表明养殖场（户）种养结合模式选择与肉羊养殖环境技术效率之间存在内生关系，因此需要通过第一步选择方程纠正选择偏差；λ_2 显著为负，表明未观测到的促使养殖场（户）选择内循环种养结合模式的因素与肉羊养殖环境技术效率负相关（Deb，2006）。因此，MTE 模型估计结果更为合理。第一，MTE 模型估计结果显示，内循环种养结合模式以及外循环种养结合模式均能显著提升肉羊养殖环境技术效率，影响系数分别为 0.48 和 0.21，此结论验证了假说 1。一方面说明与非种养结合模式相比，种养结合可以提升肉羊养殖环境技术效率；另一方面说明与外循环种养结合模式相比，内循环种养结合模式对肉羊养殖环境技术效率的提升作用更强。究其原因，其一，内循环种养结合模式解决了羊粪随意排放造成的面源污染，化解了农牧经营主体分离条件下的粪肥还田成本问题，同时也实现了种地与养地结合；其二，内循环种养结合模式将农牧结合转化为家庭内部的制度安排，其提高肉羊生产技能水平的内在动力更强，同时投入到肉羊生产的精力也更多，进而表现出与外循环种养结合模式相比更有效率；其三，受制于经营特性和道德风险的约束，外循环种养结合模式较高的交易费用大于分工带来的收益（蔡荣，2014），进而使得对环境技术效率增长的提升作用较弱。一般情况下，虽然养殖场（户）并未直接得到第三方提供服务，但双方可通过协作降低市场风险（孙致陆，2013）。通过调研了解到，虽然目前国家通过不同资金渠道相继开展了有机肥加工厂建设、沼气工程建设、养殖场标准化建设等项目，但由于缺乏长效运营机制、资源利用主体带动能力不高等，外循环种养结合模式各主体间联系并不紧密，较高的信息搜寻成本及交易成本使其环境技术无效率，因此对肉羊养殖环境技术效率的提升作用不强。第二，普通最小二乘法回归结果显示外循环种养结合模式对肉羊养殖环境技术效率并无显著影响，可以看出，若不考虑不可观测因素的影响会导致误导性因果推断。第三，MTE 模型估计结果显示，参加培训次数、家庭劳动力人口数及肉羊养殖规模均对肉羊养殖环境技术效率有显著的正向影响，表明技术培训次数的增加、家庭劳动力人口数及肉羊养殖规模的扩大均有利于肉羊养殖环境技术效率的提升。究其原因，其一，参加培训促使养殖场（户）掌握先进的技术，进而促进环境技术效率的提升；其二，家庭劳动力人口数的增加有助于投入足量的劳动力进行肉羊生产；其三，在当前养殖场（户）肉羊养殖规模普遍较小的背景下，规模增加有利于发挥规模效应而促进肉羊养殖环境技术效率的提升。

表6-5　不同种养结合模式对肉羊养殖环境技术效率影响的估计结果

变量	MTE 模型			普通最小二乘法
	选择方程		效率方程	
	(1)	(2)		
内循环种养结合模式			0.475 ***	0.229 ***
			(5.01)	(3.00)
外循环种养结合模式			0.214 *	0.166
			(1.72)	(1.48)
是否位于农区（是＝1，否＝0）	1.972 ***	0.945	0.012	0.061
	(3.48)	(1.07)	(0.15)	(0.77)
养殖肉羊年限	0.034 *	−0.004	0.003	0.005 *
	(1.86)	(−0.15)	(1.24)	(1.83)
户主年龄	−0.060 **	−0.006	−0.002	−0.005
	(−2.40)	(−0.17)	(−0.63)	(−1.47)
家庭劳动力人口数	0.248	0.032	0.055 *	0.067 **
	(1.12)	(0.10)	(1.83)	(2.24)
技术培训次数	−0.524 ***	−0.485	0.069 **	0.055 *
	(−2.64)	(−1.56)	(2.40)	(1.92)
环境规制	−0.204	0.014	−0.006	−0.009
	(−1.18)	(0.05)	(−0.32)	(−0.46)
固定资产投资额	0.271	0.504	−0.041	−0.034
	(1.32)	(1.60)	(−1.40)	(−1.16)
户主文化程度	−0.029	−0.105	−0.035	−0.030
	(−0.12)	(−0.29)	(−1.01)	(−0.85)
是否参与肉羊养殖合作社/协会（是＝1，否＝0）	0.226	−1.090	−0.033	−0.022
	(0.44)	(−1.12)	(−0.47)	(−0.31)
肉羊养殖规模	−0.003	−0.003	0.001 ***	0.001 ***
	(−1.51)	(−0.86)	(4.32)	(3.87)

（续）

变量	MTE 模型			普通最小二乘法
	选择方程		效率方程	
	(1)	(2)		
养羊收入占比	−0.056	−2.219*	−0.087	−0.068
	(−0.06)	(−1.67)	(−0.67)	(−0.52)
与乡政府距离	0.502***	0.411*	−0.007	0.005
	(3.19)	(1.87)	(−0.34)	(0.23)
耕地禀赋	−0.002	0.007	−0.000	−0.001
	(−0.35)	(0.85)	(−0.51)	(−0.68)
种养结合认知	0.558***	0.405		
	(2.69)	(1.35)		
常数项	−1.977	−6.573	0.906**	1.033**
	(−0.65)	(−1.43)	(2.05)	(2.37)
$lnsigma$			−1.141***	
			(−6.00)	
λ_2			−0.298***	
			(−4.16)	
λ_3			−0.047	
			(−0.60)	
$Loglikelihood$		−303.589		
$Prob>chi2$		0.000		

注：MTE 模型影响系数下方括号内为 z 值，普通最小二乘法回归影响系数下方为 t 值；***、**、*分别表示数据在 1%、5%、10%的显著水平上统计显著，表 6-6～表 6-9 同。

6.3.2 影响机制分析

上文虽研究得出不同种养结合模式均有利于肉羊养殖环境技术效率的提升，但这仅回答了"是什么"的问题，其背后的作用机制是什么可能更值得深入探究。为此，本部分对内生条件下和外生条件下不同种养结合模式对肉羊养殖饲草料费用、劳动力投入、出栏羊活重和非期望产出（面源污染、碳排放）

的影响同时进行了估计①（表6-6）。MTE模型估计结果显示：第一，内循环种养结合模式是通过降低饲草料费用、劳动力投入、肉羊面源污染及碳排放来提升肉羊养殖环境技术效率。第二，外循环种养结合模式通过提升肉羊出栏活重、降低肉羊面源污染来提升肉羊养殖环境技术效率。第三，对比来看，内循环种养结合模式对面源污染的影响要强于外循环种养结合模式的影响。究其原因：其一，由于内循环种养结合模式下，肉羊养殖饲草料一般来源于自种，而外循环种养结合模式通过第三方购买饲草料费，中介费用的提高使其对饲草料费用有显著的正向影响。其二，内循环种养结合模式下随着经营范围的扩大，使得富余劳动力得到合理配置。其三，种养结合饲草料质量较高且养殖环境较好会增加肉羊产出，但由于内循环种养结合模式下，养殖场（户）会分散更多的精力在饲草料种植上，所以对出栏肉羊活重的影响并不显著。其四，种养结合作为粪污处理的一种方式，可以将肉羊粪便转化为种植业的有机肥料，进而减少肉羊养殖面源污染的产出，且由于内循环种养结合模式将农牧结合转化为家庭内部的制度安排，对肉羊粪污的收集更为有效。综合来看，上述结论验证了假说2。此外，对比普通最小二乘法估计结果可以看出，若不考虑不可观测因素的影响会导致误导性因果推断。

表6-6　不同种养结合模式对肉羊养殖环境技术效率影响机制的估计结果

假设	变量	饲草料费用	劳动力投入	出栏羊活重	面源污染	碳排放
内生 （MTE 模型）	内循环种养 结合模式	−93.490*** （−77.82）	−0.388*** （−90.35）	−0.051 （−0.42）	−2.456*** （−65.59）	−8.334*** （−2.88）
	外循环种养 结合模式	13.142*** （8.84）	0.077*** （13.73）	10.272*** （83.58）	−0.787*** （−20.43）	7.818** （2.32）
	控制变量	控制	控制	控制	控制	控制

① 已有研究关于中介效应进行了如下讨论：一组因果关系及其作用渠道可以用如下结构模型来刻画：$Y = \alpha_0 + \alpha_1 D + \varepsilon_{Y1}$ (1)，$Y = \beta_0 + \beta_1 D + \beta_2 M + \varepsilon_{Y2}$ (2)，$M = \gamma_0 + \gamma_1 D + \varepsilon_M$ (3)，Y是结果变量，D是控制变量，M是中介因素。(1) 式表明D对Y产生了因果关系。(3) 式表明D的存在与M有着密不可分的关系。(2) 式表明M对Y具有因果影响，从而构成了D→M→Y的因果关系，但同时也可能是D直接影响Y，而M只是部分参与其中。为了避免正式区分出是否还有无法解释的直接效应，一种常见的做法是引入一个或多个中介变量M，它们和Y之间的因果关系在理论上比较清晰，而且逻辑和时空关系也相对接近，因此无须采用正式的因果推断方法来研究M到Y的因果关系。只考察 (1) 式和 (3) 式，而对 (2) 式不做考察，仅分析D对M的影响。

基于调研所知，肉羊交易市场价格不完善，并不能完全实现优质优价，绿色养殖肉羊出栏价格不会有明显差异。而种养结合除了影响非期望产出外，会通过饲草料费用、劳动力投入及出栏羊活重三个方面对肉羊养殖技术效率产生影响。

（续）

假设	变量	饲草料费用	劳动力投入	出栏羊活重	面源污染	碳排放
内生 （MTE 模型）	常数项	19.050** (2.37)	2.473*** (110.45)	41.199*** (77.08)	4.342*** (30.41)	41.979*** (3.58)
	$lnsigma$	0.933*** (5.44)	−4.414*** (−30.69)	−1.491*** (−12.06)	−2.695*** (−22.37)	2.098*** (9.04)
	λ_2	47.405*** (83.82)	0.615*** (318.76)	−1.418*** (−27.75)	−1.060*** (−105.65)	3.628 (1.46)
	λ_3	−74.648*** (−187.33)	−0.404*** (−248.05)	−7.316*** (−261.55)	−1.932*** (−222.15)	−8.055*** (−3.66)
外生 （普通最小 二乘法）	内循环种养 结合模式	−44.619*** (−3.14)	0.091 (0.74)	−0.025 (−0.02)	−3.305*** (−8.67)	−5.323** (−2.56)
	外循环种养 结合模式	−38.903* (−1.86)	−0.182 (−1.01)	4.165** (2.29)	−3.130*** (−5.58)	1.462 (0.48)
	控制变量	控制	控制	控制	控制	控制
	常数项	13.265 (0.16)	2.315*** (3.30)	40.227*** (5.69)	5.461** (2.50)	41.099*** (3.46)

6.3.3 异质性分析

（1）种养结合对不同规模肉羊养殖环境技术效率的影响

本部分基于规模视角进一步探讨种养结合对肉羊养殖环境技术效率的异质性影响。与前文类似，本部分同时对内生假设条件下以及外生假设条件下种养结合模式对不同规模养殖场（户）肉羊养殖环境技术效率的影响进行了估计（表6-7）。

表6-7 不同种养结合模式对不同规模肉羊养殖环境技术效率影响的估计结果

假设	变量	小规模	大规模
内生 （MTE模型）	内循环种养结合模式	0.434*** (3.21)	0.078*** (162.47)
	外循环种养结合模式	0.019 (0.11)	0.105*** (159.42)
	控制变量	控制	控制

（续）

假设	变量	小规模	大规模
内生 （MTE模型）	常数项	1.425** (2.44)	0.444*** (148.70)
	$lnsigma$	−0.956*** (−6.09)	−6.935*** (−57.36)
	λ_2	−0.198* (−1.78)	−0.144*** (−907.97)
	λ_3	0.150 (1.24)	−0.034*** (−117.22)
外生 （普通最小 二乘法）	内循环种养结合模式	0.262** (2.59)	0.064 (0.48)
	外循环种养结合模式	0.098 (0.66)	0.090 (0.47)
	控制变量	控制	控制
	常数项	1.586** (2.64)	−0.628 (−0.75)

如表 6-7 所示，小规模养殖场（户）估计方程中 λ_2 在 10％显著水平上显著，大规模养殖场（户）估计方程中 λ_2 和 λ_3 均在 1％显著水平上显著，说明小规模养殖场（户）在内循环种养结合模式下存在选择性偏差，大规模养殖户在内循环种养结合模式和外循环种养结合模式下均存在选择性偏差。因此，MTE 模型估计结果更为合理。第一，MTE 模型估计结果显示，无论是大规模养殖场（户）还是小规模养殖场（户），内循环种养结合模式均能提升肉羊养殖环境技术效率，且对小规模养殖场（户）的提升作用更强，表明在内循环种养结合模式下小规模养殖场（户）更容易获益，这与郭庆海（2021）的研究结果一致。可能的解释是，其一，大规模养殖场（户）家庭自身劳动力供给有限，而劳动力市场不完善使得大规模养殖场（户）劳动成本较高（刘春香，2019）；其二，由于大规模养殖场（户）标准化程度较高，一般与农田存在空间上的距离，也会产生较高运输费用，增加养殖场（户）种养结合成本（陈菲菲等，2017），进而使得对大规模养殖场（户）肉羊养殖环境技术效率提升作用较低；其三，小规模养殖场（户）更依赖于经验进行独立性生产，而大规模养殖场（户）由于生产规模较大会面临更大的自然风险，有更高的积极性寻求多方合作规避风险，因此会产生较高的交易成本。第二，MTE 模型估计结果

显示，外循环种养结合模式仅对大规模养殖场（户）肉羊养殖环境技术效率有显著的提升作用。此结论基本验证了假说3。可以看出，外循环种养结合模式找到了与规模经济的"交集"，提高了种养结合各环节的运行效率，促进了资源的高效配置，提高了肉羊养殖环境技术效率，但如何进一步释放外循环种养结合提升小规模养殖场（户）肉羊养殖环境技术效率的作用还有待深入探讨。第三，通过对比普通最小二乘法估计结果可以看出，若不考虑不可观测因素的影响会导致误导性因果推断。

（2）种养结合对不同区域肉羊养殖环境技术效率的影响

如前文所述，不同种养结合模式可能会对不同区域肉羊养殖环境技术效率产生不同的影响，因此本部分进一步探讨不同种养结合模式对不同区域肉羊养殖环境技术效率的异质性影响。本部分同时测算了内生条件和外生条件下不同种养结合模式对不同区域肉羊养殖环境技术效率的影响（表6-8）。

表6-8　不同种养结合模式对不同区域肉羊养殖环境技术效率影响的估计结果

假设	变量	农区	牧区半牧区
内生 （MTE模型）	内循环种养结合模式	0.464 *** (3.58)	0.309 *** (77.50)
	外循环种养结合模式	0.316 (1.35)	0.011 *** (4.56)
	控制变量	控制	控制
	常数项	0.752 (1.16)	0.664 *** (36.42)
	$lnsigma$	−1.332 *** (−4.51)	−5.531 *** (−34.81)
	λ_2	−0.413 *** (−5.34)	−0.070 *** (−56.66)
	λ_3	0.009 (0.10)	0.255 *** (35.09)
外生 （普通最小 二乘法）	内循环种养结合模式	0.133 (1.11)	0.245 *** (3.45)
	外循环种养结合模式	0.306 (1.26)	0.205 ** (2.49)
	控制变量	控制	控制
	常数项	1.241 * (1.91)	0.607 (1.56)

通过农区组、牧区半牧区组估计方程中 λ_2 和 λ_3 的显著性可以看出，农区组、牧区半牧区组均存在选择性偏差。通过对比普通最小二乘法估计结果可以看出，若不考虑不可观测因素的影响会导致误导性因果推断。MTE 模型估计结果显示：第一，与非种养结合模式相比，农区和牧区半牧区，内循环种养结合模式均能显著提升肉羊养殖环境技术效率。第二，与牧区半牧区相比，内循环种养结合模式对农区养殖场（户）肉羊养殖环境技术效率的提升作用更强。究其原因，与牧区半牧区相比，农区经济比较发达、其农业资源也相对丰富、养殖场（户）素质较高，且内循环种养结合模式运行较为规范，因此对肉羊养殖环境技术效率的提升作用更为有效。第三，外循环种养结合模式仅对牧区半牧区有显著的正向影响，此外，牧区半牧区内循环种养结合模式对肉羊养殖环境技术效率的提升作用要强于外循环种养结合模式。一方面说明牧区半牧区草场资源较为丰富，能够实现内循环种养结合模式有效循环；另一方面说明牧区半牧区作为传统肉羊优势区，外循环种养结合模式发展较好。

6.3.4 稳健性检验

为了检验估计结果的稳健性，本部分采用更换样本的方式来分析不同种养结合模式对肉羊养殖环境技术效率的影响。改造传统农业实则是对"生产要素"的改造，劳动力为其中关键因素。具体到种养结合循环农业生产方式来看，种养结合粪污的规范化治理以及饲草投喂需要从认知水平和操作流程两方面来进行完善，而这对养殖户文化水平和身体健康状况均具有一定的要求，考虑到受教育程度较高的养殖户可能具备较高的认知水平，年龄较小的养殖户身体健康状况较好。因此，结合样本特征，本部分分别选择初中以上学历组和较低年龄组为样本进行稳健性检验，检验结果如表 6-9 所示。可以看出，第一，初中以上学历组，与非种养结合相比，内循环种养结合模式及外循环种养结合模式对肉羊养殖环境技术效率均有显著的正向影响，且外循环种养结合模式对肉羊养殖环境技术效率的提升作用要强于全部样本。究其原因：其一，较高教育程度的养殖户可以很好地根据自身养殖情况，利用本地社会网络关系，获取肉羊养殖所需市场和政策信息，进而根据肉羊市场及其要素市场的供需情况进行生产性投资决策，比如是否修建或扩大食槽、圈舍等养殖设施，以及是否购买养殖机械设备，这些都会对肉羊养殖条件产生重大影响，从而影响肉羊个体发育以及饲料和劳动利用效率，进而影响肉羊养殖环境技术效率提升；其二，农业劳动力的素质水平是决定使用技术的关键因素，劳动力的素质水平高低决定了其是否有能力参加技术培训、是否能够应用养殖技术以及使用的技术效果如何，也决定了是否会与其他农户分享技术知识，从而影响到肉羊养殖环境技术效率。第二，与非种养结合相比，内循环种养结合模式对低龄组肉羊养殖有显著的正向影响，外循环种养结合模式对低龄组肉羊养殖环境技术效率影响并不显著。其原因可能是，较低年龄养殖户的兼业化程度相对较高，肉羊养殖收入在其家庭总收入中所占比重较低，家庭收入来源的多样性会使得他们不愿花精力去寻找种养结合合作方，因此，其对肉羊养殖环境技术效率的影响并不显著。总结来看，关键解释变量的估计结果与全部样本的估计结果较为一致。这说明前述实证结果较为稳健。

表 6-9 不同种养结合模式对初中以上学历组及低龄组肉羊养殖
环境技术效率影响的估计结果

变量	初中以上学历组	低龄组
内循环种养结合模式	0.253** (2.53)	0.413*** (3.19)
外循环种养结合模式	0.517*** (3.83)	−0.034 (−0.20)
控制变量	控制	控制
常数项	0.909** (2.25)	0.479 (1.08)
$lnsigma$	−1.505*** (−5.77)	−1.090*** (−5.20)
λ_2	−0.108 (−1.59)	−0.225** (−2.02)
λ_3	−0.264*** (−4.24)	0.104 (0.92)
$Loglikelihood$	−142.738	−166.232
$Prob>chi2$	0.000	0.000

6.4 进一步讨论

本部分在充分考虑不可观测因素对养殖场（户）种养结合模式选择的影响而导致内生性问题上，采用多元处理效应模型研究了不同种养结合模式对肉羊养殖环境技术效率的影响及影响机制，为我国制定肉羊产业绿色发展政策提供了依据。相较于已有研究，主要对以下两方面进行讨论：第一，内循环种养结合模式能够显著提升小规模肉羊养殖环境技术效率，且其影响强度高于大规模组。根据《畜禽粪污土地承载力测算技术指南》中的技术标准，种植 10 公顷玉米可消纳 300 只肉羊产生的粪肥。通过调研发现，小规模养殖场（户）平均肉羊养殖规模为 22.50 只，自有耕地面积平均为 1.91 公顷，可以看出，小规模养殖场（户）在不增加土地经营规模的前提下就可以实现种养结合，不仅可以保障肉羊高品质饲草料来源，而且还能实现肉羊粪肥直接还田，进而培肥地力、消纳肉羊养殖产生的面源污染，达到保护环境的效果。第二，外循环种养结合模式通过提升肉羊出栏活重、降低肉羊面源污染来提升肉羊养殖环境技术效率。通过外循环种养结合模式对肉羊养殖环境技术效率的影响路径可知，外循环种养结合模式虽然能提升肉羊出栏活重、降低面源污染，但是同时也会提升饲草料费用和劳动力投入。对于大规模养殖场（户）而言，通过外循环再次实现的"种养结合"是未来的发展趋势（唐佳丽等，2021）。我国农村土地实行了"三权分置"之后，土地流转的速度加快，出现了一些专业大户，同时各种新型合作组织的发展也大大加快，这些发展趋势都为外循环种养结合模式的发展提供了非常有益的条件。理论上来看，外循环种养结合模式可实现分工效应，促使不同劳动单位在种养结合生产环节发挥不同的比较优势，形成专业化分工优势，但现阶段由于缺乏长效运营机制、资源利用主体带动能力不高等原因并不能有效提升劳动效率。因此，政府需出台相关政策以促进种养结合能够持续运作下去。

6.5　本章小结

本章基于 6 省肉羊养殖场（户）调研数据，在充分考虑不可观测因素对养殖场（户）种养结合模式选择的影响而导致内生性问题上，采用多元处理效应模型研究了不同种养结合模式对肉羊养殖环境技术效率的影响及影响机制，分组分析了不同种养结合模式对不同规模及不同区域肉羊养殖环境技术效率的影响。主要结论如下。

第一，MTE 模型的结果表明，由于普通线性回归模型没有将选择性偏差考虑在内，使得估计结果存在偏误。在消除了选择性偏差后，与非种养结合模式相比，内循环种养结合模式及外循环种养结合模式均对肉羊养殖环境技术效率有显著的正向影响，且内循环种养结合模式对环境技术效率的提升作用要强于外循环种养结合模式。

第二，进一步分析不同种养结合模式对肉羊养殖环境技术效率的影响机制发现，与非种养结合相比，内循环种养结合模式通过降低饲草料费用、降低劳动力投入、减少面源污染及碳排放来提升肉羊养殖环境技术效率，外循环种养结合模式主要通过降低面源污染和增加肉羊出栏活重来提升肉羊养殖环境技术效率。可见，无论何种种养结合模式均可以减少肉羊养殖面源污染的排放。

第三，与大规模养殖场（户）相比，内循环种养结合模式对小规模养殖场（户）肉羊养殖环境技术效率的提升作用更强；外循环种养结合模式仅能提升大规模养殖场（户）肉羊养殖环境技术效率，并不能提升小规模养殖场（户）肉羊养殖环境技术效率。可以看出，外循环种养结合模式找到了与规模经济的"交集"，提高了种养结合各环节的运行效率，促进了资源的高效配置，但如何进一步释放外循环种养结合提升小规模养殖场（户）肉羊环境技术效率的作用还有待深入探讨。

7 种养结合对肉羊养殖环境技术效率的 影响：基于程度视角 ///////////////////////////////

种养结合方式不仅可以从模式层面划分，种养结合程度也可以作为种养结合方式划分的重要角度之一，基于程度视角探究种养结合对肉羊养殖环境技术效率的影响也是具有现实意义的。因此，本章主要根据肉羊养殖场（户）调查问卷数据，基于多元处理效应模型研究了不同种养结合程度对肉羊养殖环境技术效率的影响及影响机制。具体来看，首先，分析不同种养结合程度对肉羊养殖环境技术效率的影响；其次，分析不同种养结合程度对肉羊养殖环境技术效率的影响机制；再次，基于规模和区域视角分析不同种养结合程度对肉羊养殖环境技术效率的异质性影响；最后，对模型估计结果进行稳健性检验。

7.1 理论分析与研究假说

如前文所述，环境技术效率是兼顾经济利益和环境保护的效率。种养结合农牧系统内部可实现"物质循环与利用"（钟珍梅，2012），改善资源利用率，降低生产成本，提高经济与环境效益（朱冠楠，2014；王善高，2021）。例如种草养羊生态循环农业模式的养殖场（户）在从事肉羊养殖的同时种植肉羊饲草料，不仅能够有效抵御饲草料市场风险，而且可充分利用富裕的要素资源以及生产能力，形成生产成本互补与分摊。不同程度种养结合对肉羊养殖环境技术效率的影响存在一定的差异。与非种养结合养殖场（户）相比，不管何种程度种养结合一定程度上实现了范围经济，范围经济会促进肉羊养殖环境技术效率的提升，且随着种养结合程度的加深，范围经济产生的正效应增强，对环境技术效率的正效应也会增强。但与此同时，高程度种养结合养殖场（户）肉羊养殖专业化有所降低，可能会降低其肉羊养殖管理水平和生产行为的专业性，一定程度上可能会对肉羊养殖环境技术效率的提升产生阻碍作用。

基于此，本研究提出如下研究假说。

H1：与非种养结合相比，低程度及高程度种养结合均可以提高肉羊养殖环境技术效率，且高程度种养结合对环境技术效率的提升作用更强。

　　通过第二章的理论分析可知，种养结合会对饲草料投入、劳动力投入、期望产出和非期望产出产生影响（图7-1）。具体来看，其一，在饲草料投入方面，肉羊养殖需要消耗大量的饲草料（饲草料是当下肉羊成本份额较大的投入要素），普通养殖场（户）需支付较多的费用用于购买商品饲料。对于种养结合户而言，自种农作物及其产品为肉羊饲草料主要来源，这就使得他们不必完全依赖市场上的商品饲料，从而减少了商品饲料的使用。肉羊养殖场（户）目前通过种养结合对肉羊养殖粪污资源化利用的主要方式是肥料化，即用养殖粪污还田，在这过程中增加了粪污还田成本；肉羊粪污经过加工处理后，可以转化为有机肥料被资源化利用，有助于减少农田化肥的使用量以及降低饲料生产成本。其二，在劳动力投入方面，种养结合由于扩大了农业经营范围，还可能导致养殖场（户）对人力资本的投资，把剩余劳动力引入到饲草料种植中，优化劳动力配置。其三，从期望产出来看，通过种养结合生产的饲草料质量较好，用来饲喂肉羊更有利于肉羊生长，提升肉羊产出。此外，目前草场资源限制下，大多地区大力推广肉羊舍饲养殖方式，因此通过种养结合实现废弃物污染的清理与资源化利用能为肉羊养殖营造良好圈舍环境，进而影响肉羊生产性能，改变养殖收益。其四，从非期望产出来看，一方面养殖场（户）将肉羊养殖过程中产生的粪污经过处理后施用在农田，有效降低了肉羊养殖产后阶段面源污染的排放量；另一方面，通过饲草料的合理配比影响了肉羊养殖过程中的碳排放。

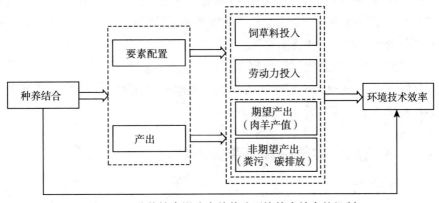

图7-1　种养结合影响肉羊养殖环境技术效率的机制

　　基于此，本研究提出如下研究假说。

　　H2：与非种养结合相比，低程度种养结合与高程度种养结合均通过改变要素配置、增加肉羊养殖期望产出、减少肉羊养殖非期望产出来提升肉羊养殖环境技术效率。

如前文所述，无论是低程度种养结合还是高程度种养结合均能提升肉羊养殖环境技术效率。随着养殖规模的扩大，养殖场（户）出现了规模经济效益，从而带来肉羊生产的专业化分工和生产集聚，实现农业生产规模经济。一方面，较大规模养殖场（户）通常已经积累了较多的物质资本和社会资本，更有能力获得较低的生产要素价格和较高的肉羊产品销售价格，从而有利于提高环境技术效率；另一方面，肉羊养殖规模的提高能促进肉羊生产过程中标准化程度提升，在品种选育、饲养管理、技术采用和疾病防治等方面具有明显的优势，同时也包括更多的机械投资，如粪污处理机械等。

基于此，本研究提出如下研究假说。

H3：与小规模养殖场（户）相比，低程度种养结合与高程度种养结合均对大规模养殖场（户）肉羊养殖环境技术效率的提升作用更强。

一般来说，与农区养殖场（户）相比，牧区半牧区养殖场（户）文化程度较低，厌恶风险，较少采用新技术，不愿改变传统小农经营方式（胡雪枝，2017；李澜，2009）；而且牧区半牧区肉羊养殖场（户）年龄偏大，随着年龄的增长，养殖场（户）从事农业劳动的体力不足，体能弱化降低了农业劳动投入质量，产生"老化效应"，根据速水佑次郎的观点，养殖场（户）作为理性经济人，会对生产要素进行重新配置（钟甫宁，2016；Liu，2016；李俊鹏，2018）。但肉羊养殖业作为牧区半牧区传统优势产业，养殖场（户）通过在"干中学"不断积累经验，劳动技能可能更为娴熟，产生"积累效应"；而且牧区半牧区养殖场（户）一般不会从事非农兼业活动，对农业生产更专注，有利于精细化管理，产生"正面效应"。

基于此，本研究提出如下研究假说。

H4：低程度种养结合模式和高程度种养结合模式对农区、牧区半牧区肉羊养殖环境技术效率提升作用存在差异。

7.2　研究方法、数据来源与变量说明

7.2.1　研究方法

本研究建立如下模型估计种养结合程度选择对养殖场（户）肉羊养殖环境技术效率的影响。

$$Y_i = X_i\alpha + D_i\gamma + \varepsilon_i \tag{7-1}$$

$$D_i^* = Z_i\beta + \mu_i \tag{7-2}$$

式中 Y_i 为养殖场（户）肉羊养殖环境技术效率，X_i 为养殖场（户）养殖特征、个体特征、外部环境特征等外生变量，D_i 为养殖场（户）种养结合程度选择变量，并决定于潜变量 D_i^* 的值，α、γ、β 为待估系数，ε_i 与 μ_i 为随机误差项。

如果 D_i 外生，那么可以使用普通最小二乘法直接进行估计；但养殖场（户）选择不同种养结合程度不仅受资源禀赋、养殖特征、政府政策等可观测因素的影响，而且还受其兴趣、合作意识、管理能力等不可观测因素的影响，存在样本"自选择"问题，且 ε_i 和 μ_i 包含的不可观测因素可能同时影响养殖场（户）种养结合程度选择和肉羊养殖环境技术效率（要素配置、期望产出、非期望产出），从而导致 ε_i 和 μ_i 存在相关性，即 $\rho = \text{cov}(\varepsilon_i, \mu_i) \neq 0$。此外，由于不同种养结合程度养殖场（户）初始禀赋存在差异，调研所获得不同种养结合程度的养殖场（户）样本并不是随机分布的，必须考虑养殖场（户）选择不同种养结合程度非随机分布所带来的样本选择偏差问题，否则可能会产生内生性问题。因此，本部分基于考虑了多元选择中可观测和不可观测因素导致选择偏差的多元处理效应模型来进行研究。此模型采用两步估计方法，其中，第一步即养殖场（户）选择方程，用混合多项 Logit 模型。

$$P(D_i = j \mid Z_i) = \frac{exp(\alpha + \beta_i Z_i)}{1 + exp(\alpha + \beta_i Z_i)} \qquad (7-3)$$

式中 $P(D_i = j \mid Z_i)$ 为养殖场（户）选择种养结合程度 j 的概率，Z_i 为解释变量，与式（7-2）相同。并计算每个养殖场（户）的风险 λ_i。

第二步环境技术效率（要素配置、期望产出、非期望产出）估计方程，用普通最小二乘法估计方程。

$$Y_i = X_i \alpha + D_i \gamma + \rho \sigma_\varepsilon \lambda_i \qquad (7-4)$$

式中 $\rho \sigma_\varepsilon$ 为 λ_i 的系数估计值，若显著则表示存在不可观测因素引起的内生性问题，那么通过该模型可以剔除内生性，得到更准确的估计结果。在用 MTE 模型进行估计时，变量 Z_i 和 X_i 可以有重叠，但 Z_i 至少包含一个变量不在 X_i 中，可将其视为工具变量。在其他变量选取方面，本研究参照丁存振等（2019）的做法，基于选择方程选取变量。

7.2.2 数据来源与样本说明

本部分数据来源同第六章，详见 6.2.2，此处不再赘述。本研究利用 MAXDEA 8 软件估计肉羊养殖环境技术效率，并将大规模养殖场（户）定义为养殖规模大于样本平均值的养殖场（户），而将小规模养殖场（户）定义为养殖规模低于样本平均值的养殖户。从表7-1可以看出，第一，基于全部样本来看，种养结合模式下肉羊养殖环境技术效率高于非种养结合模式下肉羊养殖环境技术效率；且高程度种养结合模式下的肉羊养殖环境技术效率均值高于低程度种养结合模式下的肉羊养殖环境技术效率。第二，从规模来看，大规模养殖场（户）的肉羊养殖环境技术效率值要高于小规模养殖场（户），可能是由于与小规模养殖户相比，大规模养殖场（户）在养殖专业化水平、圈舍条件、养殖设施等方面具有优势，同时大规模养殖场（户）还能够发挥规模优势。需要说明的是，环境技术效率差异是否由种养结合程度差异引起仍需要进一步验证。

表7-1　肉羊养殖环境技术效率描述性统计

类别	非种养结合	种养结合		
		全部样本	低程度种养结合	高程度种养结合
全部样本	0.639	0.850	0.783	1.085
小规模	0.559	0.811	0.726	1.051
大规模	0.795	0.937	0.886	1.215

数据来源：由 MAXDEA 8 软件计算所得。

7.2.3　变量选择

（1）被解释变量

养殖场（户）肉羊养殖环境技术效率。与上章相同，相关计算过程不再赘述。

（2）核心解释变量

种养结合程度。种养结合是将畜禽养殖所产生的粪便和有机废料加工制作成有机肥料，以满足种植业的有机肥需求，同时种植业为畜禽养殖提供饲草料来源，实现种养互惠、生态循环的模式。可以看出，种养结合包含羊粪施用和饲草料种植两个环节。基于此，本部分从养殖场（户）将羊粪用作有机肥的比例以及肉羊饲草料来自施用羊粪有机肥农田种植的比例两个方面来综合衡量种养结合程度。本部分将养殖场（户）羊粪用作种养结合的比例和饲草料来源于种养结合的比例均高于种养结合样本总体平均水平的定义为高程度种养结合，其余的定义为低程度种养结合。具体模型构建中，由于非种养结合模式不能实现种养结合，因此在回归中将其赋值为0作为参照组，并将"低程度种养结合模式""高程度种养结合模式"模式依次赋值为1、2进行对比分析。

（3）控制变量

影响养殖场（户）肉羊养殖环境技术效率的因素是多方面的，参照已有研究并结合肉羊养殖特点，本部分主要从肉羊养殖户的个体特征、养殖特征以及政府政策等方面考量，分别选取了户主年龄、户主文化程度、养殖专业化程度、养殖规模、家庭劳动力人口数、固定资产投资、肉羊养殖年限、参加养殖肉羊方面的技术培训次数、养殖场（户）的耕地禀赋、是否参加肉羊养殖合作社或协会、是否位于农区、与乡政府距离以及当地政府对肉羊养殖的环境监管力度。

（4）工具变量

借鉴相关研究成果，本部分选择养殖场（户）参与种养结合前对种养结合认知情况作为工具变量。

具体变量定义与描述性统计如表7-2所示。

表7-2　变量定义与描述性统计

变量	变量名称	变量定义及赋值	均值		平均差
			非种养结合	种养结合	
被解释变量	环境技术效率	肉羊养殖环境技术效率	0.639	0.850	−0.211***
核心解释变量	种养结合程度	非种养结合模式＝0；低程度种养结合＝1；高程度种养结合＝2	—	—	—
个体特征	户主年龄	户主实际年龄（岁）	54.434	51.564	2.870*
	户主文化程度	户主受教育程度；小学以下＝1，小学＝2，初中＝3，中专及高中＝4，大专及以上＝5	2.830	2.798	0.032
养殖特征	养殖专业化程度	肉羊养殖收入在家庭总收入的占比	0.679	0.695	−0.016
	养殖规模	养殖户肉羊实际养殖数量（只）	87.716	54.902	32.813*
	劳动力人口数	家庭劳动力人口数量（人）	2.264	2.410	−0.145
	固定资产投资	养殖户固定资产投资额自然对数（万元）	10.758	10.955	−0.198
	耕地禀赋	养殖户种植耕地面积（亩）	28.764	27.753	1.011
	肉羊养殖年限	养殖户养殖肉羊年限（年）	16.623	18.819	−2.197
	技术培训	户主接受肉羊养殖技术培训次数（次）	1.283	1.027	0.256
	是否参与合作社/协会	是否参与肉羊养殖合作社或协会等；否＝0，是＝1	0.264	0.298	−0.034

（续）

变量	变量名称	变量定义及赋值	均值		平均差
			非种养结合	种养结合	
外部环境特征	是否位于农区	养殖户是否位于农区；否=0，是=1	0.434	0.564	−0.130*
	养殖场距乡政府距离	养殖场与乡政府的距离；0~5千米=1，5~10千米=2，10~15千米=3，15~20千米=4，20千米以上=5	2.509	3.011	−0.501**
	环境规制	养殖户认为当地政府对肉羊养殖的环境监管力度；非常弱=1，较弱=2，一般=3，较强=4，非常强=5	2.887	2.846	0.041
工具变量	种养结合认知	养殖户采用该种养结合模式前对其了解程度；非常弱=1，较弱=2，一般=3，较强=4，非常强=5	2.283	2.628	−0.345

注：*、**分别表示数据在10%、5%的水平上显著。

7.3 实证分析

7.3.1 影响分析

本部分同时运用 MTE 模型和普通最小二乘法估计了不同种养结合程度对肉羊养殖环境技术效率的影响，估计结果如表 7-3 所示。Wald 检验结果（$Prob > chi2 = 0.00$）显示所有回归系数共同等于零的假设被拒绝。从环境技术效率估计方程上看，λ_2 和 λ_3 在 1% 水平上显著，说明种养结合程度与肉羊养殖环境技术效率之间存在内生关系；λ_2 和 λ_3 显著为负，表明未观测到的促使养殖场（户）选择不同种养结合程度的因素与肉羊养殖环境技术效率负相关（Deb，2006），即存在负的选择偏差。因此，MTE 模型估计结果更为合理。MTE 模型估计结果显示：第一，与非种养结合模式相比，低程度种养结合以及高程度种养结合对肉羊养殖环境技术效率均有显著的正向影响，影响系数分别为 0.38 和 0.66，此结论验证了假说 1。一方面说明与非种养结合模式相比，种养结合可以提升肉羊养殖环境技术效率；另一方面说明高程度种养结合对肉羊养殖环境技术效率的提升作用高于低程度种养结合。究其原因：其一，由于种养结合可实现种地与养地结合，可解决粪肥排放的污染，同时化解了农牧经营主体分离条件下粪肥还田成本问题；其二，种养结合可优化养殖场（户）的资源配置；其三，种养结合在一定程度上解决了饲草料来源问题，降低了饲草料成本。第二，参加培训次数、家庭劳动力人口及肉羊养殖规模均对肉羊养殖环境技术效率有显著的正向影响。表明技术培训次数的增加、家庭劳动力人口的增多及肉羊养殖规模的扩大均能够提升肉羊养殖环境技术效率。究其原因：其一，参加培训促使养殖场（户）掌握先进的技术，进而促进环境技术效率的提升；其二，在当前肉羊养殖规模偏小的背景下，规模的提升会产生规模效应，进而促进肉羊养殖环境技术效率的提升；其三，家庭劳动力人口较多，劳动力较为充足，对市场信息的收集能力以及把握程度更强，在肉羊养殖等方面的经营意识和管理理念则更强，在采用新技术、接受新信息上有优势，并且可提升肉羊养殖精细化程度，进而影响肉羊养殖环境技术效率。

表7-3 不同种养结合程度对肉羊养殖环境技术效率影响的估计结果

变量	MTE 模型			普通最小二乘法
	选择方程		效率方程	
	(1)	(2)		
低程度种养结合			0.377 ***	0.150 **
			(4.62)	(2.09)
高程度种养结合			0.660 ***	0.524 ***
			(6.08)	(5.53)
是否位于农区（是＝1，否＝0）	1.671 ***	1.144	0.048	0.075
	(2.98)	(1.48)	(0.65)	(0.99)
养殖肉羊年限	0.015	0.067 ***	0.002	0.003
	(0.82)	(2.85)	(0.88)	(1.15)
户主年龄	−0.037	−0.075 ***	−0.001	−0.003
	(−1.53)	(−2.37)	(−0.43)	(−1.01)
家庭劳动力人口数	0.357	−0.236	0.070 **	0.086 ***
	(1.61)	(−0.76)	(2.44)	(3.02)
技术培训次数	−0.503 **	−0.558 **	0.072 ***	0.058 **
	(−2.56)	(−2.05)	(2.67)	(2.15)
环境规制	−0.155	−0.181	−0.010	−0.011
	(−0.92)	(−0.84)	(−0.50)	(−0.56)
固定资产投资额	0.285	0.413	−0.039	−0.033
	(1.41)	(1.46)	(−1.39)	(−1.18)
户主文化程度	−0.072	0.089	−0.035	−0.032
	(−0.30)	(0.27)	(−1.05)	(−0.95)

（续）

变量	MTE 模型			普通最小二乘法
	选择方程		效率方程	
	(1)	(2)		
是否参与合作社/协会（是＝1，否＝0）	0.148 (0.29)	0.069 (0.10)	−0.004 (−0.06)	−0.006 (−0.08)
肉羊养殖规模	−0.002 (−1.25)	−0.025 ** (−2.53)	0.001 *** (4.90)	0.001 *** (4.46)
养羊收入占比	−0.374 (−0.41)	0.574 (0.44)	−0.041 (−0.34)	−0.048 (−0.39)
与乡政府距离	0.376 ** (2.40)	0.819 *** (4.02)	−0.017 (−0.81)	−0.011 (−0.52)
耕地禀赋	−0.000 (−0.05)	−0.005 (−0.57)	−0.001 (−0.67)	−0.001 (−0.67)
种养结合认知	0.514 ** (2.52)	0.662 ** (2.50)		
常数项	−2.648 (−0.88)	−4.718 (−1.14)	0.785 * (1.90)	0.927 ** (2.23)
$lnsigma$			−1.269 *** (−7.33)	
λ_2			−0.277 *** (−5.01)	
λ_3			−0.137 ** (−2.23)	
$Loglikelihood$		−319.068		
$Prob>chi2$		0.000		

注：*、**、*** 分别表示估计结果在 10%、5%、1%的水平上显著；MTE 模型影响系数下方为 Z 值，普通最小二乘法回归影响系数下方为 t 值。表 7 - 4～表 7 - 7 同。

7.3.2 影响机制分析

上文虽得出不同种养结合程度均有利于提升肉羊养殖环境技术效率，但这仅回答了"是什么"的问题，那么其背后的作用机制是什么呢？为进一步回答不同种养结合程度为什么能够提升肉羊养殖环境技术效率，本部分估计不同种养结合程度对肉羊养殖环境技术效率的影响机制（表 7 - 4）。

表7-4 不同种养结合程度对肉羊养殖环境技术效率影响机制的估计结果

假设	变量	饲草料费用	劳动力投入	出栏羊活重	面源污染	碳排放
内生（MTE模型）	低程度种养结合	−99.313***（−119.26）	−0.584***（−45.20）	3.019***（21.08）	−2.679***（−102.34）	−13.828***（−157.18）
	高程度种养结合	−60.539***（−54.15）	0.625***（36.25）	3.183***（16.59）	−7.845***（−391.36）	−3.825***（−33.15）
	控制变量	控制	控制	控制	控制	控制
	常数项	29.225***（3.60）	2.256***（24.54）	42.581***（44.72）	6.980***（71.99）	30.642***（61.73）
	$lnsigma$	0.773***（6.46）	−3.615***（−24.71）	−1.129***（−8.09）	−3.524***（−29.93）	−1.534***（−11.40）
	λ_2	84.500***（274.05）	0.639***（91.37）	−4.643***（−76.51）	−0.008*（−1.77）	13.514***（461.20）
	λ_3	−23.623***（−70.46）	−0.473***（−82.54）	−5.715***（−95.71）	1.901***（615.50）	−2.467***（−37.15）
外生（普通最小二乘法）	低程度种养结合	−38.805***（−2.77）	−0.016（−0.13）	1.324（1.07）	−2.661***（−8.47）	−3.299（−1.60）
	高程度种养结合	−65.485***（−3.55）	0.314**（1.98）	−2.125（−1.31）	−6.051***（−14.64）	−8.046***（−2.96）
	控制变量	控制	控制	控制	控制	控制
	常数项	20.676（0.26）	2.246***（3.22）	411.156***（5.78）	6.464***（3.56）	41.785***（3.50）

如表7-4所示，第一，MTE模型估计结果显示，低程度种养结合主要通过减少饲草料费用、降低劳动力投入、增加出栏羊活重、降低肉羊面源污染和碳排放来提升肉羊养殖环境技术效率。第二，MTE模型估计结果显示，高程度种养结合主要通过降低饲草料费用、增加出栏羊活重、降低肉羊养殖面源污染和碳排放来提高肉羊养殖环境技术效率。上述结论验证假说2。可以看出，首先，种养结合作为粪污处理的一种方式，可以有效将肉羊粪便转化为种植业的有机肥料[1]，进而减少肉羊养殖面源污染，且种养结合程度越高对肉羊粪污收集更为有效；其次，低程度种养结合使劳动力投入合理配置，而高程度种养结合产生费工效应。此外，对比普通最小二乘法估计结果可以看出，若不将不可观测因素的影响考虑在内会导致误导性因果推断。

---

[1] 已有研究发现，羊粪中营养成分种类多，有机质氮磷钾含量相对猪粪、鸡粪低（黎运红，2015）。

7.3.3　异质性分析

(1)　种养结合对不同规模肉羊养殖环境技术效率的影响

为分析不同种养结合程度对不同规模养殖场（户）肉羊养殖环境技术效率的异质性影响，本部分就不同种养结合程度对不同规模养殖场（户）肉羊养殖环境技术效率的影响进行了分组估计。同前文处理方式类似，本部分同时估计了内生假设条件下以及外生假设条件下种养结合程度对不同规模养殖场（户）肉羊养殖环境技术效率的影响（表7-5）。

表7-5　不同种养结合程度对不同规模肉羊养殖环境技术效率影响的估计结果

假设	变量	小规模	大规模
内生 （MTE 模型）	低程度种养结合	0.347 *** (2.79)	0.079 (0.88)
	高程度种养结合	0.532 *** (3.74)	0.284 * (2.24)
	控制变量	控制	控制
	常数项	1.464 *** (2.63)	0.685 (1.26)
	$lnsigma$	-1.022 *** (-5.68)	-2.135 ** (-2.84)
	λ_2	-0.256 ** (-2.44)	-0.195 *** (-3.49)
	λ_3	-0.030 (-0.32)	-0.0732 (-0.93)
外生 （普通最小二乘法）	低程度种养结合	0.138 (1.43)	-0.023 (-0.24)
	高程度种养结合	0.490 *** (4.05)	0.273 * (2.04)
	控制变量	控制	控制
	常数项	1.384 ** (2.42)	0.783 (1.32)

通过 λ_2 的显著性可以看出养殖场（户）在低程度种养结合模式下均存在选择性偏差，且通过对比普通最小二乘法估计结果可以看出，若不考虑不可观测因素的影响会导致误导性因果推断。MTE 模型估计结果显示：第一，小规

模养殖场（户）与非种养结合比，低程度种养结合及高程度种养结合均对肉羊养殖环境技术效率有显著正向影响，且高程度种养结合对肉羊养殖环境技术效率的提升作用要强于低程度种养结合。第二，大规模养殖场（户）仅高程度种养结合对肉羊养殖环境技术效率有提升作用，低程度种养结合对肉羊养殖环境技术效率的影响并不显著，上述结论验证假说3。第三，对比来看，高程度种养结合对小规模养殖场（户）肉羊养殖环境技术效率的提升作用更强。可能的原因是，一方面，规模越大对于各类新技术的需求越高，越有利于降低规模化经营的成本，进而使得大规模肉羊养殖场（户）环境技术效率的初始环境技术效率值处于较高水平；另一方面，对于小规模肉羊养殖场（户）来说，各项投入更容易实现养殖业与种植业之间的转换，因此对肉羊养殖环境技术效率的提升作用更强。

（2）种养结合对不同区域肉羊养殖环境技术效率的影响

如前文所述，不同种养结合程度对不同区域肉羊养殖环境技术效率的影响可能存在差异，为此，本研究进一步分组估计不同程度种养结合对不同区域肉羊养殖环境技术效率的异质性影响。同前文处理方式类似，本部分同时估计了内生假设条件下以及外生假设条件下不同程度种养结合对农区、牧区半牧区肉羊养殖环境技术效率的影响（表7-6）。

表7-6　不同种养结合程度对不同区域肉羊养殖环境技术效率影响的估计结果

假设	变量	农区	牧区半牧区
内生 （MTE模型）	低程度种养结合	0.270** (2.53)	0.090 (1.01)
	高程度种养结合	0.806*** (5.80)	0.316** (2.81)
	控制变量	控制	控制
	常数项	0.942* (1.71)	0.466 (1.25)
	$lnsigma$	−1.523*** (−5.37)	−1.768*** (−4.49)
	λ_2	−0.353*** (−6.07)	0.175 (1.95)
	λ_3	−0.038 (−0.59)	−0.028 (−0.26)

（续）

假设	变量	农区	牧区半牧区
外生 （普通最小二乘法）	低程度种养结合	−0.012 （−0.11）	0.216 ** （3.26）
	高程度种养结合	0.738 *** （5.47）	0.310 *** （3.58）
	控制变量	控制	控制
	常数项	1.324 ** （2.41）	0.548 （1.42）

农区养殖场（户）估计方程中 λ_2 在 1‰显著水平上显著，说明农区养殖场（户）在低程度种养结合下存在选择性偏差。通过对比普通最小二乘法估计结果可以看出，若不考虑不可观测因素的影响会导致误导性因果推断。MTE 模型估计结果显示：第一，农区养殖场（户），低程度与高程度种养结合模式对肉羊养殖环境技术效率均有显著正向影响。第二，牧区半牧区养殖场（户），高程度种养结合模式对肉羊养殖环境技术效率有显著的正向影响，低程度种养结合模式对肉羊养殖环境技术效率的影响并不显著。第三，对比来看，高程度种养结合对农区养殖场（户）肉羊养殖环境技术效率的提升作用要强于牧区半牧区。究其原因，与农区相比，牧区半牧区劳动力质量较低，因此高程度种养结合对环境技术效率的提升程度较低。

7.3.4　稳健性检验

为了检验估计结果的稳健性，本部分采用了更换样本的方式重新估计种养结合程度对环境技术效率的影响。与第六章相同，本部分分别选择初中以上学历组和低龄组作为样本进行检验，结果如表 7-7 所示。从模型估计结果可知：第一，初中以上学历组估计结果显示，与非种养结合模式相比，低程度种养结合和高程度种养结合对肉羊养殖环境技术效率均有显著的正向影响，且种养结合程度越高对肉羊养殖环境技术效率的提升作用越强。第二，低龄组估计结果显示，与非种养结合相比，不管是低程度种养结合还是高程度种养结合对肉羊养殖环境技术效率均有显著的正向影响，且种养结合程度越高对肉羊养殖环境技术效率的提升作用越强。总体来看，无论是初中以上学历组还是低龄组，关键解释变量的估计结果与全部样本的估计结果一致，表明前述实证结果是稳健的。

表7-7 不同种养结合程度对初中以上学历组及低龄组肉羊养殖环境技术效率影响的估计结果

变量	初中以上学历组	低龄组
低程度种养结合	0.253**	0.286*
	(2.53)	(1.72)
高程度种养结合	0.517***	0.649***
	(3.83)	(3.67)
控制变量	控制	控制
常数项	0.909**	0.292
	(2.25)	(0.65)
$lnsigma$	-1.505***	-1.029***
	(-5.77)	(-4.92)
λ_2	-0.108**	-0.164
	(-1.59)	(-0.92)
λ_3	-0.264***	-0.028
	(-4.24)	(-0.17)
$Loglikelihood$	-142.738	-154.385
$Prob>chi2$	0.000	0.000

7.4 进一步讨论

本章在充分考虑不可观测因素对养殖场（户）种养结合程度选择的影响而导致内生性问题上，采用多元处理效应模型研究了种养结合程度对肉羊养殖环境技术效率的影响及影响机制，为我国制定肉羊产业绿色发展政策提供了依据，也为相关学术进一步的研究提供了基础。本章得出高程度种养结合方式对肉羊养殖环境技术效率的影响要强于低程度种养结合方式，且高程度种养结合通过降低饲草料费用、增加出栏活重、降低肉羊养殖面源污染和碳排放推动肉羊养殖环境技术效率提升，但同时也会增加肉羊养殖劳动力投入，进而阻碍肉羊养殖环境技术效率的提升。因此，应因地制宜推广种养结合模式，提高区域种养结合水平。对于耕地配套条件较好的养殖场（户），政府应对其进行一定的种养结合补贴，如粪污处理设施补贴、饲草料种植补贴等；对于耕地配套条件较差的养殖场（户），应重点在土地流转给予政策支持或建立大型的有机肥厂与其配套，在空间布局上尽可能将养殖场和相关种植大户和企业结合起来，打通种养结合堵点。同时，应加大新型经营主体培育力度。除大力发展家庭农场等新型种养结合单体外，应继续大力培育新型农业经营主体，破除养殖场（户）参与外循环种养结合模式的现实约束，进而推进种养结合程度的提升。如扶持一批资金实力雄厚、带动能力强的"龙头"企业，加大对养殖专业合作经济组织的引导和扶持，通过引入第三方参与、建立风险保障制度等构建更为完善的利益联结机制，进而实现高程度种养结合的合理分工。

7.5　本章小结

本章基于 6 省肉羊养殖场（户）调研数据，在充分考虑不可观测因素对养殖场（户）种养结合模式选择的影响而导致内生性问题上，采用多元处理效应模型研究了不同种养结合程度对肉羊养殖环境技术效率的影响及影响机制，分组分析了不同种养结合程度对不同养殖规模及不同区域肉羊养殖环境技术效率的影响。得出以下主要结论。

第一，通过 MTE 模型估计发现，普通线性回归由于未考虑选择性偏差，因此导致估计结果存在偏误。在消除了选择性偏差后，与非种养结合模式相比，低程度种养结合及高程度种养结合均能提升肉羊养殖环境技术效率，且高程度种养结合对肉羊养殖环境技术效率的提升作用更强。

第二，通过分析不同种养结合程度对肉羊养殖环境技术效率的影响机制发现，与非种养结合相比，低程度种养结合模式通过降低饲草料费用、降低劳动力投入、提升肉羊出栏活重、减少面源污染和碳排放来提升肉羊养殖环境技术效率；而高程度种养结合模式主要通过降低饲草料费用、提升肉羊出栏活重、降低面源污染和碳排放来提升肉羊养殖环境技术效率。

第三，从规模来看，低程度种养结合及高程度种养结合对小规模养殖场（户）肉羊养殖环境技术效率均有显著正向影响，仅高程度种养结合对大规模养殖场（户）肉羊养殖环境技术效率有提升作用，且高程度种养结合对小规模养殖场（户）肉羊养殖环境技术效率的提升作用更强。

8 种养结合的优化路径 ////////////////////////////

提升种养结合程度对于我国肉羊产业的可持续发展、农村自然环境的保护以及粪污的再利用都具有重要意义。而现有管理制度背景下，政府对辖域内粪污处理情况负有监督职责，养殖场（户）、种植户作为种养结合的重要实施者，由于监督成本、权责收益不对等等因素的存在，易出现"不作为"状态，进而潜在影响种养结合程度的提升。基于此，本章将演化博弈论与种养结合行为结合，分别将内循环种养结合模式和外循环种养结合模式下相关利益主体纳入同一分析框架，构建种养结合行为群体演化博弈模型，并进一步探讨其演化稳定策略，研究其行为相互作用机制，进而探讨提升种养结合程度的动力机制，为提升肉羊产业种养结合程度提供参考。

8.1 内循环种养结合模式下各主体博弈行为

8.1.1 问题提出

内循环种养结合模式下，在羊粪利用方面养殖场（户）作为肉羊粪污生产方、处理方的同时，也为粪污的使用方；在饲草料方面，养殖场（户）作为饲草料的种植方同时，也为饲草料的使用方。对于养殖户来说，如何利用最小的投入获取最高的盈利是其关注的问题；对于政府来说，则更加强调自然环境承载力，要求尽可能减少对自然环境的污染。由此可见，双方的追求是不一致的，政府与养殖场（户）之间便会发生相互博弈的局面（何可，2016）。

对于政府而言：在对相关产出商品进行管理的同时也要考虑到市场导向，因此，自然环境的承载限度是其需要关注的重要方面，这也就意味着畜禽饲养业需要对其排放的废弃物及时进行处理。《畜禽规模养殖污染防治条例》强调政府中的不同部门要对产业发展过程当中不同环节进行监管，例如，环境保护机构应当承担污染物的处理职责，农牧业管控机构应当制定一系列可执行的政策指导废弃物处理工作；综合管理机构应当对该工作的各项人力、物力资源进行合理分配，以保证工作进行的连续性。也就是说政府应当及时承担主体责任，使养殖场（户）实现肉羊废弃物综合利用。政府在肉羊污染治理中要采取环境政策来限制肉羊养殖对环境的污染，让环境恢复成本由污染者承担，让污染的影响在自身范围内得到弥补；同时，养殖场（户）施行种养结合模式实现污染治理的同时，为保障经济效益的可行性，需要政府的扶持为其提供支撑，政府在种养结合中承担着重要的监管和支持保障作用，影响养殖场（户）种养结合行为的选择。

对于养殖场（户）而言：养殖场（户）在进行肉羊养殖时，经济利益一直是其行为的基本动机，而追求经济效益也使得他们对经济利益的重视超过了对肉羊养殖生态环境的保护。养殖场（户）根据其对政府政策及治理行为收益成本的感知，在有限理性和社会环境条件下，做出种养结合行为选择，以最大限度地获取利润。养殖场（户）会根据不同模式下净效益的不同，做出不同的行为选择，当高程度种养结合的净效益高于低程度种养结合模式时，养殖场（户）最终选择高程度种养结合模式，才可能形成环境友好型肉羊养殖业发展的内在动力。

因此，本部分将通过构建政府和养殖场（户）双方在内循环种养结合模式下的演化博弈分析模型，为政府部门奖惩政策的制定提供基础，以期实现政府积极管理、养殖场（户）积极参与的良性发展格局，真正助力肉羊产业绿色高质量发展稳步推进。内循环种养结合模式下养殖场（户）、政府双方博弈树图示见图 8-1。

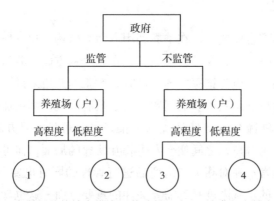

图 8-1　内循环种养结合模式下养殖场（户）、政府双方博弈树图示

8.1.2　理论框架与研究假设

(1) 演化博弈理论框架

最初，Lewontin（1960）将演化博弈理论应用于生态现象的分析中，随着时间的推移，这一理论也被扩展应用到了管理学和经济学领域。如果在内循

环种养结合模式的双方行为主体中存在非理性因素，那么在经济活动中达到最优结果可能会受到影响。在演化博弈论的实际应用中，我们假设经济主体都是有限理性的，而它们的经济行为是在既定规则下进行的，这些规则不可逆转，并且随着时间的推移逐步改善，最终实现各经济主体的动态均衡状态。在考虑到外部随机因素对演化博弈的影响时，可以将演化博弈过程看作是不同经济主体逐步试错的过程。当一方经济主体通过改变行为决策来实现自身利益最大化时，另一方也会采取不同的行为来实现自身利益最大化，直到所有经济主体达到利益最大化的动态均衡状态。因此，动态演化博弈理论在研究内循环种养结合模式中的应用具有广泛的适用性，其公式如下所示：

$$\frac{\mathrm{d}x_i(t)}{\mathrm{d}t} = x_i[f(s_i, x) - f(x, x)] \tag{8-1}$$

x 为在内循环种养结合模式下养殖场（户）和政府等经济主体不同的策略选择，其中个体在选择策略 s_i 时可以获得期望效用为 $f(s, x)$，平均期望效用为 $f(x, x)$。

当一个主体改变其策略时，为了实现自身利益最大化，另一个主体也会选择改变策略。与此同时，同一类型主体中的不同群体也会采取不同的策略。如果某个群体选择了实现最大化效益的策略，其他群体也会模仿。演化博弈理论指出，不同策略之间的胜负取决于它们所能带来的预期收益，而这一点可以通过动态方程中增长率的大小来量化。因此，当需要处理不同主体间相互作用问题时，可以使用以下复制动态方程进行表示：

$$\frac{\mathrm{d}x_i^j(t)}{\mathrm{d}t} = x_i^j[f(s_i^j, x) - f(x^j, x^{-j})] \tag{8-2}$$

式中，j 为同一类不同群体所采取的策略选择，期望收益值为 $f(s_i^j, x)$，平均期望值为 $f(x^j, x^{-j})$。为了实现最优结果，不同经济主体会通过改变自己的行为来达到利益最大化，同时经济主体内部不同群体也会通过逐步优化自己的行为决策来实现最大化利益。

（2）模型假设

本部分假定参与主体包括政府与养殖场（户），在有限理性条件下，根据对方的策略选择对自身策略进行调整，经过多次重复博弈，使双方能够实现资源的最优化配置，做出最有利于自身利益的策略选择，即达到均衡点。为了确保养殖场（户）在种养结合行为决策方面能够有更好的科学性，基于政府的环境政策以及养殖场（户）的实际经营情况，形成以下假设。

H1：养殖场（户）、政府都是有限理性的。他们都能在博弈过程中学习和适应动态的环境变化，在最有利于自身发展的情况下积极调整策略。

H2：博弈者之间的学习速度较慢，因此采用演化博弈论的复制动态，基于群体行为，利用复制动态方程分析模拟群体成员之间的模仿行为，从而观察特定策略采用比例随时间的变化情况。

H3：肉羊养殖场（户）已经充分理解种养结合的模式，可以根据其本身所具有的经验和养殖能力去扩大产业规模、整合资源，并通过种养结合的方式获取收益。

H4：养殖场（户）可以采取高程度种养结合策略，或者选择不采取这种策略。政府对养殖场（户）采取高程度种养结合模式可以进行监督管理，也可以不进行监督管理。

(3) 变量说明

因为肉羊养殖场（户）对高程度种养结合方式的理解存在偏差，且自身所具有的资源也是有限的，所以肉羊养殖场（户）可以选择高程度种养结合和低程度种养结合两种策略。其中，高程度种养结合产生成本共计 C_2，并通过种养结合创造效益为 R；低程度种养结合产生成本共计 C_2'，并通过种养结合创造效益为 R'。政府有对肉羊粪污处理监管的职责，因此政府也有权决定对养殖场（户）做出的选择是否采取管控措施，监管情况下产生监管成本 C_1，并对养殖场（户）高程度种养结合的行为进行补贴为 J，对养殖场（户）不采用高程度种养结合行为罚款 P，且政府则需支付 C_3 的治理环境成本；若养殖场（户）采纳高程度种养结合，且政府实施干预，那么政府所获得的社会公信力提升为 C_4。

博弈分析中涉及的符号定义如表 8-1 所示，根据参数假设构建的养殖场（户）和政府博弈支付矩阵如表 8-2 所示。

表 8-1　符号说明

符号	含义	参数范围
x	养殖场（户）选择高程度种养结合的比例	$0 \leqslant x \leqslant 1$
y	政府选择监管的比例	$0 \leqslant y \leqslant 1$
C_1	政府的监管成本	$C_1 > 0$
C_2	养殖场（户）采取高程度种养结合所付出的成本	$C_2 > 0$
C_2'	养殖场（户）采取低程度种养结合所付出的成本	$C_2' > 0$
C_3	政府治理环境的成本	C_3
C_4	政府监管高程度种养结合模式下公信力提升	$C_4 > 0$

（续）

符号	含义	参数范围
R	养殖场（户）采取高程度种养结合获得的经济效益	$R>0$
R'	养殖场（户）采取低程度种养结合获得的经济效益	$R'>0$
P	政府监管时对养殖场（户）较低粪污处理水平的罚款	$P>0$
J	政府支付给养殖场（户）施行高程度种养结合的补贴	$J>0$

表 8 - 2　养殖场（户）与政府双方博弈支付矩阵

博弈方		政府	
		监管（y）	不监管（$1-y$）
养殖场（户）	高程度（x）	$-C_2+R+J$，$-C_1-J+C_4$	$-C_2+R$，0
	低程度（$1-x$）	$-C_2'+R'-P$，$P-C_1-C_3$	$R'-C_2'$，$-C_3-C_4$

8.1.3　博弈主体演化均衡及稳定性

（1）不同主体复制动态方程

①养殖场（户）复制动态方程。假设内循环种养结合模式下养殖场（户）选择采取高程度种养结合模式和低程度种养结合模式的期望效用分别为 U_1 和 U_2，公式如下：

$$U_1 = y(-C_2+R+J) + (1-y)(R-C_2) \quad (8-3)$$

$$U_2 = y(-C_2'+R'-P) + (1-y)(-C_2'+R') \quad (8-4)$$

养殖场（户）的种群效应为

$$\overline{U}_{12} = xU_1 + (1-x)U_2 \quad (8-5)$$

养殖场（户）在种养结合行为中的复制动态方程为

$$F(x) = \frac{\mathrm{d}x}{\mathrm{d}t} = x(U_1 - \overline{U}_{12}) = x(1-x)(U_1 - U_2)$$

$$= x(1-x)[y(J+P) + R - C_2 + C_2' - R'] \quad (8-6)$$

②政府复制动态方程。

假设政府选择对种养结合监管和不监管的期望效用分别为 U_3 和 U_4，公式为

$$U_3 = x(-J-C_1+C_4) + (1-x)(P-C_1-C_3) \quad (8-7)$$

$$U_4 = -(1-x)(C_3+C_4) \quad (8-8)$$

政府的种群效应为

$$\overline{U}_{3,4} = yU_3 + (1-y)U_4 \quad (8-9)$$

进一步得出政府的复制动态方程为

$$F(y) = \frac{\mathrm{d}y}{\mathrm{d}t} = y(U_3 - \overline{U}_{34}) = y(1-y)(U_3 - U_4)$$

$$= y(1-y)[-x(J+P) + P - C_1 + C_4] \qquad (8-10)$$

（2）双方演化稳定性

由式（8-6）和式（8-10）的组合可以得到养殖场（户）和政府的二维动力系统 I ：

$$\begin{cases} F(x) = \dfrac{\mathrm{d}x}{\mathrm{d}t} = x(U_1 - \overline{U}_{12}) = x(1-x)(U_1 - U_2) \\ \qquad = x(1-x)[y(J+P) + R - C_2 + C_2' - R'] \\ F(y) = \dfrac{\mathrm{d}y}{\mathrm{d}t} = y(U_3 - \overline{U}_{34}) = y(1-y)(U_3 - U_4) \\ \qquad = y(1-y)[-x(J+P) + P - C_1 + C_4] \end{cases}$$

分别令系统 I 中的 $F(x) = 0$ 和 $F(y) = 0$，求解可得 $(0, 0)$，$(0, 1)$，$(1, 0)$，$(1, 1)$ 是系统的均衡点；当 $0 < R' - C_2' + C_2 - R < J + P$ 且 $0 < P - C_1 + C_4 < J + P$ 时，$x^* \in [0, 1]$，$y^* \in [0, 1]$，$x^* = \dfrac{P - C_1 + C_4}{J + P}$，$y^* = \dfrac{C_2 - R + R' - C_2'}{J + P}$，在 (x^*, y^*) 点，$F(x) = 0$ 和 $F(y) = 0$ 同样成立，因此 (x^*, y^*) 是系统的均衡点。但复制方程的均衡点是否为系统的演化稳定策略（ESS）需进一步讨论。

根据系统 I 组成的系统的雅克比矩阵 $\boldsymbol{J}_1$ 为

$$\boldsymbol{J}_1 = \begin{bmatrix} \dfrac{\partial F(x)}{\partial x} & \dfrac{\partial F(x)}{\partial y} \\ \dfrac{\partial F(y)}{\partial x} & \dfrac{\partial F(y)}{\partial y} \end{bmatrix} = \begin{bmatrix} \partial_1 & \partial_2 \\ \partial_3 & \partial_4 \end{bmatrix}$$

$$= \begin{bmatrix} (1-2x)\begin{bmatrix} y(J+P) \\ +R - C_2 + C_2' - R' \end{bmatrix} & x(1-x)(J+P) \\ y(1-y)[-J-P] & (1-2y)\begin{bmatrix} -x(J+P) \\ +P - C_1 + C_4 \end{bmatrix} \end{bmatrix}$$

$$(8-11)$$

雅克比矩阵 $\boldsymbol{J}_1$ 的行列式 $\det\boldsymbol{J}_1$、迹 $\mathrm{tr}\boldsymbol{J}_1$ 为

$$\det\boldsymbol{J}_1 = \partial_1\partial_4 - \partial_2\partial_3 \qquad (8-12)$$

$$\mathrm{tr}\boldsymbol{J}_1 = \partial_1 + \partial_4 \qquad (8-13)$$

当均衡点满足 $\det\boldsymbol{J}_1 > 0$ 和 $\mathrm{tr}\boldsymbol{J}_1 < 0$ 时，意味着该均衡点为系统演化稳定

策略。该策略强调均衡点应当满足自身的稳定性，即 $\dfrac{\partial F(x)}{\partial x}<0$ 和 $\dfrac{\partial F(y)}{\partial y}<0$ 成立。根据雅克比矩阵局部稳定分析法对系统均衡点进行稳定性分析，结果如表 8-3 所示。

均衡点 a_1 的讨论：若该策略是稳定策略，则需满足两个条件，其一为 $R-R'<C_2-C_2'$，即养殖场（户）采纳高程度种养结合行为投入较大，所获得的收益差不能将其抵消，其二为 $P+C_4<C_1$，即政府实施监管策略需要付出较高的成本，高于所获得的政府公信力提升。养殖场（户）和政府系统的演化稳定策略为（低程度，不监管）。

表 8-3　养殖场（户）与政府博弈系统雅克比矩阵 $\det J_1$、$\mathrm{tr}J_1$ 值

编号	均衡点	$\det J_1$	$\mathrm{tr}J_1$
a_1	$(0,0)$	$(C_2'-R'+R-C_2)(P-C_1+C_4)$	$C_2'-R'+R-C_2+P-C_1+C_4$
a_2	$(0,1)$	$[(J+P)+R-C_2+C_2'-R'](C_1-P-C_4)$	$J+R-C_2+C_1+C_2'-R'-C_4$
a_3	$(1,0)$	$(R-C_2+C_2'-R')(J+C_1-C_4)$	$-[(R-C_2+C_2'-R')+(J+C_1-C_4)]$
a_4	$(1,1)$	$-[(J+P)+R-C_2+C_2'-R'](J+C_1-C_4)$	$C_1+C_2-P-R-C_2'+R'-C_4$
a_5	(x^*,y^*)	$x^*(1-x^*)(J+P)y^*(1-y^*)(J+P)$	0

均衡点 a_2 的讨论：若该策略是稳定策略，则需满足两个条件，其一为 $(J+P)+R+C_2'<C_2+R'$，即当养殖场（户）选择采纳高程度种养结合行为增加的收益小于其采纳高程度种养结合行为增加的投入，养殖场（户）选择缴纳税款，而不是高程度的种养结合，因为这种方式并不具备经济可行性；其二为 $P>C_1-C_4$，即政府监管时成本较小，低于政府公信力损失。养殖场（户）和政府系统的演化稳定策略为（低程度，监管）。

均衡点 a_3 的讨论：若该策略是稳定策略，则需满足条件 $R-R'>C_2-C_2'$ 和 $J>C_4-C_1$，即市场条件下养殖场（户）采纳高程度种养结合模式所增加的效益高于模式施行增加的成本，高程度种养结合模式已具备经济可行性；政府监管所产生的成本高于政府公信力的提升，为了降低投入，政府会选择不监管。养殖场（户）和政府系统的演化稳定策略为（高程度，不监管）。

均衡点 a_4 的讨论：若该策略是稳定策略，则需满足 $(J+P)+R+C_2'>C_2+R'$ 和 $J>C_4-C_1$，即政府监管所产生的成本低于政府公信力的提升，政府会选择监管；养殖场（户）采纳高程度种养结合模式增加的纯收益要高于此模式增加的成本，养殖场（户）采纳高程度种养结合模式。养殖场（户）和政

府系统的演化稳定策略为（高程度，监管）。

均衡点 a_5 的讨论：当 $R-R'<C_2-C_2'<J+P$，$J<C_4-C_1$ 时，对养殖场（户）来说，采用高程度种养结合模式的成本介于模式综合效益和政府补贴之和与市场条件下获得收益之间，而政府公信力的提升也大于其监管成本，那么在一定的监管水平下，可能有一部分养殖场（户）会选择采用高程度种养结合模式。但仍需要根据其对应的特征根分析其稳定性。

(x^*,y^*) 的雅克比矩阵为

$$\boldsymbol{J_2} = \begin{bmatrix} 0 & x^*(1-x^*)(J+P) \\ y^*(1-y^*)(-J-P) & 0 \end{bmatrix} \qquad (8-14)$$

其特征根 λ 满足方程

$$\lambda^2 =-y^*(1-y^*)(J+P)x^*(1-x^*)(J+P) \qquad (8-15)$$

λ_1、λ_2 为虚特征根，(x^*,y^*) 为稳定均衡点，但不是渐进稳定的。养殖场（户）和政府的行为策略不会到达均衡点，即 (x^*,y^*) 不是系统的演化稳定策略。

8.2　外循环种养结合模式下各主体博弈行为

8.2.1　问题提出

上文分析了内循环种养结合模式下养殖场（户）与政府的博弈，内循环种养结合实际操作中存在诸多困难，比如：养殖场（户）自有农田吸收粪污能力不足，过度施用容易导致氮、磷、重金属离子污染及作物烧苗，运输费用较高，储存需要占用大量土地，施用不够灵活等。因此，单靠养殖场（户）自种自养的方式无法彻底解决粪污污染问题，需要引入其他种养结合模式来补充。在政府的支持下，养殖户和种植户合作，采用有机肥和饲草料的开发模式可以为养殖场（户）减少粪污成本，消除粪污污染，从而促进我国肉羊养殖业的可持续发展，外循环种养结合模式对内循环种养结合模式是一种很好的补充。综上所述，应对如何引导养殖场（户）和种植户实现高程度种养结合合作进行研究。

政府在外循环种养结合模式中首先要通过环境政策约束养殖羊只对环境的污染排放，污染者需要支付环境保护费用，使养殖场（户）拥有内在激励，达到污染外部性的内部化；此外，养殖场（户）施行种养结合模式实现污染治理的同时，通过环境政策的内部化，可以产生积极的环境效益，同时也需要政府的支持政策以确保资源化产品创造经济效益，政府在种养结合中承担着重要的监管和支持保障作用，既影响种养结合产业链上游养殖场（户）高程度种养结合的选择行为，又影响下游种植户的购买行为。市场收益显著影响养殖场（户）选择高程度种养结合模式的意愿与行为，养殖场（户）根据自身对种养结合所能带来的优势进行综合考量，在现有资源和技术设备的利用下实现最高盈利（黄炜虹，2017；舒畅，2017）。在政府政策监管和补贴下，养殖场（户）通过种养结合将肉羊废弃物资源化利用，同时种植户也起到了重要作用，对于种养结合的顺利施行具有不可忽视的影响。在外循环种养结合背景下，养殖场（户）需要与下游消纳方合作，养殖场（户）与下游资源化产品消纳方存在的间接影响会在一定程度上与盈利相挂钩，下游资源化产品消纳方越积极参与，养殖场（户）则越倾向于利用种养结合模式实现肉羊污染治理（舒畅等，2017）。从资源化产品消纳方的角度出发，资源的利用应当满足生产需求，在强调盈利的同时加大资源的利用率。废弃物的整合及消纳方的盈利才是该模式应当关注的重点（Johansson，2020）。

　　本部分将演化博弈论与种养结合相结合，构建基于种养结合产业链的多方博弈模型，并分析影响其稳定策略的关键因素，以此来探究养殖场（户）、政府、种植户等利益群体演化稳定策略，为种养结合政策制定提供参考。外循环种养结合模式下政府、养殖场（户）、种植户博弈树图示见图 8 - 2。

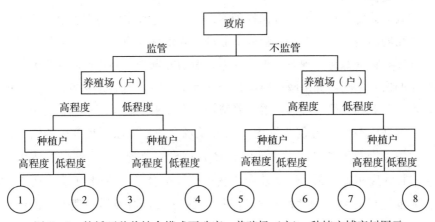

图 8 - 2　外循环种养结合模式下政府、养殖场（户）、种植户博弈树图示

8.2.2　模型设定

（1）模型假设

　　种养结合是一种循环农业模式，利用养殖畜禽产生的粪便和有机物作为有机肥，为种植业提供有机肥来源；种植业生产的作物又能作为畜禽的食

料。在上一节中对内循环种养结合模式的演化博弈理论框架进行了分析，所以此处不再对理论框架进行赘述，与其不同的是，外循环种养结合模式下参与主体为养殖场（户）、政府和种植户。为简要分析，在构建模型前做出如下假设。

H5：政府、养殖场（户）和种植户都是有限理性的。他们都能在博弈过程中学习和适应动态的环境变化，在最有利于自身发展的情况下积极调整策略。

H6：博弈者之间的学习速度较慢，因此采用演化博弈的复制动态，基于群体行为，利用复制动态方程分析模拟群体成员之间的模仿行为，从而观察特定策略采用比例随时间的变化情况。

H7：养殖场（户）和种植户均有选择高程度种养结合模式和低程度种养结合模式两种策略，政府有监管和不监管两种策略。

H8：养殖场（户）采取低程度种养结合模式时多余的粪污会废弃，产生外部性。

H9：粪污由养殖场（户）处理，即无论何种程度种养结合模式粪污处理成本均由养殖场（户）承担。

（2）变量说明

在政府监督的背景下，外循环种养结合生产过程中的博弈融合了衍生的可利用产品的消纳方，这在一定程度上促进了养殖场（户）选择种养结合模式通过肉羊废弃物资源化实现效益得到保障。消纳方选择资源化产品，需要考虑不同产品的投入不同，如果政府对该过程进行了管控，消纳方参与时所浪费的环境投入也要对其补偿。具体来看，养殖场（户）采取高程度种养结合模式时产生污染治理成本 C_6，并创造效益 R_2；养殖场（户）采取低程度种养结合模式时产生污染治理成本 C_6'，并创造效益 R_2'。假设养殖场（户）采纳高程度种养结合，且政府实施干预，那么政府所获得的社会公信力提升为 C_8，所支付的监督成本为 C_5，对高程度种养结合采纳补贴为 J_1，对粪污处理不到位所处罚金为 P_1。如果养殖场（户）没有采纳高程度种养结合，政府产生的治理成本为 C_7。种植户有高程度种养结合和低程度种养结合两种模式，其中，种植户采取高程度种养结合模式时产生成本 C_9，并创造效益 R_1；种植户采取低程度种养结合模式时产生污染治理成本 C_9'，并创造效益 R_1'。博弈分析中涉及的符号定义如表8-4所示，养殖场（户）、政府和种植户的博弈支付矩阵如表8-5所示。

表 8－4　符号说明

符号	含义	参数范围
x	养殖场（户）选择种养结合的比例	$0 \leqslant x \leqslant 1$
y	政府选择监管的比例	$0 \leqslant y \leqslant 1$
z	种植户合作的比例	$0 \leqslant z \leqslant 1$
C_5	政府的监管成本	$C_5 > 0$
C_6	养殖场（户）采取高程度种养结合所付出的成本	$C_6 > 0$
C_6'	养殖场（户）采取低程度种养结合所付出的成本	$C_6' > 0$
C_7	政府治理外部不经济的成本	$C_7 > 0$
C_8	政府监管高程度种养结合模式下公信力提升	$C_8 > 0$
R_2	养殖场（户）采取高程度种养结合获得的经济效益	$R_2 > 0$
R_2'	养殖场（户）采取低程度种养结合获得的经济效益	$R_2' > 0$
P_1	政府监管时对养殖场（户）低程度种养结合征收的税	$P_1 > 0$
C_9	种植户高程度种养结合的成本	$C_9 > 0$
C_9'	种植户低程度种养结合的成本	$C_9' > 0$
R_1'	低程度种养结合模式下种植户经济效益	$R_1' > 0$
R_1	高程度种养结合模式下种植户经济效益	$R_1 > 0$
βJ_1	政府对养殖场（户）的补贴额度	$\beta J_1 > 0$
$(1-\beta)J_1$	政府对种植户的补贴额度	$(1-\beta)J_1 > 0$

表 8－5　政府、养殖场（户）和种植户的博弈支付矩阵

博弈方			消纳方	
			高程度（z）	低程度（$1-z$）
养殖场户	高程度（x）	监管（y）	$-C_6+R_2+\beta J_1$; $-C_5-J_1+C_8$; $-C_9+(1-\beta)J_1+R_1$	$-C_6+R_2'+\beta J_1$; $-C_5-\beta J_1-C_7$; $-C_9'+R_1'$
		不监管（$1-y$）	$-C_6+R_2$; 0; $-C_9+R_1$	$-C_6+R_2'$; $-C_7-C_8$; $-C_9'+R_1'$
	低程度（$1-x$）	监管（y）	$-C_6'+R_2'-P_1$; $P_1-C_5-C_7$; $-C_9'+R_1'$	$-C_6'+R_2'-P_1$; $P_1-C_5-C_7$; $-C_9'+R_1'$
		不监管（$1-y$）	$-C_6'+R_2'$; $-C_7-C_8$; $-C_9'+R_1'$	$-C_6'+R_2'$; $-C_7-C_8$; $-C_9'+R_1'$

（政府在"养殖场户"与具体选项之间列示）

8.2.3 博弈主体演化均衡及稳定性

(1) 不同主体复制动态方程分析

①养殖场（户）。假设外循环种养结合模式下养殖场（户）选择高程度种养结合模式和低程度种养结合模式的期望效用分别为 U_5 和 U_6，具体如下：

$$U_5 = yz(-C_6 + R_2 + \beta J_1) + y(1-z)(-C_6 + R'_2 + \beta J_1) +$$
$$(1-y)z(R_2 - C_6) + (1-y)(1-z)(R'_2 - C_6) \qquad (8-16)$$

$$U_6 = yz(-C'_6 + R'_2 - P_1) + y(1-z)(-C'_6 + R'_2 - P_1) +$$
$$(1-y)z(-C'_6 + R'_2) + (1-y)(1-z)(-C'_6 + R'_2) \quad (8-17)$$

养殖场（户）的种群效应为

$$\overline{U}_{5,6} = xU_5 + (1-x)U_6 \qquad (8-18)$$

则可以得出养殖场（户）在种养结合行为中的复制动态方程为

$$F(x) = \frac{\mathrm{d}x}{\mathrm{d}t} = x(U_5 - \overline{U}_{5,6}) = x(1-x)(U_5 - U_6)$$
$$= x(1-x)[yz(\beta J_1 + P_1) + z(R_2 - R'_2) - C_6 + C'_6](8-19)$$

②政府。假设政府选择监管和不监管的期望效用分别为 U_7 和 U_8，具体表示如下：

$$U_7 = xz(-C_5 - J_1 + C_8) + x(1-z)(-C_5 - \beta J_1 - C_7) +$$
$$(1-x)z(P_1 - C_5 - C_7) + (1-x)(1-z)(P_1 - C_5 - C_7)$$
$$(8-20)$$

$$U_8 = -z(1-x)(C_7 + C_8) - (1-z)(1-x)(C_7 + C_8) -$$
$$x(1-z)(C_7 + C_8) \qquad (8-21)$$

政府的种群效应为

$$\overline{U}_{7,8} = yU_7 + (1-y)U_8 \qquad (8-22)$$

则可进一步得出政府的复制动态方程为

$$F(y) = \frac{\mathrm{d}y}{\mathrm{d}t} = y(U_7 - \overline{U}_{78}) = y(1-y)(U_7 - U_8)$$
$$= y(1-y)[xz(-J_1 + \beta J_1) - x(P_1 + \beta J_1) + P_1 - C_5 + C_8]$$
$$(8-23)$$

③种植户。假设种植户选择高程度种养结合模式和低程度种养结合模式的期望效用分别为 U_9 和 U_{10}，具体表示如下：

$$U_9 = xy[-C_9 + (1-\beta)J_1 + R_1] + x(1-y)(-C_9 + R_1) +$$
$$(1-x)y(-C'_9 + R'_1) + (1-x)(1-y)(-C'_9 + R'_1) \qquad (8-24)$$

$$U_{10} = xy(-C_9' + R_1') + x(1-y)(-C_9' + R_1') +$$

$$(1-x)y(-C_9' + R_1') + (1-x)(1-y)(-C_9' + R_1') \quad (8-25)$$

种植户的种群效应为

$$\overline{U}_{9,10} = zU_9 + (1-z)U_{10} \quad (8-26)$$

可进一步得出种植户的复制动态方程

$$F(z) = \frac{\mathrm{d}z}{\mathrm{d}t} = z(U_9 - \overline{U}_{9,10}) = z(1-z)(U_9 - U_{10})$$

$$= z(1-z)x[y(1-\beta)J_1 - C_9 + C_9' - R_1' + R_1] \quad (8-27)$$

(2) 三方演化稳定性

由演化博弈理论可知，某种方式的优势主要是通过期望效用表现出来，群体选择也会跟随其变化。复制动态方程正是不同主体选择变化时所呈现的动态机制。一般来讲，博弈结构内模式的选择主要取决于政府的管理，而政府的选择又与养殖场（户）的选择息息相关，x 和 y 是非常相关的。但种植户反过来也要考虑政府的选择，因此 z 和 y 密不可分，这就意味着，在研究中，养殖场（户）、政府和种植户三方群体的博弈看作两两博弈的分析是可行的。

①政府、养殖场（户）两方博弈。由式（8-19）和式（8-23）能够计算出两个主体的二维动力系统 II：

$$\begin{cases} F(x) = \dfrac{\mathrm{d}x}{\mathrm{d}t} = x(U_1 - \overline{U}_{12}) = x(1-x)(U_1 - U_2) \\ \qquad = x(1-x)[yz(\beta J_1 + P_1) + z(R_2 - R_2') - C_6 + C_6'] \\ F(y) = \dfrac{\mathrm{d}y}{\mathrm{d}t} = y(U_3 - \overline{U}_{34}) = y(1-y)(U_3 - U_4) \\ \qquad = y(1-y)[xz(-J_1 + \beta J_1) - x(P_1 + \beta J_1) + P_1 - C_5 + C_8] \end{cases}$$

分别令系统 II 中的 $F(x) = 0$ 和 $F(y) = 0$，求解可得 $(0, 0)$，$(0, 1)$，$(1, 0)$，$(1, 1)$ 是系统的均衡点：当 $0 < C_6 - C_6' - z(R_2 - R_2') < \beta J_1 + P_1$ 且 $0 < P_1 - C_5 + C_8 < (-J_1 + \beta J_1) + P_1 + \beta J_1$ 时，$x^* \in [0, 1]$，$y^* \in [0, 1]$，在 (x^*, y^*) 点，$F(x) = 0$ 和 $F(y) = 0$ 同样成立，(x^*, y^*) 是系统均衡点，$x^* = \dfrac{-C_5 + P_1 + C_8}{(P_1 + \beta J_1) - z(-J_1 + \beta J_1)}$ 和 $y^* = \dfrac{z(-R_2 + R_2') + C_6 - C_6'}{\beta J_1 + P_1}$。然而复制方程的均衡点是否为演化稳定策略还需进一步分析。

Friedman 以雅克比矩阵局部稳定分析法为理论基础，对均衡点来进行统计。系统的 II 雅克比矩阵 $\boldsymbol{J}_3$ 为

$$J_3 = \begin{bmatrix} \dfrac{\partial F(x)}{\partial x} & \dfrac{\partial F(x)}{\partial y} \\ \dfrac{\partial F(y)}{\partial x} & \dfrac{\partial F(y)}{\partial y} \end{bmatrix} = \begin{bmatrix} \partial_5 & \partial_6 \\ \partial_7 & \partial_8 \end{bmatrix}$$

$$= \begin{bmatrix} (1-2x)\begin{bmatrix} yz(\beta J_1 + P_1) \\ + z(R_2 - R_2') - C_6 + C_6' \end{bmatrix} & x(1-x)z(\beta J_1 + P_1) \\ y(1-y)[z(-J_1 - P_1) - (P_1 + \beta J_1)] & (1-2y)\begin{bmatrix} xz(-J_1 + \beta J_1) \\ - x(P_1 + \beta J_1) \\ + P_1 - C_5 + C_7 \end{bmatrix} \end{bmatrix}$$

$$(8-28)$$

雅克比矩阵 J_3 的行列式 $\det J_3$、迹 $\mathrm{tr}J_3$ 为：

$$\det J_3 = \partial_5 \partial_8 - \partial_6 \partial_7 \qquad (8-29)$$

$$\mathrm{tr}J_3 = \partial_5 + \partial_8 \qquad (8-30)$$

若均衡点符合行列式 $\det J_3 > 0$ 和矩阵的迹 $\mathrm{tr}J_3 < 0$ 的条件时，那么此点便符合稳定点的条件，能够满足稳定策略的实施。这意味着该策略执行的同时应当保证均衡点不受其他因素影响，此时 $\dfrac{\partial F(x)}{\partial x} < 0$ 和 $\dfrac{\partial F(y)}{\partial y} < 0$ 成立。以雅克比矩阵的相关研究作为理论基础，利用式（8-29）和式（8-30）来进行测算，结果如表 8-6 所示。这意味着，如果没有其他约束条件的影响，均衡点 $\det J_3$ 和 $\mathrm{tr}J_3$ 值不能确定正负，演化稳定的实现要满足一定条件。因此，下文将对上述均衡点进行讨论。

表 8-6 养殖场（户）与政府博弈系统雅克比矩阵 $\det J_3$、$\mathrm{tr}J_3$ 值

编号	均衡点	$\det J_3$	$\mathrm{tr}J_3$
b_1	$(0, 0)$	$[z(R_2 - R_2') + C_6' - C_6]$ $(P_1 - C_5 + C_8)$	$[z(R_2 - R_2') + C_6' - C_6] +$ $(P_1 - C_5 + C_8)$
b_2	$(0, 1)$	$z[(\beta J_1 + P_1 + R_2 - R_2') - C_6 + C_6']$ $(C_5 - P_1 - C_8)$	$z[(\beta J_1 + P_1) + R_2 - R_2' - C_6 + C_6'] +$ $(C_5 - P_1 - C_8)$
b_3	$(1, 0)$	$-[z(R_2 - R_2') - C_6 + C_6']$ $[z(\beta J_1 - J_1) - \beta J_1 - C_5 + C_8]$	$-[z(R_2 - R_2') - C_6 + C_6'] +$ $[z(\beta J_1 - J_1) - \beta J_1 - C_5 + C_8]$
b_4	$(1, 1)$	$[z(\beta J_1 + P_1 + R_2 - R_2') - C_6 + C_6']$ $[z(\beta J_1 - J_1) - \beta J_1 - C_5 + C_8]$	$-[z(\beta J_1 + P_1 + R_2 - R_2') - C_6 + C_6'] -$ $[z(\beta J_1 - J_1) - \beta J_1 - C_5 + C_8]$
b_5	(x^*, y^*)	$x^*(1-x^*)z(\beta J_1 + P_1)y^*(1-y^*)$ $[z(J_1 + P_1) + (P_1 + \beta J_1)]$	0

均衡点 b_1 的讨论：若该策略是稳定策略，则需满足两个条件，其一为 $z(R_2-R_2')<C_6-C_6'$，即养殖场（户）施行高程度种养结合模式增加成本高于市场条件下其所增加的收益，高程度种养结合模式不具备经济可行性。其二为 $P_1<C_5-C_8$，即政府公信力的损失要低于监管所产生的成本，政府由于监管成本过高，缺少监管动力。此时，（低程度，不监管）是养殖场（户）和政府的演化稳定策略。

均衡点 b_2 的讨论：若该策略是稳定策略，则需满足两个条件，其一为 $P_1>C_5-C_8$，政府公信力的损失高于监管所产生的成本，政府会选择通过监管减少污染；其二为 $z[(\beta J_1+P_1)+R_2-R_2']<C_6-C_6'$，即养殖场（户）高程度种养结合模式的成本高于综合效益和政府补贴在内的收益，在政府的惩罚措施下，养殖场（户）也不会认为这种模式具有经济可行性，因此会选择缴纳税款，而不是采取高程度种养结合模式。此时，养殖场（户）和政府的演化稳定策略为（低程度，监管）。

均衡点 b_3 的讨论：若该策略是稳定策略，则需满足两个条件，其一为 $z(R_2-R_2')>C_6-C_6'$，即就养殖场（户）而言，市场条件下其所增加的效益要比模式应用时的投入多，模式有经济可行性；其二为 $z(\beta J_1-J_1)-\beta J_1+C_8-C_5<0$，即政府为降低成本，会选择不进行监管，从而使社会公信力受到损害，但这一损失要远低于实施监管成本。此时，养殖场（户）和政府的演化稳定策略为（高程度，不监管）。

均衡点 b_4 的讨论：若该策略是稳定策略，则需满足两个条件，其一为 $z[(\beta J_1+P_1)+R_2-R_2']>C_6-C_6'$，即养殖场（户）均采纳高程度种养结合模式增加的纯收益高于其增加的成本，养殖场（户）会选择高程度种养结合模式；其二为 $z(\beta J_1-J_1)-\beta J_1+C_8-C_5>0$，即政府社会公信力的损失高于政府监管的成本，政府为减少成本，则会选择监管。此时，（高程度，监管）成为演化稳定策略。

均衡点 b_5 的讨论：当 $0<z(-R_2+R_2')+C_6-C_6'<P_1+\beta J_1$，$0<C_8-C_5<\beta J_1+z(1-\beta)J_1$ 时，从养殖场（户）的角度来看，执行模式的成本要比市场上可获得的效益高，总体效益和政府补贴的总和小于实施模式的成本。政府公信力损失低于其监管成本，则在一定的监管水平下可能实现一定比例的养殖场（户）高程度种养结合模式选择。但仍需要根据其对应的特征根分析其稳定性。

(x^*,y^*) 的雅克比矩阵为

$$J_4 = \begin{bmatrix} 0 & x^*(1-x^*)z(\beta J + P) \\ y^*(1-y^*)[z(-J-P)-(P+\beta J)] & 0 \end{bmatrix}$$

$$(8-31)$$

其特征根 λ 满足方程：

$$\lambda^2 = y^*(1-y^*)z[z(-J-P)-(P+\beta J)]x^*(1-x^*)z(\beta J + P)$$

$$(8-32)$$

λ_1、λ_2 为虚特征根，(x^*, y^*) 为稳定均衡点，但不是渐进稳定的。养殖场（户）和政府的行为策略不会到达均衡点，即 (x^*, y^*) 不是系统的演化稳定策略。

②政府、种植户两方博弈。由式（8-23）和式（8-27）的组合可以得到政府和种植户的二维动力系统Ⅲ：

$$\begin{cases} F(y) = \dfrac{\mathrm{d}y}{\mathrm{d}t} = y(U_3 - \overline{U}_{34}) = y(1-y)(U_3 - U_4) \\ \qquad = y(1-y)[xz(-J_1 + \beta J_1) - x(P1 + \beta J_1) + C_8 + P_1 - C_5] \\ F(z) = \dfrac{\mathrm{d}z}{\mathrm{d}t} = z(U_5 - \overline{U}_{56}) = z(1-z)(U_5 - U_6) \\ \qquad = z(1-z)x[y(1-\beta)J_1 - C_9 + C'_9 - R'_1 + R_1] \end{cases}$$

通过令系统Ⅲ中的 $F(y) = 0$ 和 $F(z) = 0$，可知 $(0, 0)$，$(0, 1)$，$(1, 0)$，$(1, 1)$ 是系统稳定点；当 $0 < P_1 - C_5 + C_8 - x(\beta J_1 + P_1) < x(1-\beta)J_1$ 且 $0 < C_9 - C'_9 + R'_1 - R_1 < (1-\beta)J_1$ 时，$y° \in [0, 1], z° \in [0, 1]$，在点 $F(y) = 0$ 和 $F(z) = 0$ 也成立，(y^0, z^0) 是系统的均衡点，$y° = \dfrac{C_9 - C'_9 + R'_1 - R_1}{(1-\beta)J_1}(J_1 \neq 0)$，$z° = \dfrac{C_5 - P_1 - C_8 + x(P_1 + \beta J_1)}{x(-J_1 + \beta J_1)}$。系统（Ⅲ）的雅克比矩阵 J_5 为

$$J_5 = \begin{bmatrix} \dfrac{\partial F(y)}{\partial y} & \dfrac{\partial F(y)}{\partial z} \\ \dfrac{\partial F(z)}{\partial y} & \dfrac{\partial F(z)}{\partial z} \end{bmatrix} = \begin{bmatrix} \partial_9 & \partial_{10} \\ \partial_{11} & \partial_{12} \end{bmatrix}$$

$$= \begin{bmatrix} (1-2y)\begin{bmatrix} xz(-J_1 + \beta J_1) + P_1 \\ -C_5 + C_8 - x(P_1 + \beta J_1) \end{bmatrix} & y(1-y)x(\beta J_1 - J_1) \\ z(1-z)x(1-\beta)J_1 & (1-2z)x\begin{bmatrix} y(1-\beta)J_1 - C_9 \\ + C'_9 + R_1 - R'_1 \end{bmatrix} \end{bmatrix}$$

$$(8-33)$$

$$\mathbf{det}J_5 = \partial_9 \partial_{12} - \partial_{10} \partial_{11} \qquad (8-34)$$

$$\mathbf{tr}\mathbf{J}_5 = \partial_9 + \partial_{12} \qquad (8-35)$$

当均衡点满足 $\det\mathbf{J}_5 > 0$ 且 $\mathbf{tr}\mathbf{J}_5 < 0$ 时，意味着均衡点能够满足渐进稳定点的条件，此时均衡点可以不受外界影响，则公式 $\dfrac{\partial F(y)}{\partial y} < 0$ 和 $\dfrac{\partial F(z)}{\partial z} < 0$ 成立。以雅克比矩阵局部稳定分析法为理论基础，将均衡点带入式（8-34）和式（8-35）来计算，结果如表 8-7 所示。可见，在不受其他因素影响时，各均衡点 $\det\mathbf{J}_5$ 和 $\mathbf{tr}\mathbf{J}_5$ 值所表示正负不能确定，只有满足一定条件时，才能实现演化稳定。所以，下文将对于上述均衡点进行讨论。

均衡点 c_1 的讨论：若该策略是稳定策略，则需满足两个条件，其一为 $R_1 - R_1' < C_9 - C_9'$，即种植户采用高程度种养结合模式增加的纯收益低于成本的增加值，种植户不会选择提高种养结合程度；其二为 $(1-x)P_1 + C_8 < x\beta J_1 + C_5$，即政府公信力的损失低于政府监管之下的投入。此时，（不监管，低程度）为政府和种植户的演化稳定策略。

表 8-7 政府与种植户博弈系统雅可比矩阵 $\det\mathbf{J}_5$、$\mathbf{tr}\mathbf{J}_5$ 值

编号	均衡点	$\det\mathbf{J}_5$	$\mathbf{tr}\mathbf{J}_5$
c_1	$(0, 0)$	$[(P_1 - C_5 + C_8) - x(P_1 + \beta J_1)]$ $x(-C_9 + C_9' + R_1 - R_1')$	$[(P - C_1 + C_5) - x(P + \beta J)] +$ $x(-C_4 + C_4' + R_1 - R_1')$
c_2	$(0, 1)$	$(-xJ_1 + P_1 - C_5 + C_8 - xP_1)$ $[-x(-C_9 + C_9' + R_1 - R_1')]$	$(-xJ_1 + P_1 - C_5 + C_8 - xP_1) +$ $[-x(-C_9 + C_9' + R_1 - R_1')]$
c_3	$(1, 0)$	$-[P_1 - C_5 + C_8 - x(P_1 + \beta J_1)]$ $x[(1-\beta)J_1 - C_9 + C_9' + R_1 - R_1']$	$-[P_1 - C_5 + C_8 - x(P_1 + \beta J_1)] +$ $x[(1-\beta)J_1 - C_9 + C_9' + R_1 - R_1']$
c_4	$(1, 1)$	$[-xJ_1 + P_1 - C_5 + C_8 - xP_1]$ $x[(1-\beta)J_1 - C_9 + C_9' + R_1 - R_1']$	$-[-xJ_1 + P_1 - C_5 + C_8 - xP_1] -$ $x[(1-\beta)J_1 - C_9 + C_9' + R_1 - R_1']$
c_5	$(y°, z°)$	$-y°(1-y°)z°(1-z°)$ $x^2(1-\beta)J_1(\beta J_1 - J_1)$	0

均衡点 c_2 的讨论：若该策略是稳定策略，则需满足两个条件，其一为 $R_1 - R_1' > C_9 - C_9'$，即种植户采用高程度种养结合模式增加的纯收益要高于成本的增加值，种植户会选择提高种养结合程度；其二为 $(1-x)P_1 + C_8 < xJ_1 + C_5$，即政府公信力损失低于政府监管投入。此时，（不监管，高程度）为政府和种植户的演化稳定策略。

均衡点 c_3 的讨论：若该策略是稳定策略，则需满足两个条件，其一为

$(1-\beta)J_1+C_9'+R_1-R_1'<C_9$，即种植户采用高程度种养结合模式增加的纯收益要低于成本的增加值，种植户不会选择提高种养结合程度；其二为 $(1-x)P_1+C_8>C_5+x\beta J_1$，即政府公信力的损失高于政府监管条件下的成本，为节省成本政府会选择监管。此时，（监管，低程度）为政府和种植户的演化稳定策略。

均衡点 c_4 的讨论：若该策略是稳定策略，则需满足两个条件，其一为 $(1-x)P_1+C_8>xJ_1+C_5$，即政府公信力的损失高于政府监管条件下的成本，为节省成本政府会选择监管；其二为 $(1-\beta)J_1+C_9'-R_1'>C_9-R_1$，即种植户采用高程度种养结合模式增加的纯收益要高于成本的增加值，种植户会选择提高种养结合程度。此时，（监管，高程度）为政府和种植户的演化稳定策略。

均衡点 c_5 的讨论：当 $x(-J_1+\beta J_1)<C_5-P_1-C_8+x(P_1+\beta J_1)<0$，$0<R_1'-R_1+C_9-C_9'<(1-\beta)J_1$ 时，就种植户而言，其模式运行过程中的投入介于市场条件下其所能获得的效益与模式综合效益及政府补贴之和之间；就政府而言，其公信力损失低于其监管成本。此种情况下，一定的监管水平下能够实现一定比例的种植户选择高程度种养结合模式。但需要进一步分析 $(y^\circ,\ z^\circ)$ 的稳定性。$(y^\circ,\ z^\circ)$ 的雅克比矩阵如下：

$$J_6=\begin{bmatrix} 0 & -y(1-y)x(1-\beta)J \\ z(1-z)x(1-\beta)J & 0 \end{bmatrix} \quad (8-36)$$

其特征根 λ 满足方程：

$$\lambda^2=-y^\circ(1-y^\circ)z^\circ(1-z^\circ)x^2(1-\beta)^2J^2 \quad (8-37)$$

λ_1、λ_2 为虚特征根，$(y^\circ,\ z^\circ)$ 为稳定均衡点，但不具备渐进稳定性，可见 $(y^\circ,\ z^\circ)$ 并非系统的演化稳定策略。

③政府、养殖场（户）、种植户博弈演化稳定策略。通过上述演化稳定分析可知，在满足一定条件时，外循环种养结合不同主体行为主要有以下几种博弈的演化稳定策略：

方案一：当 $z(R_2-R_2')<C_6-C_6'$，$P_1+C_8<C_5$，$R_1-R_1'<C_9-C_9'$ 时，（低程度，不监管，低程度）是演化稳定策略，此时养殖场（户）、政府和种植户均对高程度种养结合模式没有行动。政府公信力损失低于监管投入，政府缺少监管动力；在无政府监管的情况下，养殖场（户）采取高程度种养结合模式所增加的成本高于其能获得的效益，不能少交环保税的同时也无法获得政府的资金支持，从而使该模式不具备经济可行性；种植户采用高程度种养结合模式增加的纯收益低于成本增加值，种植户不会选择高程度种养结合。

方案二：当 $z[(\beta J_1 + P_1) + R_2 - R'_2] < C_6 - C'_6$，$(1-x)P_1 + C_8 > C_5 + x\beta J_1$，$(1-\beta)J_1 + C'_9 + R_1 - R'_1 < C_9$ 时，（低程度，监管，低程度）方案是演化稳定策略，此时只有政府致力于通过监管实现高程度种养结合。政府公信力的损失高于政府监管条件下的成本，为节省成本，政府会选择监管；政府管控下的总效益如果不能满足种养模式下养殖户前期的资金投入，那么相对于养殖场（户）来说，高程度种养结合模式完全不具备经济可行性；种植户采用高程度种养结合模式增加的纯收益低于成本的增加值，种植户不会选择提高种养结合程度。

方案三：当 $z(R_2 - R'_2) > C_6 - C'_6$，$(1-x)P_1 + C_8 < C_5 + x J_1$，$R_1 - R'_1 > C_9 - C'_9$ 时，（高程度，不监管，高程度）方案是演化稳定策略。政府监管成本及资金补贴高于监管征收的环保税，为减少成本，不监管成为政府的选择；种植户采用高程度种养结合模式增加的纯收益要高于成本的增加值，种植户会选择提高种养结合程度；无论政府是否投入资金，由于养殖场（户）在市场条件下所能增加盈利要高于其投入额，模式已具备经济可行性。综上，该方案为理想方案。

方案四：当 $z[(\beta J_1 + P_1) + R_2 - R'_2] > C_6 - C'_6$，$(1-\beta)J_1 + C'_9 - R'_1 > C_9 - R_1$，$(1-x)P_1 + C_8 > x J_1 + C_5$ 时，（高程度，监管，高程度）方案是演化稳定策略，种养结合产业链可以稳定运行，是种养结合模式实现的次优方案。政府公信力的损失高于政府监管条件下的成本，政府为节省成本会选择监管；在政府补贴政策下，种植户采用高程度种养结合模式增加的纯收益要高于成本的增加值，种植户会选择提高种养结合程度；在政府对其进行资金支持下，养殖场（户）在市场条件下所能获得的环境效益及资源化效益高于成本，能够实现该模式的持续性发展。

8.3 提升种养结合效果的优化路径

根据演化博弈的结果，政府加大对养殖场（户）不采取高程度种养结合模式的处罚力度会使得养殖场（户）为规避处罚而积极采纳高程度种养结合模式，参与主体将向高程度方向演进。政府增加对高程度种养结合模式的补贴能够降低养殖场（户）、种植户采纳高程度种养结合模式的成本，进而提升采纳积极性，参与主体将向高程度方向演进。因此，政府应从以下几个方面来促进参与主体提升种养结合程度。

首先，完善政府政策宣传及补贴机制。政府应该加强公开政策的力度，包括法律法规和经济激励等方面，让养殖场（户）更好地了解政府相关政策，进而使政府的干预手段真正得以落实。通过调研数据可知，样本养殖场（户）选择不了解、不太了解、一般的养殖场（户）总数量占全部样本的 65.97%。其中，对种养结合补助政策完全不了解的户数最多，占全部样本的 31.44%，分别有 23.71% 和 10.31% 的养殖场（户）认为政府对种养结合相关政策法规宣传力度较强或者非常强（图 8-3）。进一步分析政府部门对养殖场（户）种养结合的相关补贴内容如表 8-8 所示。绿色养殖机械购置补贴是政府种养结合相关补贴的重点内容，有 48.33% 养殖场（户）知道该项补贴。标准化规模养殖奖励也是政府种养结合相关补贴的主要内容，有 22.50% 的养殖场（户）知道此方面的补贴内容。政府对粪污治理与利用的补贴较弱，仅有 11.67% 的养殖场（户）知道该项补贴。此外，不管何种补贴均有一半以上养殖场（户）不知道该项补贴政策，以知晓程度最高的绿色养殖机械购置补贴为例，不知道该项补贴的养殖场（户）占比为 51.67%；粪污治理与利用补贴更为严重，不知道该项补贴的养殖场（户）占比高达 88.33%。可见，政府对养殖场（户）的补贴范围及补贴力度相对较小。政府相关部门应该不仅要制定完善的政策法规，而且应该注重解决政策宣传不畅的问题，建立多样化的宣传机制，利用电视、广播、网络等多种方式，拓展养殖场（户）获取政策信息的渠道。

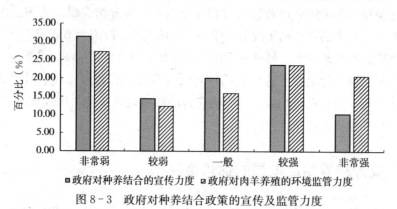

图 8-3　政府对种养结合政策的宣传及监管力度

表 8-8　样本养殖场（户）对种养结合补贴内容的了解情况（%）

补贴政策	知道	不知道
绿色养殖机械购置补贴	48.33	51.67
标准化规模养殖奖励	22.50	77.50
粪污治理与利用补贴	11.67	88.33

其次，提高政府监督检查力度。增强政府的监管和惩罚力度就相当于加大了参与者选择违规的风险成本，这对于促进参与者的种养结合程度具有重要的推动作用。由课题组调研样本数据可知，在有效样本中有 27.32% 养殖场（户）认为政府部门监督检查力度非常弱，而有 55.67% 养殖场（户）认为政府对肉羊养殖的环境监管力度处于一般及一般水平以下（图 8-3），可见在实际养殖过程中存在政府监管漏洞。因此，政府应当建立适当的制度，以明确的方式安排环境资源产权，从而建立环境资源的有偿使用机制。这样可以将环境破坏带来的社会成本转化为养殖场（户）的实际生产成本，并将外部成本内部化。这种做法可以推动养殖场（户）进行产业升级，主动采用高程度种养结合模式，在充分利用资源的前提下改善环境质量。

最后，优化激励方式，降低种养结合成本。无论是在内循环种养结合模式还是在外循环种养结合模式中，种养结合参与主体实现了高程度种养结合目标的演化稳定策略条件，其目标仍然是获取盈利。调研数据也同样印证了上述结论，半数以上养殖场（户）采纳种养结合是为了获得更多收入（表 8-9）。对于养殖场（户）来说，如果采取高程度种养结合模式，其收益主要来源为羊粪有机肥使用所带来的收益、政府对发展高程度种养结合模式的补贴以及低程度种养结合模式下的纯收益，成本包括采用高程度种养结合模式时多消耗的粪污处理和技术改进带来的成本。但养殖场（户）在不同阶段对资金、政策等需求不尽相同。如养殖场（户）进行低程度种养结合模式不需投入大量的资金购买新的设备，而随着种养结合程度的加深，养殖场（户）将需要投入更多的资金、劳动力等，养殖场（户）需要购买大量新设备、参加新的技术培训，因此对政府的补贴政策有很强的依赖性。种植户采取高程度种养结合策略主要与羊粪有机肥施用成本、购买羊粪有机肥的价格、政府对高程度种养结合的奖励相关。政府不应该仅仅靠奖惩政策刺激消纳方采取合作策略，而应该从整个产业链出发，积极推动养殖场（户）进行科技创新，建立产学研合作平台，促进科研机构与养殖主体之间的交流，以便将最先进的技术应用于生产过程中。

表 8-9　样本养殖场（户）采取种养结合的原因

	获得更多收入	减轻污染	提升资源利用率	降低成本	便利
比例（%）	50.79	28.27	46.07	32.46	2.09

8.4 本章小结

基于种养结合参与主体有限理性及群体策略行为研究的需求，本章不仅构建了内循环种养结合模式下政府和养殖场（户）的博弈，还构建了外循环种养结合模式下养殖场（户）、政府和种植户的博弈，系统分析了种养结合循环产业链上主体行为，并对进一步提升种养结合程度进行了优化分析。主要结论如下。

第一，内循环演化稳定分析表明，在一定条件下，养殖场（户）和政府在博弈演化中的四种稳定策略分别为（低程度，不监管）（低程度，监管）（高程度，监管）以及（高程度，不监管）。其中，（高程度，不监管）是理想策略，（高程度，监管）是次优策略。根据外循环演化稳定分析表明，当某些条件被满足时，养殖场（户）、政府和种植户之间的博弈演化稳定策略有（低程度，不监管，低程度）（低程度，监管，低程度）（高程度，不监管，高程度）以及（高程度，监管，高程度）。其中，（高程度，不监管，高程度）是理想策略，（高程度，监管，高程度）为次优策略。

第二，为实现高程度种养结合的动态博弈稳态点，对于政府而言，应通过增加实施积极监管收益和实施消极监管成本、降低实施积极监管成本等举措，促使政府向积极监管转变。对于养殖场（户）和消纳方而言，应通过增加实施高程度种养结合收益、降低实施高程度种养结合成本和采取低程度种养结合收益等举措，促使养殖场（户）和消纳方逐步向高程度种养结合演化。

第三，当前政府奖惩有进一步优化的空间。根据博弈分析结果和实地调研数据对政府奖惩的实施效果分析，发现当前存在养殖场（户）对政府政策法规了解程度低、政府监管覆盖面不全、激励方式不合理等问题，进而影响政府奖惩效果。因此，对于政府相关部门要进一步完善制度框架、政策法规宣传机制，提高政府监督检查力度，优化激励方式。

9 结论及政策建议 //////////////////////////////

9.1 主要结论

第一，1949 年以来，我国种养结合经历了自发阶段（1949—1983 年）、探索阶段（1984—2005 年）、快速发展阶段（2006—2014 年）和全面发展阶段（2015 年至今）4 个阶段。整体来看，种养结合实现方式从最初的"种植业为养殖业提供草料"到"养殖业向种植业提供养分，种植业为养殖业提供草料"，而以"产业链"为媒介将种植业和养殖业结合起来是未来发展的趋势。在居民消费需求的拉动下，我国肉羊产业快速发展，肉羊存栏量、出栏量和羊肉产量的增长速度均较快。虽然肉羊养殖朝规模化方向不断发展，但我国肉羊养殖仍多以小规模散养为主，小型养殖场（户）是肉羊出栏及羊肉供给的主要来源。样本期内，我国肉羊产业呈现出明显的空间集聚态势，内蒙古、山东、河南、新疆和河北一直是我国肉羊主产区。现阶段我国羊肉仍处于供不应求状态，羊肉产量不足以满足我国日益增长的羊肉需求，我国羊肉仍需进口，而且羊肉净进口量呈波动上升趋势。由于受国际市场缺乏竞争力等因素影响，我国羊肉出口量一直处于较低水平，从 1995 年开始我国羊肉由净出口转变为净进口，且呈波动上升态势。

第二，现阶段肉羊包括内循环种养结合模式和外循环种养结合模式两类，外循环种养结合模式根据参与主体类型可分为"养殖场（户）＋种植户""养殖场（户）＋合作社＋种植户""养殖场（户）＋企业＋种植基地""养殖场（户）＋合作社＋企业＋种植基地"和"养殖场（户）＋社会化服务组织＋种植户"5 小类。政府规制和经济利益是影响种养结合主体选择种养结合模式的共性诱因，除此之外，养殖场（户）还会基于经验习惯而选择传统式的内循环种养结合模式。粪污收集、贮存、治理以及还田环节的规范程度决定了"养殖场（户）＋合作社＋种植户""养殖场（户）＋企业＋种植基地""养殖场（户）＋合作社＋企业＋种植基地"以及"养殖场（户）＋社会化服务组织＋种植户"种养结合模式对羊粪资源化利用率要明显高于内循环和"养殖场（户）＋种植户"

种养结合模式。从制度设计上看,"养殖户＋企业＋合作社"与"养殖场(户)＋社会化服务组织＋种植户"是以上模式中较为完善的种养结合模式,各方之间有较多利益联结纽带,各主体间关系较为紧密,能够达到基本的制度均衡。从养殖场(户)角度来看,内循环种养结合模式交易成本、饲草料成本要明显低于外循环种养结合模式,但其粪污处理成本要明显高于外循环种养结合模式。内循环种养结合模式比较适合有一定自种面积的分散养殖户或中小规模养殖场,"养殖场(户)＋种植户"模式适合有与养殖规模相平衡的足够农田来实现种养结合的地区进行推广,"养殖场(户)＋合作社＋种植户"种养结合模式适合在肉羊养殖专业合作社发展较为成熟且有与养殖规模相平衡的足够农田来就地消纳肉羊粪污的地区推广,"养殖场(户)＋企业＋种植基地""养殖场(户)＋合作社＋企业＋种植基地"和"养殖场(户)＋社会化服务组织＋种植户"种养结合模式适合在养殖量庞大、耕地面积较小、政府支持力度较大的地区进行推广。

第三,2012—2021年,中国肉羊养殖投入总体呈波动增长态势,期望产出呈"上升—下降—上升"态势,碳排放总量呈"增长—下降—增长"态势,面源污染排放量呈先波动下降后上升态势。样本期内,西北优势区肉羊养殖投入要高于中原优势区、中东部农牧交错带优势区和西南优势区;专业育肥养殖方式下肉羊养殖投入高于自繁自育养殖方式下投入;随着肉羊养殖规模的增大,肉羊养殖投入增加。从肉羊养殖投入构成来看,占比前三位的依次为羔羊折价、精饲料费和饲草费。西南优势区每只肉羊养殖期望产出要高于中原优势区、中东部农牧交错带优势区和西北优势区。专业育肥养殖方式下的中国肉羊养殖期望产出与自繁自育养殖方式下的肉羊养殖期望产出差别不大;随着肉羊养殖规模的增大,肉羊养殖期望产出增加。肉羊养殖碳排放主要来源于肉羊胃肠道发酵、粪便管理系统和饲料种植,且上述3个环节产生的碳排放量远高于肉羊饲养和饲料运输环节。从空间变化来看,无论是肉羊养殖碳排放还是面源污染排放,肉羊养殖非期望产出均主要来源于草原牧区和粮食主产区。

第四,样本期内,肉羊养殖环境技术效率呈先波动下降后波动上升态势,肉羊养殖绿色全要素生产率处于一个向上发展的阶段。具体来看,样本期内,肉羊养殖环境技术效率均值为0.867,且西南优势区肉羊养殖环境技术效率明显高于中原优势区、西北优势区和中东部农牧交错优势区,中原优势区和西北优势区差距不明显,中东部农牧交错优势区肉羊养殖环境技术效率最低。自繁自育养殖方式下的肉羊养殖环境技术效率高于专业育肥养殖方式下的肉羊养殖环境技术效率。导致我国肉羊养殖环境技术效率无效率的原因主要为生产资料投入和非期望产出两方面。样本期内我国肉羊养殖绿色全要素生产率处于一个向上发展的阶段，年均增长率为 3.80%。样本期内我国肉羊养殖技术进步指数年均增长率为 2.70%，肉羊养殖技术效率指数年均增长率为 2.60%。分区域来看，年均绿色全要素生产率指数增长率西北优势区最高、中东部农牧交错优势区最低。与自繁自育相比，专业育肥养殖方式下的中国肉羊养殖绿色全要素生产率较高。我国肉羊养殖绿色全要素生产率和环境技术效率不存在显著的 α 收敛，但存在绝对 β 收敛和条件 β 收敛。我国肉羊养殖绿色全要素生产率和环境技术效率低的省份存在向肉羊养殖绿色全要素生产率和环境技术效率高的省份"追赶效应"。

第五，内循环种养结合模式及外循环种养结合模式均对肉羊养殖环境技术效率有显著的正向影响，且内循环种养结合模式对肉羊养殖环境技术效率的提升作用更强。MTE 模型估计结果显示，内循环种养结合模式、外循环种养结合模式对肉羊养殖环境技术效率的影响系数分别为 0.48 和 0.21。通过分析不同种养结合模式对肉羊养殖环境技术效率的影响机制发现，与非种养结合相比，内循环种养结合模式通过降低饲草料费用、降低劳动力投入、减少面源污染及碳排放来提升肉羊养殖环境技术效率，外循环种养结合模式主要通过提升肉羊出栏活重、降低面源污染来提升肉羊养殖环境技术效率。无论何种模式种养结合均可以减少肉羊养殖面源污染的产出。从规模来看，内循环种养结合模式对小规模养殖场（户）肉羊养殖环境技术效率的提升作用更强；外循环种养结合模式仅对大规模养殖场（户）肉羊养殖环境技术效率有提升作用。从区域来看，内循环种养结合模式对农区和牧区半牧区养殖场（户）肉羊养殖环境技术效率均有显著的正向影响，外循环种养结合模式仅对牧区半牧区养殖场（户）肉羊养殖环境技术效率有提升作用。

第六，高程度种养结合对肉羊养殖环境技术效率的提升作用要强于低程度种养结合。MTE 模型估计结果显示，低程度种养结合模式、高程度种养结合模式对肉羊养殖环境技术效率的影响系数分别为 0.38 和 0.66。通过分析不同程度种养结合对肉羊养殖环境技术效率的影响机制发现，与非种养结合相比，低程度种养结合模式通过降低饲草料投入、降低劳动力投入、提升肉羊出栏活重、减少面源污染和碳排放来提升肉羊养殖环境技术效率，高程度种养结合模式通过降低饲草料费用、提升肉羊出栏活重、降低面源污染和碳排放来提升肉羊养殖环境技术效率。另外，低程度种养结合及高程度种养结合对小规模养殖场（户）肉羊养殖环境技术效率均有显著的正向影响，仅高程度种养结合对大规模养殖场（户）肉羊养殖环境技术效率有提升作用；低程度种养结合及高程度种养结合对农区养殖场（户）肉羊养殖环境技术效率均有显著正向影响，仅高程度种养结合对牧区半牧区养殖场（户）肉羊养殖环境技术效率有提升作用。

第七，政府相关部门要进一步完善制度框架、政策法规宣传机制，提高政府监督检查力度，优化激励方式。为实现种养结合的动态博弈稳态点，通过演化博弈分析内循环种养结合模式下和外循环种养结合模式下各参与主体的演化过程。为实现高程度种养结合的动态博弈稳态点，对于政府而言，应通过增加实施积极监管收益和实施消极监管成本、降低实施积极监管成本等举措，促使政府向积极监管转变。对于养殖场（户）和消纳方而言，应通过增加实施高程度种养结合收益、降低实施高程度种养结合成本和采取低程度种养结合收益等举措，促使养殖场（户）和消纳方逐步向高程度种养结合模式演化。根据博弈分析结果和实地调研数据对政府奖惩的实施效果分析发现，当前存在养殖场（户）对政府政策法规了解程度低、政府监管覆盖面不全、激励方式不合理等问题，进而影响政府奖惩效果。因此应进一步优化当前政府奖惩措施。

9.2 政策建议

9.2.1 因地制宜选择并推广种养结合模式

种养结合是肉羊粪污就地消纳和实现养殖场（户）增收的有效途径，推广实施种养结合模式是实现肉羊产业实现绿色发展必不可少的条件。不同地区肉羊产业、种植业、产业组织主体等发展情况也存在差异，因此需要根据当地实际情况来进行相应选择，因地制宜推广肉羊种养结合模式发展。对有配套耕地面积来进行养殖粪污消纳的养殖场（户），研发并推广适合于不同区域如平原、丘陵地带的粪污运输和田间作业设备；耕地面积有限的规模养殖场（户）可通过流入耕地面积或与附近的种植户形成长期合作关系并签订书面合作协议，根据养殖场（户）自行经营的土地面积加上其流入的土地面积、合作对象的土地面积来确定其养殖规模阈值；在肉羊养殖场（户）规模小、分散性强、专业化程度较低的地区，推行"养殖场（户）＋合作社＋种植户"种养结合模式是可行的；在养殖户规模较小、分散性强、专业化程度较低，但龙头企业发展较好的地区，其现实选择是有针对性地发展"养殖场（户）＋合作社＋企业＋种植基地"以及"养殖场（户）＋社会化服务组织＋种植户"种养结合模式；在养殖场（户）专业化水平较高、实现了规模化养殖、龙头企业发展较好的肉羊养殖优势地区推动"养殖场（户）＋企业＋种植基地"种养结合模式的发展。

9.2.2　加大新型经营主体培育力度，破除种养结合的现实约束

除大力发展家庭农场等新型种养结合单体外，应积极推动新型农业经营主体的发展，打破目前养殖场（户）参与外循环种养结合模式所面临的现实限制。从具体情况来看，首先，政府应该优先支持拥有强大资金实力和能够带动其他企业发展的龙头企业，以"扶优、扶大"的原则为指导，对于能够发挥示范作用的企业给予政策倾斜和税收优惠，鼓励企业与养殖场（户）建立紧密的合作关系；鼓励龙头企业参与种养环节的生产，以投资、贷款担保、技术支持等方式与农户、合作组织等生产经营主体建立深度合作关系，以提升彼此间的信任度。其次，在发起设立和发展过程中要加大对合作社的引导和支持，同时要加强其与企业的联系，让合作社成为养殖场（户）与企业沟通桥梁的有效载体。再次，建立、优化不同主体之间的利益联结机制。①制定科学合理的分配机制，保证参与者利益的公平公正，激发参与者的积极性。如鼓励龙头企业通过股份分红、利润返还、二次返利等形式，将种养结合环节产生的部分额外收益让利给养殖场（户）、合作社等利益联结主体，实现增值收益的共享。②完善法律制度，对各方主体的责任和义务进行明确规范，鼓励参与主体签署结构合理、条款明确的合同，促进合同关系的建立。同时明确双方权责，建立企业与农户的诚信观念，构建平等互惠、友好协商的购销关系，助力订单农业的发展。③采取引入第三方的方式，维护种养结合参与主体合作关系的可靠性和稳定性。如建立有机粪肥和饲草料市场交易平台，为养殖户、种植户以及第三方提供粪肥和饲草料收储、运输等方面的信息服务，从而形成种养结合全产业链中各主体之间的长期合作机制。④加强现有种养结合主体的服务能力提升。一方面，拓展带动主体提供服务的功能，推动种养结合参与主体提供更加完善的服务；另一方面，通过定期培训，培养更多领导人和组织者，提升其合作意识和经营管理能力。⑤建立风险保障制度、风险保障基金，防止违约行为，避免种养结合中的其他参与者将风险转嫁给养殖场（户）。

9.2.3　积极推进肉羊适度规模经营，促进环境技术效率提升

通过调研数据分析得出，养殖规模较大的养殖场（户）肉羊养殖环境技术效率均高于较小规模养殖场（户），因此，在肉羊产业发展过程中需要适当提高规模化程度，实现规模化发展，进一步发挥种养结合对肉羊养殖环境技术效率的促进作用。首先，积极推动肉羊标准化、规模化养殖的发展。政

府可通过采取政策措施，如提供资金支持、开展技术推广和培训、建立示范基地等，全力推进肉羊养殖规模化发展。其次，转变肉羊养殖方式。随着人们对羊肉产品需求量的增加以及退耕还林、还草等工程的推进，规模化、标准化的肉羊生产受到越来越多的关注。在舍饲和半舍饲养殖方式下，肉羊的养殖量可以通过人为控制而改变，一定程度上可以减少浪费、提升营养物质的利用效率。通过舍饲养殖，可以引入先进技术和设备，提高生产管理水平，同时也能够提升肉羊生产效率和产品品质。政府和主管部门应该加强对健康养殖和标准化生产的宣传和推广，逐渐实行舍饲和半舍饲养殖。再次，政府应实施补贴政策以促进肉羊规模化养殖的发展。提高对能繁母羊的补贴，为保障规模养殖生产能力提供支撑。提高对标准化棚圈建设的补贴，减轻实施规模化养殖的资金压力。通过政策宣传、扩大补贴范围，激励更多养殖场（户）参与到规模化养殖中来，促进养殖场（户）肉羊养殖环境技术效率的提高。最后，不能仅仅以"大"作为肉羊规模经营的标准，而是要结合当地经济社会发展水平和资源禀赋的实际，走适度规模经营之路。政府在出台相关扶持政策时，给出支持适度规模经营明确信号，对新型农业经营主体设定规模下限的同时，根据实际情况确定合理规模上限。

9.2.4 多渠道提升肉羊科学饲养水平，降低环境技术效率无效率来源

首先，优化粗饲料的加工调配技术。秸秆饲料价格低廉，但其粗纤维含量较高、蛋白质含量较低、消化率较低、营养价值偏低。许多养殖场（户）以未经合理加工粉碎或揉碎的玉米秸秆作为主要粗饲料，从而导致秸秆的利用率不高。部分地区因饲料品种单一、饲草料加工技术普及率不高，导致母羊流产、初生体质量偏低等情况屡见不鲜，从而影响肉羊养殖的经济效益。青贮饲料可以作为反刍动物的优质粗饲料，但由于其数量少、质量低，加之现代的青贮技术尚未得到广泛的应用，因此在肉羊饲料供给中占比较低。政府应加大对青黄贮窖建设的支持力度，强化青黄贮制作技术培训，进而扩大饲料来源、提高饲草料的科学利用水平。其次，深度研究饲料配方，广泛推广日粮配合技术。许多养殖场（户）对肉羊的营养需求缺少透彻理解，缺乏掌握肉羊饲养日粮配比技术的能力。肉羊日粮的组成非常关键，应基于当地饲料资源，对精饲料、粗饲料、食品工业副产品等进行合理搭配，避免仅以玉米秸秆为唯一饲料的单一结构情况。肉羊饲养不同阶段的营养需求也不尽相同，但饲养过程中养殖场（户）往往仅用一种通用饲料，无法满足特定阶段肉羊的营养需求，也无法实现饲料有效利用，从而造成资源浪费。因此，应确定肉羊饲养标准和常规饲料

的营养参数,在降低饲料成本的同时,尽可能全面满足肉羊营养需求。

9.2.5 加强种养结合技术研发及推广,促进种养结合向高程度演化

通过博弈分析发现,为促进种养结合向高程度演化,应降低高程度种养结合的成本。鉴于种养结合成本受模式建设、运行所涉及的原材料、设备等价格影响。首先,探索肉羊养殖的工艺模式及其配套设备。深入研究相关领域的理论知识和实践技巧,结合当地实际情况,积极探索舍饲养羊的技术模式,同时研发相应的设备和设施。大力倡导采用先进的畜禽管理技术和设备,例如全混合日粮饲喂技术、自动饮水、自动清粪设备等,以增强养殖效益和动物的健康水平。根据不同地区的生态环境和生产需求,制定适宜肉羊场区和圈舍建设技术规范,同时制定符合标准化生产要求的肉羊生产技术规程,以满足全国各地不同肉羊标准化生产的需求。其次,当前我国农机研发推广机制不够完善,导致粪污资源化利用的机械化水平较低,从而使得种养结合的成本投入大幅增加,劳动力投入也随之增多,降低了养殖场(户)的种养结合积极性。因此,应加快粪污资源化利用技术的研发进度,建立完善的农技推广体系,特别是需要开发操作简便、便携性强、工作稳定的粪污治理机械,并加快其推广应用,以便帮助养殖场(户)解放劳动力,提高技术应用水平。最后,对农业技术推广形式进行创新,①通过实用设施设备观摩、企业参观和专家入户指导等与实际生产密切相关的技术指导方式,以改变养殖场(户)的种养结合生产方式,提高效率。②成立由当地高等院校和科研机构等智库单位组成的专业种养结合技术研究团队,专门探讨当地种养结合所遇到的实际问题,例如堆肥发酵和还田"烧苗"等,并提供相应的应对措施和解决方案。③当地政府需要定期组织专家研讨队伍,为当地养殖场(户)提供种养结合技能培训、入户指导或知识宣讲等活动,以便推广种养结合技术并解决技术推广的"最后一公里"难题。④养殖场(户)的积极参与是技术推广效果的重要因素之一,因此建议采用多种方式,如赠送礼品、集中进行培训、避开农忙时节、提高培训内容的实用性等,以达到高效率的技术推广。

9.2.6 建立养殖法规政策的绿色导向机制,为种养结合的实现提供根本保障

政府作为推动肉羊种养结合发展的重要外部力量,完善相关法律法规和补贴政策可为种养结合的实现提供根本保障。通过博弈分析可知,养殖场(户)的种养结合采纳行为可能会受到政府补贴政策的影响。调研发现,我国鼓励养

殖场（户）采取环保技术的补贴政策体系并不健全，存在补贴力度较小、政策宣传和技术推广力度不够、许多养殖场（户）对自己每年可享受的补贴政策不了解、对于绿色补贴政策相关知识陌生等问题。因此，强化政策的精准性和有效性是解决我国种养结合程度较低必须面对的实际问题。首先，畜牧部门应与农业部门合作，向土地管理部门提出肉羊养殖区域规划和设施用地利用规划。在规划养殖场的选址时，应以"相对集中、适度分散、科学规划、合理布局、种养结合"原则为指导，充分考虑种养结合，实现资源的有效利用和转化，避免因布局不合理而造成对环境的污染。其次，推动粮食主产区和农牧交错带的发展，拓宽粮改饲试点项目的覆盖范围，促进建立以粮食和饲料共同发展的新型农牧业结构。再次，在养殖粪污高度聚集区由政府统一建设公益性的粪污治理中心，并配套相应的设施设备；鼓励成立第三方粪污发酵还田的机械化服务机构，并采取"补贴＋收费作业"的运营方式，从而提高养殖场（户）种养结合效率。最后，在全国各地政府和农牧户之间搭建公共补贴政策的信息发布平台，力争实现补贴政策的公开化和透明化，从而提高养殖场（户）对种养结合补贴政策的了解程度。

9.3　研究展望

本研究对我国肉羊种养结合模式及运行机制、肉羊养殖环境技术效率及绿色全要素生产率、不同种养结合模式与程度对肉羊养殖环境技术效率的影响、种养结合的优化路径等进行了研究。虽然研究过程中力求客观、准确，但受制于数据和笔者研究能力，关于种养结合对肉羊养殖环境技术效率影响的研究内容有待进一步扩展。

一方面，肉羊种养结合的差异性不仅体现在模式和程度两方面，而是多方面的，如种植作物种类等方面，但限于篇幅未对此进行过多分析；另一方面，本研究在实证分析过程中仅考虑了养殖场（户）这一微观主体，并没有将合作社、企业、养殖小区等养殖主体纳入考量。因此，未来在此方面的研究仍存在改进之处，首先，随着政府对绿色养殖的重视，种养结合模式愈发多元化，不同种养结合模式运行机制更加完善，未来可以将更多种类的种养结合模式纳入分析范畴并实证分析其对环境技术效率的影响；其次，在研究对象方面，未来可以从合作社或企业等其他产业主体角度对种养结合减排增效进行评价；最后，本研究主要从环境技术效率角度对种养结合减排增效进行评价，未来可以进一步扩展，分析种养结合对肉羊产品质量等的影响。

参 考 文 献

包金土，顾晓峰，2007. 大力发展种养结合生态农业，确保畜牧业的可持续发展［J］. 上
    海畜牧兽医通讯（5）：72－73.

毕于运，1995. 中国耕地［M］. 北京：中国农业科技出版社.

蔡荣，蔡书凯，2014. 农业生产环节外包实证研究——基于安徽省水稻主产区的调查［J］.
    农业技术经济（4）：34－42.

陈帆，程为，曹晓锐，2018. "绿水青山就是金山银山"的实践与思考［J］. 环境保护，46
    （2）：42－49.

陈菲菲，张崇尚，王艺诺，等，2017. 规模化生猪养殖粪便处理与成本收益分析［J］. 中
    国环境科学，37（9）：3455－3463.

陈海燕，肖海峰，2013. 禁牧政策对我国养羊业的影响及对策［J］. 农业经济与管理（3）：
    62－68.

陈绍华，杜冬云，2017. 清江流域畜禽粪便产生量估算及环境效应分析［J］. 中南民族大
    学学报（自然科学版），36（2）：15－20，29.

陈雪婷，黄炜虹，齐振宏，等，2020. 生态种养模式认知、采纳强度与收入效应——以长
    江中下游地区稻虾共作模式为例［J］. 中国农村经济（10）：71－90.

陈瑶，2016. 基于DEA的我国区域畜牧业温室气体排放效率评价研究［J］. 黑龙江畜牧兽
    医（8）：41－44.

陈瑶，尚杰，2014. 四大牧区畜禽业温室气体排放估算及影响因素分解［J］. 中国人口·
    资源与环境，24（12）：89－95.

陈瑶，王树进，2014. 我国畜禽集约化养殖环境压力及国外环境治理的启示［J］. 长江流
    域资源与环境，23（6）：862－868.

陈幼春，2010. 畜牧业的强势低碳经济特征［J］. 江西畜牧兽医杂志（5）：1－7.

陈玉香，周道玮，张玉芬，2004. 东北农牧交错带农业生态系统结构优化生产模式［J］.
    农业工程学报（2）：250－254.

成定平，2011. 扩大消费和出口的产业结构调整方向——基于动态投入产出模型的分析
    ［J］. 经济学家（5）：36－41.

成钢，郭宝琼，田娟，等，2019. 洞庭湖区羊粪新型生态堆肥模式及应用［J］. 黑龙江畜
    牧兽医（4）：11－13.

仇焕广，井月，廖绍攀，等，2013. 我国畜禽污染现状与治理政策的有效性分析［J］. 中
    国环境科学，33（12）：2268－2273.

仇焕广，莫海霞，白军飞，等，2012. 中国农村畜禽粪便处理方式及其影响因素——基于

五省调查数据的实证分析 [J]. 中国农村经济 (3)：78 - 87.

储林飞，1986. 走种养结合之路促进良性循环 [J]. 上海农业科技 (5)：22 - 23.

崔姹，王明利，石自忠，2018. 基于温室气体排放约束下的我国草食畜牧业全要素生产率分析 [J]. 农业技术经济 (3)：66 - 78.

崔海燕，白可喻，1999. 种养结合经济效益剖析——山东省禹城市小付村农户调查报告 [J]. 中国农业资源与区划 (6)：26 - 29.

崔海燕，2002. 种养结合是增加农民收入的有效途径——河北省肃宁县农户调查的经济分析 [J]. 生产力研究 (4)：77 - 79.

崔艺凡，2017. 种养结合模式及影响因素分析 [D]. 北京：中国农业科学院.

崔中庆，2010. 推广"低碳"畜牧业是实现可持续发展的必要途径 [J]. 畜牧与饲料科学，31 (3)：111 - 112.

丁存振，肖海峰，2018. 中国肉羊产业时空演变的特征分析 [J]. 华中农业大学学报（社会科学版）(1)：58 - 64，158 - 159.

丁建国，刘晓媛，苏武峥，等，2012. 基于灰色线性规划法的新疆南疆干旱区农业系统优化研究——以新疆和田县为例 [J]. 中国农学通报，28 (23)：145 - 153.

丁丽娜，肖海峰，2013. 中国农牧户绒毛用羊养殖效益及其影响因素实证研究 [J]. 农业展望，9 (12)：49 - 55.

董红敏，李玉娥，陶秀萍，等，2008. 中国农业源温室气体排放与减排技术对策 [J]. 农业工程学报 (10)：269 - 273.

杜江，罗珺，2013. 我国农业面源污染的经济成因透析 [J]. 中国农业资源与区划，34 (4)：22 - 27，42.

范跃进，2005. 循环经济理论基础简论 [J]. 山东理工大学学报（社会科学版）(2)：10 - 17.

冯淑怡，罗小娟，张丽军，等，2013. 养殖企业畜禽粪尿处理方式选择、影响因素与适用政策工具分析——以太湖流域上游为例 [J]. 华中农业大学学报（社会科学版）(1)：12 - 18.

付永虎，刘黎明，袁承程，2016. 农业土地利用系统氮足迹与灰水足迹综合评价 [J]. 农业工程学报，32（增刊1）：312 - 319.

高利伟，2009. 食物链氮素养分流动评价研究 [D]. 保定：河北农业大学.

高思涵，吴海涛，2021. 典型家庭农场组织化程度对生产效率的影响分析 [J]. 农业经济问题 (3)：88 - 99.

高秀文，2003. 华北高产粮区土壤温室气体排放及碳氮平衡研究 [D]. 北京：中国农业大学.

耿宁，李秉龙，2013. 中国肉羊生产技术效率的影响因素及其区域差异分析——基于随机前沿分析方法 [J]. 技术经济，32 (12)：25 - 32.

谷小科，杜红梅，2020. 畜禽粪污资源化利用的政策逻辑及实现路径 [J]. 农业现代化研究，41 (5)：772 - 782.

关达，1986. 抓好农村能源建设生态农业 [J]. 现代农业 (2)：9 - 10.

郭冬生，2020. 基于 IPCC 排放系数估测主要畜禽 CH_4 温室气体排放量 [J]. 家畜生态学报，41（9）：65-69.

郭庆海，2021. 渐行渐远的农牧关系及其重构 [J]. 中国农村经济（9）：22-35.

郭熙保，陈燕赟，2019. 中等收入阶段的收入分配：格局与机制的跨国比较 [J]. 财经科学（4）：48-63.

郭晓鸣，廖祖君，付娆，2007. 龙头企业带动型、中介组织联动型和合作社一体化三种农业产业化模式的比较——基于制度经济学视角的分析 [J]. 中国农村经济（4）：40-47.

韩大勇，王步忠，费利民，等，2020. 基于种养结合循环模式的家庭农场效益评价——以江苏西来原生态农业有限公司为例 [J]. 安徽农学通报，26（22）：24-26，90.

韩智勇，旦增，孔垂雪，2014. 青藏高原农村固体废物处理现状与分析——以川藏 5 个村为例 [J]. 农业环境科学学报，33（3）：451-457.

何可，张俊飚，2020. "熟人社会"农村与"原子化"农村中的生猪养殖废弃物能源化利用——博弈、仿真与现实检验 [J]. 自然资源学报，35（10）：2484-2498.

何可，2016. 农业废弃物资源化的价值评估及其生态补偿机制研究 [D]. 武汉：华中农业大学.

何如海，江激宇，张士云，等，2013. 规模化养殖下的污染清洁处理技术采纳意愿研究——基于安徽省 3 市奶牛养殖场的调研数据 [J]. 南京农业大学学报（社会科学版），13（3）：47-53.

何忠伟，韩啸，余洁，等，2014. 我国奶牛养殖户生产技术效率及影响因素分析——基于奶农微观层面 [J]. 农业技术经济（9）：46-51.

侯国庆，高鸣，乔光华，2022. 效率遵循还是利润导向：农户奶牛养殖模式的分化 [J]. 中国农村观察，167（5）：104-122.

侯麟科，仇焕广，崔永伟，等，2011. 环境污染与畜牧业空间布局研究 [J]. 中国人口·资源与环境，21（12）：65-69.

侯鹏程，俞平高，莫成伟，2012. 上海松江区种养结合家庭农场存在的问题及对策 [J]. 浙江农业科学（12）：1723-1725.

侯勇，高志岭，马文奇，等，2012. 京郊典型集约化"农田—畜牧"生产系统氮素流动特征 [J]. 生态学报，32（4）：24-32.

胡达沙，李杨，2012. 绿色全要素生产率评价及其影响因素的区域差异 [J]. 财经科学（4）：116-124.

胡雪枝，钟甫宁，2012. 农村人口老龄化对粮食生产的影响——基于农村固定观察点数据的分析 [J]. 中国农村经济（7）：29-39.

黄炜虹，2019. 农业技术扩散渠道对农户生态农业模式采纳的影响研究 [D]. 武汉：华中农业大学.

黄显雷，2018. 基于种养结合的畜禽养殖环境承载力评价研究 [D]. 北京：中国农业科学院.

黄秀声，黄勤楼，翁伯琦，等，2010. 畜牧业发展与低碳经济 [J]. 中国农学通报，26（24）：257-263.

贾伟，臧建军，张强，等，2017. 畜禽养殖废弃物还田利用模式发展战略 [J]. 中国工程科学，19（4）：130-137.

姜海，雷昊，白璐，等，2015. 不同类型地区畜禽养殖废弃物资源化利用管理模式选择——以江苏省太湖地区为例 [J]. 资源科学，37（12）：2430-2440.

蒋东生，2004. 关于培育农民合作社问题的思考 [J]. 管理世界（7）：136-137.

孔凡斌，王智鹏，潘丹，2016. 畜禽规模化养殖环境污染处理方式分析 [J]. 江西社会科学，36（10）：59-65.

孔祥才，2017. 畜禽养殖污染的经济分析及防控政策研究 [D]. 长春：吉林农业大学.

赖斯芸，2003. 非点源调查评估方法及其应用研究 [D]. 北京：清华大学.

雷成，陈佰鸿，郁继华，等，2014. 西部七省区畜禽废弃物利用状况的调查与探讨 [J]. 干旱区资源与环境，28（5）：77-83.

李昌吉，1983. 我州农家肥现状的调查分析和讨论 [J]. 延边大学农学学报（1）：19-26.

李翠霞，曹亚楠，2017. 中国奶牛养殖环境效率测算分析 [J]. 农业经济问题，38（3）：80-88，111-112.

李飞，董锁成，2011. 西部地区畜禽养殖污染负荷与资源化路径研究 [J]. 资源科学，33（11）：2204-2211.

李谷成，2014. 中国农业的绿色生产率革命：1978—2008 年 [J]. 经济学（季刊），13（2）：537-558.

李后建，2012. 农户对循环农业技术采纳意愿的影响因素实证分析 [J]. 中国农村观察（2）：28-36，66.

李佳慧，2014. 国外畜禽养殖污染治理经验（丹麦篇）[N]. 中国环境报 07-17（004）.

李金祥，2018. 畜禽养殖废弃物处理及资源化利用模式创新研究 [J]. 农产品质量与安全（1）：3-7.

李静，马潇璨，2014. 资源与环境双重约束下的工业用水效率——基于 SBM-Undesirable 和 Meta-frontier 模型的实证研究 [J]. 自然资源学报，29（6）：920-933.

李俊鹏，冯中朝，吴清华，2018. 农业劳动力老龄化与中国粮食生产——基于劳动增强型生产函数分析 [J]. 农业技术经济（8）：26-34.

李克敌，黎华寿，林学军，等，2008. 广西"猪＋沼＋果＋灯＋鱼"生态农业模式关键技术及其效益分析 [J]. 中国农学通报，2008（3）：328-332.

李澜，李阳，2009. 我国农业劳动力老龄化问题研究：基于全国第二次农业普查数据的分析 [J]. 农业经济问题（6）：61-66.

李乾，王玉斌，2018. 畜禽养殖废弃物资源化利用中政府行为选择——激励抑或惩罚 [J]. 农村经济（9）：55-61.

李伟，戴亨林，陈智勇，1995. 重庆市有机肥料结构及其在作物养分中的作用 [J]. 西南农业大学学报，17（3）：249-252.

李卫，薛彩霞，姚顺波，等，2017. 农户保护性耕作技术采用行为及其影响因素——基于黄土高原 476 户农户的分析 [J]. 中国农村经济（1）：44-57，94-95.

李文明，罗丹，陈洁，等，2015. 农业适度规模经营：规模效益、产出水平与生产成本——

基于 1552 个水稻种植户的调查数据 [J]. 中国农村经济，363 (3)：4 - 17，43.

李欣蕊，齐振宏，曹丽红，2015. 我国养猪业环境全要素生产率测算与分解研究——基于 SFA - Malmquist 方法 [J]. 中国农业大学学报，20 (4)：272 - 280.

李杨，伍贤旭，高鸣，等，2012. 自然灾害对我国农业全要素生产率的影响 [J]. 湖南师范大学自然科学学报，35 (3)：84 - 88.

李玉娥，董红敏，万运帆，等，2009. 规模化猪场沼气工程 CDM 项目的减排及经济效益分析 [J]. 农业环境科学学报，28 (12)：2580 - 2583.

李忠鹏，2006. 技术进步与农民增收 [J]. 农村经济 (11)：58 - 59.

励汀郁，熊慧，王明利，2022. "双碳" 目标下我国奶牛产业如何发展——基于全产业链视角的奶业碳排放研究 [J]. 农业经济问题 (2)：17 - 29.

连海明，2010. 规模化养猪场粪污处理的成本与效益分析 [D]. 北京：中国农业科学院.

林杰，赵连阁，王学渊，2014. 水资源约束视角下生猪养殖环境技术效率分析——基于中国 18 个生猪养殖优势省份的研究 [J]. 农村经济 (8)：47 - 51.

林孝丽，周应恒，2012. 稻田种养结合循环农业模式生态环境效应实证分析——以南方稻区稻—鱼模式为例 [J]. 中国人口·资源与环境，22 (3)：37 - 42.

刘春鹏，肖海峰，2019. 禁牧政策、养殖规模与技术效率——基于五省区绒毛用羊养殖户的微观研究 [J]. 农业现代化研究，40 (1)：138 - 144.

刘春香，2019. 浙江农业 "机器换人" 的成效、问题与对策研究 [J]. 农业经济问题 (3)：11 - 18.

刘道贵，2005. 实施棉花 IPM 项目对池州市贵池区棉花生产及棉农行为的影响 [J]. 现代农业科技 (1)：51 - 52.

刘瀚扬，杨雪，孙越鸿，等，2018. 羊粪无害化处理技术研究进展 [J]. 当代畜牧 (33)：47 - 49.

刘寄陵，刘菊生，谢承陶，1984. 农田产量综合数学模型的初步研究：以山东省陵县为例 [J]. 中国农业科学，17 (5)：53 - 60.

刘乐，张娇，张崇尚，等，2017. 经营规模的扩大有助于农户采取环境友好型生产行为吗——以秸秆还田为例 [J]. 农业技术经济，265 (5)：17 - 26.

刘琼，2022. 我国肉羊养殖户粪污资源化利用行为及经济效应研究 [D]. 北京：中国农业大学.

刘勇，李志祥，李静，2009. 基于 SBM - NS 模型的绿色全要素生产率评价 [J]. 数学的实践与认识，39 (24)：25 - 30.

刘玉凤，王明利，石自忠，2014. 基于门限自回归的我国羊肉价格波动分析 [J]. 广东农业科学，41 (17)：206 - 210.

刘忠，段增强，2010. 中国主要农区畜禽粪尿资源分布及其环境负荷 [J]. 资源科学 (5)：946 - 950.

罗俊丞，罗娅君，陈杨武，等，2020. 畜禽粪污资源化利用研究进展 [J]. 贵州农业科学，48 (5)：136 - 141.

马彩英，艾浪，鲁印国，等，2019. 陕北白绒山羊养殖小区种养一体化模式优化研究——

以陕西榆林市横山区马家梁养殖小区为例 [J]. 养殖与饲料 (9)：125-129.

马静，2013. 淮河流域面源污染特征分析与控制策略研究 [D]. 北京：清华大学.

马永喜，2010. 规模化畜禽养殖废弃物处理的技术经济优化研究 [D]. 杭州：浙江大学.

孟祥海，程国强，张俊飚，等，2014. 中国畜牧业全生命周期温室气体排放时空特征分析 [J]. 中国环境科学，34 (8)：2167-2176.

孟祥海，张俊飚，李鹏，等，2014. 畜牧业环境污染形势与环境治理政策综述 [J]. 生态与农村环境学报，30 (1)：1-8.

孟祥海，周海川，杜丽永，等，2019. 中国农业环境技术效率与绿色全要素生产率增长变迁——基于种养结合视角的再考察 [J]. 农业经济问题 (6)：9-22.

孟祥海，2014. 中国畜牧业环境污染防治问题研究 [D]. 武汉：华中农业大学.

苗齐，许彩丽，2001. 吉林省粮食生产的结构变动与比较优势分析 [J]. 吉林农业大学学报 (4)：113-117.

闵继胜，2016. 改革开放以来农村环境治理的变迁 [J]. 改革 (3)：84-93.

那伟，张永峰，祝延立，2011. 松辽平原农牧结合循环农业技术研究现状及展望 [J]. 中国农业资源与区划，32 (3)：56-59.

潘丹，孔凡斌，2015. 养殖户环境友好型畜禽粪便处理方式选择行为分析——以生猪养殖为例 [J]. 中国农村经济 (9)：17-29.

潘丹，应瑞瑶，2013. 中国农业生态效率评价方法与实证——基于非期望产出的 SBM 模型分析 [J]. 生态学报，33 (12)：3837-3845.

潘丹，应瑞瑶，2013. 资源环境约束下的中国农业全要素生产率增长研究 [J]. 资源科学，35 (7)：1329-1338.

潘丹，2015. 规模养殖与畜禽污染关系研究——以生猪养殖为例 [J]. 资源科学，37 (11)：2279-2287.

潘丹，2012. 考虑资源环境因素的中国农业生产率研究 [D]. 南京：南京农业大学.

潘劲，2011. 合作社发展，不能重激励轻监管 [J]. 农村经营管理 (12)：32.

潘晓峰，张永峰，那伟，等，2010. 松辽平原农牧结合循环农业技术发展研究 [J]. 吉林农业科学，35 (6)：54-57.

彭祥林，彭琳，1990. 黄土高原地区农田的肥料投入 [J]. 山西农业科学 (6)：26-29.

彭绪庶，2017. 构建循环经济学学科体系初探 [J]. 生态经济，33 (10)：38-42，57.

彭艳玲，晏国耀，马昕娅，等，2019. 基于能值与改进 DEA-EBM 模型的"青贮玉米＋养殖"种养结合模式产出效率评估研究——以四川省"粮改饲"青贮玉米示范区为例 [J]. 干旱区资源与环境，33 (12)：68-76.

齐振庆，王兴珍，陈伟，2017. 家庭种养结合肉牛养殖场经济效益分析 [J]. 中兽医学杂志 (5)：107.

钱忠好，李友艺，2020. 家庭农场的效率及其决定——基于上海松江 943 户家庭农场 2017 年数据的实证研究 [J]. 管理世界 (4)：168-181，219.

邱斌，李萍萍，钟晨宇，等，2012. 海河流域农村非点源污染现状及空间特征分析 [J]. 中国环境科学，32 (3)：564-570.

邱省平，1985. 稻、藕、鱼种养结合经济效益显著 [J]. 江西农业科技 (3)：29 - 30.

尚杰，杨果，于法稳，2015. 中国农业温室气体排放量测算及影响因素研究 [J]. 中国生态农业学报，23 (3)：354 - 364.

佘之祥，骆永明，2007. 长江三角洲水土资源环境与可持续性 [M]. 北京：科学出版社.

申圭良，2016. 国外转变农业发展方式的经验 [J]. 湖南农业 (1)：6.

舒畅，乔娟，耿宁，2017. 畜禽养殖废弃物资源化的纵向关系选择研究——基于北京市养殖场（户）视角 [J]. 资源科学，39 (7)：1338 - 1348.

舒畅，2017. 基于经济与生态耦合的畜禽养殖废弃物治理行为及机制研究 [D]. 北京：中国农业大学.

宋马林，2011. 绿色全要素生产率评价方法及其统计属性研究 [D]. 合肥：中国科学技术大学.

宋月茹，尉京红，2020. 河北省"青贮玉米＋养殖"种养结合模式经济效益分析 [J]. 粮食科技与经济，45 (6)：25 - 27.

孙芳，王荣荣，丁满臣，2016. 家庭牧场规模经营的一种有效模式——基于日本北海道的调查 [J]. 农村经济 (4)：120 - 124.

孙良媛，刘涛，张乐，2016. 中国规模化畜禽养殖的现状及其对生态环境的影响 [J]. 华南农业大学学报（社会科学版）(2)：23 - 30.

孙少华，2011. 探索种养结合、农牧生态良性循环的奶牛生产新模式 [J]. 北方牧业 (3)：9.

孙亚男，刘继军，马宗虎，2010. 规模化奶牛场温室气体排放量评估 [J]. 农业工程学报，26 (6)：296 - 301.

孙元烽，2019. 羊粪有机肥的研制 [D]. 贵阳：贵州大学.

孙致陆，肖海峰，2013. 农牧户羊毛生产技术效率及其影响因素研究——基于内蒙古、新疆等5省份农牧户调查数据的分析 [J]. 农业技术经济 (2)：86 - 94.

谭秋成，2011. 中国农业温室气体排放——现状及挑战 [J]. 中国人口•资源与环境，21 (10)：69 - 75.

唐佳丽，金书秦，2021. 中国种养结合研究热点与前沿——基于1998年以来的文献分析 [J]. 中国农业资源与区划，42 (11)：24 - 31.

唐莉，王明利，石自忠，2021. 中国生猪养殖粪污资源化利用效率及其趋势——基于2006—2017年数据的分析 [J]. 湖南农业大学学报（社会科学版），22 (1)：27 - 39.

田慎重，郭洪海，姚利，等，2018. 中国种养业废弃物肥料化利用发展分析 [J]. 农业工程学报，34 (S1)：123 - 131.

王兵，杨华，朱宁，2011. 中国各省份农业效率和全要素生产率增长——基于SBM方向性距离函数的实证分析 [J]. 南方经济 (10)：12 - 26.

王国印，201. 论循环经济的本质与政策启示 [J]. 中国软科学 2 (1)：26 - 38.

王惠惠，路永强，刘芳，2015. 北京奶牛养殖业发展种养结合模式可行性探讨 [J]. 中国畜牧业 (15)：90 - 93.

王建华，陶君颖，陈璐，2019. 养殖户畜禽废弃物资源化处理方式及影响因素研究 [J].

中国人口·资源与环境，29（5）：127-137.

王美慧，周脚根，韩增，等，2016. 亚热带典型小流域磷收支及流失特征对比研究 [J].
自然资源学报，31（2）：321-330.

王明利，2018. 改革开放四十年我国畜牧业发展：成就、经验及未来趋势 [J]. 农业经济
问题（8）：60-70.

王楠，2020. 家庭农场多元化经营与收入的相关性研究——以 H 市家庭农场为例 [J]. 农
业经济与管理（1）：34-43.

王强，郑颖，伍世代，等，2011. 能源效率对产业结构及能源消费结构演变的响应 [J].
地理学报，66（6）：741-749.

王强盛，2018. 稻田种养结合循环农业温室气体排放的调控与机制 [J]. 中国生态农业报，
26（5）：633-642.

王瑞娜，唐德善，2007. 基于灰色理论的辽宁省农业产业结构优化研究 [J]. 农机化研究
（12）：5-8.

王善高，田旭，2021. 种养结合能提高小规模生猪养殖的环境效率吗？——基于江苏省生
猪养殖户的分析 [J]. 中国农业大学学报，26（2）：199-210.

王效琴，梁东丽，王旭东，等，2012. 运用生命周期评价方法评估奶牛养殖系统温室气体
排放量 [J]. 农业工程学报，28（13）：179-184.

王雪娇，2018. 中国肉羊生产的经济效率研究 [D]. 北京：中国农业大学.

王正周，1986. 农村生活能源和农业生态环境 [J]. 农业环境科学学报（6）：25-27.

王智鹏，孔凡斌，潘丹，2015. 江西省畜牧产业温室气体排放时空差异分析——基于 LCA
方法 [J]. 鄱阳湖学刊（3）：26-36.

魏秀芬，王宗晨，2017. 种养结合治理畜禽粪污的对策研究——以天津市为例 [J]. 黑龙
江畜牧兽医（4）：4-7.

吴碧珠，郑天和，2008. 莆田市种养结合型农业循环经济模式建设现状、问题与对策 [J].
福建农业科技（6）：84-85.

吴群，2013. 农业废弃物资源化利用的现实意义与对策建议 [J]. 现代经济探讨（10）：
50-52.

吴学兵，乔娟，李谷成，2013. 环境约束下的中国规模猪场生产率增长与分解研究 [J].
统计与决策（20）：118-120.

伍骏骞，方师乐，李谷成，等，2017. 中国农业机械化发展水平对粮食产量的空间溢出效
应分析——基于跨区作业的视角 [J]. 中国农村经济（6）：44-57.

武淑霞，2005. 我国农村畜禽养殖业氮磷排放变化特征及其对农业面源污染的影响 [D].
北京：中国农业科学院.

肖伟，2010. 藏西南边远地区直接受益式太阳能采暖研究 [D]. 北京：清华大学.

谢鸿宇，陈贤生，杨木壮，等，2009. 中国单位畜牧产品生态足迹分析 [J]. 生态学报，
29（6）：3264-3270.

徐祥玉，张敏敏，彭成林，等，2017. 稻虾共作对秸秆还田后稻田温室气体排放的影响
[J]. 中国生态农业学报，25（11）：1591-1603.

徐增让，成升魁，高利伟，等，2015. 藏北牧区畜粪燃烧与养分流失的生态效应研究 ［J］. 资源科学，37 (1)：94-101.

许荣，2019. 中国半细毛羊养殖经济效率及影响因素研究 ［D］. 北京：中国农业大学.

许文志，欧阳平，罗付香，等，2017. 中国畜禽粪污处理利用现状及对策探讨 ［J］. 中国农学通报，33 (23)：106-112.

闫志英，许力山，李志东，等，2014. 畜禽粪便恶臭控制研究及应用进展 ［J］. 应用与环境生物学报，20 (2)：322-327.

杨惠芳，2013. 生猪面源污染现状及防治对策研究——以浙江省嘉兴市为例 ［J］. 农业经济问题，34 (7)：25-29，110.

杨军，2003. 中国畜牧业增长与技术进步、技术效率研究 ［D］. 北京：中国农业科学院.

杨志坚，2008. 种养结合型农业生产结构调整的实证分析 ［J］. 贵州农业科学 (1)：147-148，153.

尧波，郑艳明，胡丹，等，2014. 江西省县域农业碳排放的时空动态及影响因素分析 ［J］. 长江流域资源与环境，23 (3)：311-318.

姚成胜，钱双双，李政通，等，2017. 中国省际畜牧业碳排放测度及时空演化机制 ［J］. 资源科学，39 (4)：698-712.

易青，李秉龙，耿宁，2014. 基于环境修正的中国畜牧业全要素生产率分析 ［J］. 中国人口·资源与环境，24 (S3)：121-125.

于连超，2020. 环境规制对生猪养殖业绿色全要素生产率的影响研究 ［D］. 重庆：西南大学.

余婧婧，2018. 大兴安岭农垦种养结构优化研究 ［D］. 北京：中国农业科学院.

员学锋，姚一晨，宋成军，等，2018. 基于物质流和能量流分析的循环农业园产业链优化 ［J］. 农业工程学报，34 (15)：228-237.

袁斌，谭涛，陈超，2016. 多元化经营与家庭农场生产绩效——基于南京市的实证研究 ［J］. 农林经济管理学报，15 (1)：13-20.

苑鹏，2013. "公司＋合作社＋农户"下的四种农业产业化经营模式探析——从农户福利改善的视角 ［J］. 中国农村经济 (4)：71-78.

苑鹏，2013. 中国特色的农民合作社制度的变异现象研究 ［J］. 中国农村观察 (3)：40-46，91-92.

展进涛，徐钰娇，2019. 环境规制、农业绿色生产率与粮食安全 ［J］. 中国人口·资源与环境，29 (3)：169-178.

张晖，2010. 中国畜牧业面源污染研究 ［D］. 南京：南京农业大学.

张继义，陈哲，孙玉江，2008. 畜牧养殖环境污染的现状及治理 ［J］. 黑龙江畜牧兽医 (6)：104-106.

张建华，2007. 基于产业集群视角的浙江省城市化发展战略研究 ［D］. 杭州：浙江工业大学.

张金鑫，王红玲，2020. 中国畜牧碳排放地区差异、动态演进与收敛分析——基于全国31 个省 (市) 1997-2017 年畜牧业数据 ［J］. 江汉论坛 (9)：41-48.

张林秀，何桂庭，1989. 种养结合是农户生产致富的有效途径——湖南省长沙县春华乡农户种养结合的经济评价 [J]. 农业技术经济 (3): 51-54.

张仁华, 黎志成, 张金隆, 1997. 范围经济与纵向一体化 [J]. 管理工程学报 (4): 219-224.

张文学, 郑新霞, 2012. 促进中国低碳畜牧业发展的策略研究 [J]. 黑龙江畜牧兽医 (2): 15-17.

张晓恒, 周应恒, 张蓬, 2015. 中国生猪养殖的绿色全要素生产率估算——以粪便中氮盈余为例 [J]. 农业技术经济 (5): 92-102.

张诩, 乔娟, 沈鑫琪, 2019. 养殖废弃物治理经济绩效及其影响因素——基于北京市养殖场 (户) 视角 [J]. 资源科学, 41 (7): 1250-1261.

张祎, 高志岭, 李晴, 等, 2020. "规模化养殖+设施番茄"种养结合模式的氨减排研究 [J]. 河北农业大学学报, 43 (4): 68-75.

张祖庆, 2008. 转型时期我国农村环境污染防治与对策研究 [D]. 咸阳: 西北农林科技大学.

郑华斌, 陈灿, 王晓清, 等, 2013. 水稻垄栽种养模式的生态经济效益分析 [J]. 生态学杂志, 32 (11): 2886-2892.

郑微微, 沈贵银, 李冉, 2017. 畜禽粪便资源化利用现状、问题及对策——基于江苏省的调研 [J]. 现代经济探讨 (2): 57-61, 82.

钟甫宁, 陆五一, 徐志刚, 2016. 农村劳动力外出务工不利于粮食生产吗? ——对农户要素替代与种植结构调整行为及约束条件的解析 [J]. 中国农村经济 (7): 36-47.

钟珍梅, 黄勤楼, 翁伯琦, 等, 2012. 以沼气为纽带的种养结合循环农业系统能值分析 [J]. 农业工程学报, 28 (14): 196-200.

周力, 2011. 产业集聚、环境规制与畜禽养殖半点源污染 [J]. 中国农村经济 (2): 60-73.

周玲红, 2017. 冬季种养结合对南方双季稻田温室气体、土壤养分及水稻产量的影响 [D]. 长沙: 湖南农业大学.

周炜, 2017. 多元化经营背景下家庭农场水稻生产效率——基于全国农村固定观察点的实证研究 [J]. 南京农业大学学报 (社会科学版), 17 (5): 132-137, 155-156.

周颖, 尹昌斌, 邱建军, 2008. 我国循环农业发展模式分类研究 [J]. 中国生态农业学报 (6): 1557-1563.

周泽炯, 胡建辉, 2013. 基于 Super-SBM 模型的低碳经济发展绩效评价研究 [J]. 资源科学, 35 (12): 2457-2466.

朱冠楠, 李群, 2014. 明清时期太湖地区的生态养殖系统及其价值研究 [J]. 中国农史, 33 (2): 133-141, 77.

朱宁, 马骥, 2014. 中国畜禽粪便产生量的变动特征及未来发展展望 [J]. 农业展望, 10 (1): 46-48, 74.

朱宁, 秦富, 2015. 畜禽废弃物处理对规模养殖绿色全要素生产率的影响——基于蛋鸡粪便处理的视角 [J]. 中国环境科学, 35 (6): 1901-1910.

朱宁, 秦富, 2015. 畜禽规模养殖场环境效率与环境全要素生产率分析——以蛋鸡为例 [J]. 农业技术经济 (9): 86-98.

朱月季, 高贵现, 周德翼, 2014. 基于主体建模的农户技术采纳行为的演化分析 [J]. 中国农村经济（4）：58-73.

邹洁，项朝阳，2016. 中国大陆畜牧业绿色全要素生产率测算及影响因素研究 [J]. 环境污染与防治，38（1）：90-96.

邹晓霞，李玉娥，高清竹，等，2011. 中国农业领域温室气体主要减排措施研究分析 [J]. 生态环境学报，20（Z2）：1348-1358.

左永彦，冯兰刚，2017. 中国规模生猪养殖全要素生产率的时空分异及收敛性——基于环境约束的视角 [J]. 经济地理，37（7）：166-174，215.

左永彦，彭珏，封永刚，2016. 环境约束下规模生猪养殖的全要素生产率研究 [J]. 农村经济（9）：37-43.

BALKCOM K S, REEVES D W, KEMBLE J M, et al., 2010. Tillage requirements of sweet corn, field pea, and watermelon following stocker cattle grazing [J]. Journal of Sustainable Agriculture, 34 (2): 169-182.

BELL L W, MOORE A D, 2012. Integrated crop-livestock systems in Australian agriculture: trends, drivers and implications [J]. Agricultural Systems (111): 1-12.

BERRE D, BLANCARD S, BOUSSEMART J P, et al., 2014. Finding the right compromise between productivity and environmental efficiency on high input tropical dairy farms: a case study [J]. Journal of Environmental Management (146): 235-244.

BURKHOLDERJ, LIBRA B, WEYER P, et al., 2007. Impacts of waste from concentrated animal feeding operations on water quality [J]. Environmental Health Perspectives, 115 (2): 308-312.

CHUNG Y H, FÄRE R, GROSSKOPFS, 1997. Productivity and undesirable outputs: a directional distance function approach [J]. Journal of Environmental Management, 51 (3): 229-240.

CLARK M S, GAGE S H, 1996. Effects of free-range chickens and geese on insect pests and weeds in an agroecosystem [J]. American Journal of Alternative Agriculture, 11 (1): 39-47.

DAVIESH L, 1983. Some aspects of the production of weaner sheep in the winter rainfall regions of Australia [J]. Livestock Production Science, 10 (3): 239-252.

DEB P, TRIVEDI PK, 2006. Maximum simulated likelihood estimation of a negative binomial regression model with multinomial endogenous treatment [J]. The Stata Journal (6): 246-255.

DENISON D R, 1974. A comparison of pumping speed measurement methods [J]. Journal of Vacuum Science & Technology, 11 (1): 337-339.

FARRELL M J, 1957. The measurement of production efficiency [J]. Journal of the Royal Statistical Society (120): 253-290.

FLESSA H, RUSER R, DORSCH P, et al., 2002. Integrated evaluation of greenhouse gas emissions (CO_2, CH_4, N_2O) from two farming systems in southern Germany [J]. Agriculture Ecosystems & Environment (91): 175-189.

GALANOPOULOS K, AGGELOPOULOS S, KAMENIDOUI, et al., 2006. Assessing the effects of managerial and production practices on the efficiency of commercial pig farming [J]. Agricultrual Systems (88): 125 - 141.

GERBER P J, STEINFELD H, HENDERSONB, et al., 2013. Tackling climate change through livestock: a global assessment of emissions and mitigation opportunities [M]. Rome: FAO: 115.

GHEBREMICHAEL L T, VEITHT L, CEROSALETTI P E, et al., 2009. Exploring economically and environmentally viable northeastern US dairy farm strategies for coping with rising corn grain prices [J]. Journal of Dairy Science, 92 (8): 4086 - 4099.

HE J, WANG H, 2012. Economic structure, development policy and environmental quality: an empirical analysis of environmental Kuznets curves with Chinese municipal data [J]. Ecological Economics, 76 (1): 49 - 59.

HENDRICKSON J, SASSENRATH G F, ARCHER D, et al., 2008. Interactions in integrated US agricultural systems: the past, present and future [J]. Renewable Agriculture and Food Systems, 23 (4): 314 - 324.

HILIMIRE K, 2011. Integrated crop - livestock agriculture in the United States: a review [J]. Journal of Sustainable Agriculture, 35 (4): 376 - 393.

JAMES, SUMBERG, 2003. Toward a disaggregated view of crop - livestock integration in Western Africa [J]. Land Use Policy, 20 (3): 253 - 264.

JU X T, ZHANG F S, BAO X M, et al., 2005. Utilization and management of organic wastes in Chinese agriculture: past, present and perspectives [J]. Science in China: Life Sciences, 48 (S2): 965 - 979.

KRAMER K J, MOLL H C, NONHEBEL S, et al., 1999. Greenhouse gas emissions related to Dutch food consumption [J]. Energy Policy, 27 (4): 203 - 216.

LANSINK A O, REINHARD S, 2004. Investigating technical efficiency and potential technological change in Dutch pig fanning [J]. Agricultural Systems (79): 353 - 367.

LEONTIEF W, STROUTA, 1963. Multiregional input - output analysis [M]. London: Palgrave Macmillan.

LI H L, 1996. An efficient method for solving linear goal programming problems [J]. Journal of Optimization Theory and Applications, 90 (2): 465 - 469.

LIU GS, WANG H M, CHENG Y X, Zheng B, et al., 2016. The impact of rural out - migration on arable land use intensity: evidence from mountain areas in Guangdong, China [J]. Land Use Policy (59): 569 - 579.

MACDONALD J M, MCBRIDE WD, 2009. The transformation of US livestock agriculture scale, efficiency, and risks [R]. Economic Information Bulletin (43).

MILLER D W, 1969. Studies in multiobjective decision models [R]. Management Science.

MONTENY G J, BANNINK A, CHADWICKD, 2006. Greenhouse gas abatement strategies for animal husbandry [J]. Agriculture Ecosystems & Environment, 112 (2 - 3SI):

163 - 170.

MULLER, ADRIAN, 2009. Benefits of organic agriculture as a climate change adaptation and mitigation strategy in developing countries [J]. Working Papers in Economics, 6 (37): 372032.

NIKOWSKI R, STRZELEC E, POPIELARCZYK D, 2006. Economics and profitability of sheep and goat production under new support regimes and market conditions in central and eastern Europe [J]. Small Ruminant Research, 62 (3): 159 - 165.

PÉREZ J P, GIL J M, SIERRAI, 2007. Technical efficiency of meat sheep production systems in Spain [J]. Small Ruminant Research (69): 237 - 241.

PHILIP J, 1972. Algorithms for the vector maximization problem [J]. Mathematical Programming, 2 (1): 207 - 229.

PIERRICK J, DUNJA D, MARKUSL, et al., 2012. On the link between economic and environmental performance of Swiss dairy farms of the alpine area [J]. The International Journal of Life Cycle Assessment (17): 706 - 719.

RACHEL S, FRANKLIN, MATTHIASR, 2010. Growing up and cleaning up: the environmental Kuznets curve redux [J]. Applied Geography, 32 (1): 29 - 39.

RAE A N, MA H Y, HUANG J K, et al., 2006. Livestock in China: commodity - specific total factor productivity decomposition using new panel data [J]. American Journal of Agricultural Economics, 88 (3): 680 - 695.

RAISON C L, RUTHERFORD R E, WOOLWINE B J, et al., 2013. A randomized controlled trial of the tumor necrosis factor antagonist infliximab for treatment - resistant depression: the role of baseline inflammatory biomarkers [J]. Jama Psychiatry, 70 (1): 31 - 41.

REINHARD S, LOVELL C A K, THIJSSEN G J, 2002. Analysis of environmental efficiency variation [J]. American Journal of Agricultural Economics, 84 (4): 1054 - 1065.

REINHARD S, LOVELL C A K, THIJSSENG J, 2000. Environmental efficiency with multiple environmentally detrimental variables: estimated with SFA and DEA [J]. European Journal of Operational Research (121): 287 - 303.

RUSSELLE M P, ENTZ M H, FRANZLUEBBERS A J, 2007. Reconsidering integrated crop - livestock systems in North America [J]. Agronomy Journal, 99 (2): 325 - 334.

SCHOEMAN S J, CLOETE S W P, OLIVIERJ J, 2010. Returns on investment in sheep and goat breeding in South Africa [J]. Livestock Science, 130 (1): 70 - 82.

SHARMA K R, LEUNG P, ZALESKIH M, 1997. Productive efficiency of the swine industry in Hawaii: stochastic frontier vs data envelopment analysis [J]. Journal of Productivity Analysis (8): 447 - 459.

SIRIPORN C, SUKUMALC, 2012. A priming role of local estrogen on exogenous estrogen - mediated synaptic plasticity and neuroprotection [J]. Experimental & Molecular Medicine, 44 (6): 403 - 411.

STEINFELD H, GERBER P, WASSENAAR T, et al. , 2006. Livestock's long shadow: environmental issues and options [R]. Rome: FAO.

STIJN R, KNOX LOVELL C A, GEERT T, 1999. Econometric estimation of technical and environmental efficiency: an application to Dutch dairy farms [J]. American Agricultural Economics Association (81): 44 - 60.

TOMA L, MARCH M, STOTT A W, et al. , 2013. Environmental efficiency of alternative dairy systems: a productive efficiency approach [J]. Journal of Dairy Science (96): 7014 - 7031.

TONEK, 2001. A slacks - based measure of efficiency in data envelopment analysis [J]. European Journal of Operational Research, 130 (3): 498 - 509.

TRIPATHI M K, KARIM S A, CHATURVEDIO H, et al. , 2007. Nutritional value of animal feed grade wheat as replacement for maize in lamb feeding for mutton production [J]. Journal of the Science of Food & Agriculture (87): 2447 - 2455.

WILLEMS J, GRINSVEN V, HANS J M, et al. , 2016. Why Danish pig farms have far more land and pigs than Dutch farms? Implications for feed supply, manure recycling and production costs [J]. Agricultural Systems (144): 122 - 132.

YANG C C, HSIAO C K, YU M M, 2008. Technical efficiency and impact of environmental regulations in farrow to finish swine production in Taiwan [J]. Agricultural Economics, 39 (1): 51 - 61.

YANG CC, 2009. Productive efficiency, environmental efficiency and their determinants in farrow to finish pig farming in Taiwan [J]. Livestock Science (126): 195 - 205.

YANG S S, LIU C M, LIU Y L, 2003. Estimation of methane and nitrous oxide emission from animal production sector in Taiwan during 1990—2000 [J]. Chemosphere, 52 (9): 1381 - 1388.

YU, GUANG H, TONG, et al. , 2015. Improving manure nutrient management towards sustainable agricultural intensification in China [J]. Agriculture, Ecosystems & Environment (209): 34 - 46.

ZHOU J B, JIANG M M, CHEN G Q, 2007. Estimation of methane and nitrous oxide emission from livestock and poultry in China during 1949—2003 [J]. Energy Policy, 35 (7): 3759 - 3767.